엄마도 아이도 즐거운
이유식 시간이 되시길 ♡

_______________ 님께 드립니다.

소유진의
엄마도 아이도
즐거운 이유식

소유진의
엄마도 아이도
즐거운 이유식

So Yujin's Homemade Baby Food: for Happy, Healthy Babies

초판 발행 · 2016년 2월 29일
초판 15쇄 발행 · 2018년 9월 17일
개정판 발행 · 2018년 11월 15일
개정판 13쇄 발행 · 2022년 11월 11일

지은이 · 소유진
발행인 · 이종원
발행처 · (주) 도서출판 길벗
출판사 등록일 · 1990년 12월 24일
주소 · 서울시 마포구 월드컵로 10길 56 (서교동)
대표전화 · 02)332-0931 | **팩스** · 02)323-0586
홈페이지 · www.gilbut.co.kr | **이메일** · gilbut@gilbut.co.kr

기획 및 책임편집 · 민보람(brmin@gilbut.co.kr) | **제작** · 이준호, 손일순, 이진혁
영업마케팅 · 한준희 | **웹마케팅** · 김선영, 류효정 | **영업관리** · 김명자 | **독자지원** · 윤정아, 최희창

디자인 · 김효진 | **교정교열** · 노경수 | **표지 사진** · 장봉영 | **포토그래퍼** · 장봉영, 우완서, 장한성 | **세트 디자이너** · 정재은
푸드스타일리스트 · 양유경, 오진
푸드스타일링 어시스턴트 · 이은희, 안상우, 김다영, 임소라, 김한솔, 여경진, 진화평, 김혜림, 김은희, 배수연, 홍연기, 김수, 김승아
의학감수 · 범은경 | **영양감수** · 김은미, 김하영
협찬사 · (주)투데코, (주)베베락, (주)비앤씨컴퍼니(스와비넥스, 슈가부거), 커먼키친, 모리다인, 김성훈도자기, 쿠룸, 카모메키친, 벨기에 그린팬, 라비옹퀴진, 필리가 캄포도마, 에코핸즈, 디자인앤쿠, 브로보이, 미소토이, 달콩블랑, 로열세브르, 솔리드 인터내셔널(아반치 코리아), 디자인레터스
CTP 출력 · 인쇄 · 상지사 | **제본** · 신정문화사

ISBN 979-11-6050-625-9(13590)
(길벗 도서번호 020109)

정가 18,500원

독자의 1초를 아껴주는 정성!
세상이 아무리 바쁘게 돌아가더라도
책까지 아무렇게나 빨리 만들 수는 없습니다.

인스턴트 식품 같은 책보다는
오래 익힌 술이나 장맛이 밴 책을 만들고 싶습니다.

땀 흘리며 일하는 당신을 위해
한 권 한 권 마음을 다해 만들겠습니다.

마지막 페이지에서 만날 새로운 당신을 위해
더 나은 길을 준비하겠습니다.

독자의 1초를 아껴주는 정성을 만나보십시오.

일 러 두 기

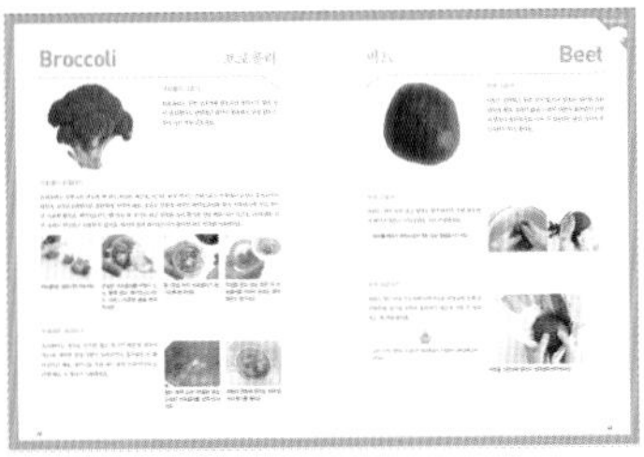

요리에 서툰 분도 걱정하지 마세요! 재료별 고르기 · 손질하기 · 보관하기

요리에 서툴러서 장 보는 것부터 고민이 된다면 이제 걱정하지 마세요! 이 책에 소개된 초기부터 완료기까지 사용되는 주재료들의 고르는 방법은 물론 손질하기, 보관하기까지 친절히 알려 주어 요리할 때 또다시 찾아봐야 하는 번거로움을 줄였습니다. 재료 고르는 방법이나 손질법을 먼저 숙지한 다음에 요리를 한다면 조금 더 편하고 올바르게 조리할 수 있습니다.

내 아이가 잘 먹어 준 아주 친절한 이유식 레시피

용희의 이유식 시기별로 한눈에 보는 장바구니, 한 달 캘린더, 이유식 포인트를 소개합니다.

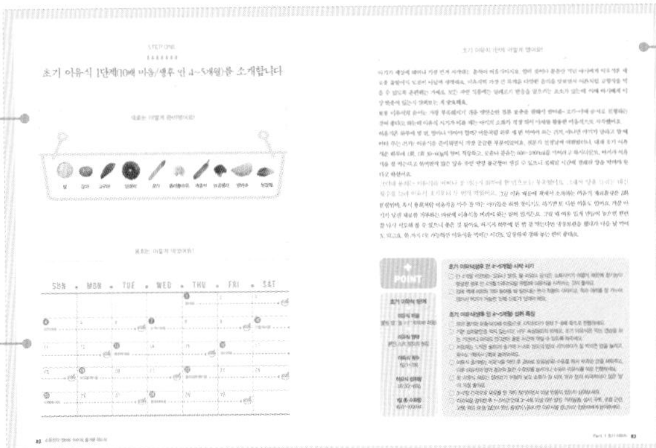

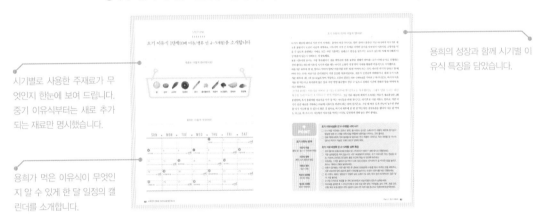

시기별로 사용한 주재료가 무엇인지 한눈에 보여 드립니다. 중기 이유식부터는 새로 추가되는 재료만 명시했습니다.

용희가 먹은 이유식이 무엇인지 알 수 있게 한 달 일정의 캘린더를 소개합니다.

용희의 성장과 함께 시기별 이유식 특징을 담았습니다.

용희가 맛있고 건강하게 잘 먹어 준 시기별 이유식 레시피를 소개합니다.
아기의 체질이나 상황에 따라 레시피에 대한 반응이 다를 수 있으나 적절히 활용하세요.

시원스러운 사진 배치로 이유식을 만드는 과정을 생생하게 담았습니다.

각 레시피마다 언급된 재료 분량은 요리에 사용하는 최종 분량을 명시한 것입니다. 예를 들면 껍질과 씨를 제거해야 하는 재료의 경우 이것을 제외한 분량을 뜻합니다.

놓치지 말아야 할 조리 포인트, 알짜배기 팁을 지면 곳곳에 담았습니다.

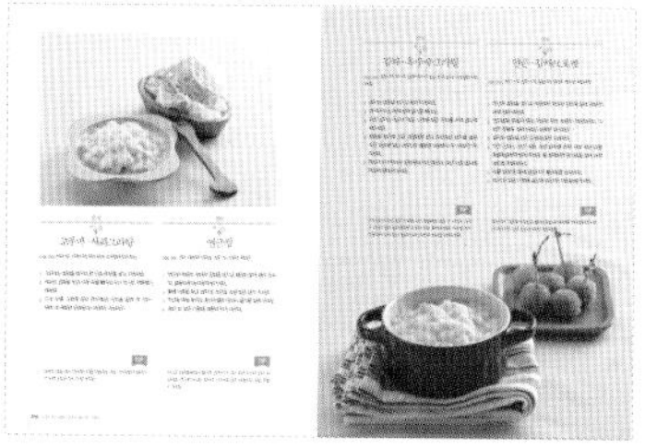

어떤 상황에서도 ok!
슈퍼곡물 이유식, 아플 때 이유식, 간식

우리 아기가 더 튼튼하게 자랄 수 있도록 슈퍼푸드를 이용한 이유식은 물론 감기, 변비, 설사 등 증상별 아플 때 이유식, 중기 이유식 이후부터 먹일 수 있는 간식 등 아이를 위한 특별 레시피를 담았습니다.

쉽고 간편한
한 그릇 유아식 · 만능 유아식

완료기 이후부터 먹을 수 있는 유아식을 소개합니다. 아이들이 한 그릇 뚝딱 먹어 준 베스트 유아식과 밥, 국, 반찬 세 가지만 있으면 다양한 식판식이 완성되는 만능 유아식 등 개정판에서만 만날 수 있는 작가의 비밀 레시피가 가득 담겨 있습니다.

소유진·백종원 부부가 만든
남은 재료 활용 어른 반찬

적은 양의 이유식을 만들면 꼭 남게 되는 재료 때문에 고민된다면 이 파트가 해답을 드립니다. 가지, 애호박, 양배추, 파프리카 등 우리가 흔히 먹는 재료나 이유식을 위해 구입하면 많이 남게 되는 재료를 활용한 군침 도는 반찬을 소개합니다.

미리 알려 드립니다

- 본 책에 소개된 레시피는 작가 '소유진' 님이 자신의 아이에게 먹였던 레시피를 책의 특성에 맞게 정리, 수정하였습니다. 아기 체질에 따라 알레르기 반응이 나타날 수도 있고, 아기의 성장 속도에 따라 먹는 양도 달라질 수 있으므로 내 아이에게 맞게 레시피를 활용하세요.
- 각 가정에서 사용하는 조리 도구나 화력 등이 다를 수 있기 때문에 레시피의 조리 시간을 명시하지 않았습니다.
- 이유식에 사용되는 재료의 양이 적은 편이기 때문에 계량스푼과 계량컵을 사용해서 조리하는 것을 추천합니다.
- 본 책에 등장하는 조리 도구나 식기류는 촬영을 위한 연출된 사진이므로 실제 사용하는 것과 다를 수 있습니다.

이 책의 계량법을 알려드립니다

- 이 책의 모든 이유식과 간식·유아식은 계량저울, 계량컵, 계량스푼을 사용해 계량했고, 〈Part 9. 남은 재료 활용 어른 반찬〉은 밥숟가락과 종이컵으로 계량했습니다. 1큰술은 15ml로 어른 밥숟가락에 소복이 얹은 정도의 양이며, 1컵은 180ml의 종이컵에 가득 담은 분량입니다. 어른반찬은 취향에 따라 간을 조절하세요.

PROLOGUE

막연하게 책을 쓰고 싶다는 꿈이 있었다

우연히 본 뉴스 때문에 연극영화과로 진로를 바꾸었다가 어찌어찌 연예인이 되어 버린 소녀의 성장기는 어떨까. 이곳저곳 여행하며 찍은 사진과 감상을 담은 에세이는 어떨까. 그런 책은 너무 많으니까 아주 독특하지 않은 한 사라져 버리겠지? 결국 구상에만 그쳐 버린 꿈을 이유식 책으로 실현할 줄은 상상도 못 했다.

서점에 무수히 드나들었지만 단 한번도 눈길이 닿지 않은 분야가 이유식인데, 막상 준비하다 보니 관련 서적이 너무 많아서 깜짝 놀랐다. 내 눈에만 안 보인 건가? 아니지, 아이를 낳으면 다른 눈이 생긴다는데 그게 맞는 말 같다. 언젠가부터 생전 안 찾아본 것들만 검색하고 쇼핑하는 나를 발견하니 말이다.

처음 경험해 보는 엄마라는 자리. 배울 것도 많고 어려운 일도 많다. 그중 이유식은 가장 먼저 다가온 시험인 듯하다. 내 아이 입에 숟가락 하나 들어가는 게 이렇게 힘든 일이라니. 나의 이유식 레시피를 공개하는 일도 쑥스럽게 시작했지만 많은 분께 도움이 되었으면 좋겠다. 좀 더 욕심을 부려 중간중간 육아 에피소드도 몇 편 넣었는데 주방의 고단함을 조금이나마 덜어 냈으면 하는 바람이다.

다음은 이유식 책을 쓴 계기가 된 나의 임신과 출산 이야기다.

2013년 1월 결혼.

8월이 생일이니 기념 여행을 떠나서 아이를 만들자는 당찬 계획을 품고 있었다. 친구들이 파리 가서 아기를 가지면 에펠이, 제주 가서 아기를 가지면 라산이 뭐 이런 식으로도 태명을 짓는다는데(한라산을 오른 게 아니라 같은 이름의 소주를 마신 것 아닐까), 이런저런 여행 계획에 혼자 들뜬 나는 지금 그게 중요한 것이 아님을 깨닫는 데 얼마 걸리지 않았다. 몸 상태가 정상이 아니었던 것이다. 한 달에 일주일이면 끝나는 생리가 멈추지를 않았다. 내일까지만 내일까지만 기다려 보자고 한 게 3주째. 정신 차리고 병원에 갔을 때는 의사가 어떤 증상이 의심된다며 종합 병원으로 가라는데 난생 처음 듣는 병 이름에 어찌나 심장이 떨리는지 멍하니 그 자리를 벗어날 수가 없었다.

종합 병원을 예약하고 그날이 되기까지 심장이 쿵쾅거려 아무것도 할 수가 없었다. 사실 두 달 전에 생각지도 못한 슬픔을 겪은 터였다. 첫 임신 소식을 들었다가 8주 만에 심장 소리도 제대로 못 듣고 아기와 이별했던 것이다. 병원에서 임신 사실을 확인받자마자 친정이며 시댁에 전화를 걸어 호들갑을 떨며 기뻐했는데 얼마 뒤 어른들이 실망하고 걱정하시는 모습을 보니 괜히 죄인이 된 느낌을 지워 버릴 수 없었다. 주위에서 첫 임신 때는 흔히 있는 일이니 너무 상심하지 말라고 했어도 별 위로가 되지 않았는데 연이어 이런 일이 생긴 것이다.

정밀 검사를 마치고 두려움에 가득 찬 나와 남편에게 의사 선생님이 말했다.

"포상기태임신이 의심스러워서 오셨다고요…. 그런데 결과를 보니 과를 잘못 찾아오셨어요. 산부인과로 다시 예약해 드릴 테니 그쪽으로 가시면 될 듯합니다."

아기가 있었다. 자궁 안에 피가 가득 고였는데 그 열악한 상황에서 여릿여릿하게 심장이 뛰고 있었다. 이 아기를 어떻게든 살려야 했다. 진행하는 라디오 프로그램도 그만두고 병원에 입원한 뒤 2주간 상태를 체크했다. 퇴원 후에도 정말 어디에 말 한마디도 못 하고 아이가 자리 잡을 때까지 집에서 누워만 있었다.

다음 해 4월, 기특하게도 오랜 시간 잘 견뎌 준 아이 용희가 2.75킬로그램으로 태어났다. 보통은 임신 막달에 아기가 살이 많이 오른다는데 4주간 아기 몸무게가 하나도 늘어나지 않아 조금 걱정하는 차에 태어나자마자 응애 소리 한번 들려주고는 어디로 데리고 가서 보여 주지를 않았다. 마지막에 영양 공급이 잘 안 돼서 몸이 약해 입원해야 한다고 했다. 힘도 약한 터라 모유 수유 역시 3주간은 직수가 힘들고 유축을 해서 먹여야 한다는 거였다. 게다가 심장에서 잡음이 많이 들린다고 하여 정밀 검사를 했더니 심장에 구멍이 뚫린 심실중격결손증까지 있었다.

그 조그마한 몸이 수면 마취 상태로 정밀 검사를 받을 때는 눈물이 나서 제대로 볼 수가 없었다. 다행히 수술할 정도까진 아니고 살면서 자연스레 막히는 경우가 많으니 무조건 잘 먹이고 1년 뒤에 다시 검사하자고 했다.

"그래… 잘 먹는 게 최고지. 잘 먹어야 해."

3주 동안 유축한 것만 먹다가 가슴에 코를 박고 모유를 꿀떡꿀떡 넘기던 날의 기쁨은 이루 말할 수 없었다. 하지만 나는 무엇보다도 하루빨리 이유식을 시작하고 싶었다. 아이가 잘 먹고 건강하게만 자라 준다면 뭐라도 해 먹일 수 있을 것 같았다.

이유식을 시작하고 아이가 아~ 하고 벌린 조그마한 입으로 숟가락이 쏙 들어갔다가 빈 숟가락으로 말끔히 나올 때의 짜릿함은 세상 어느 것과도 바꿀 수 없는 행복이었다.

초기 이유식을 시작하자마자 열심히 레시피를 정리해 나갔고, 후기에 들어갈 무렵에는 무슨 자신감인지 출판사와 계약까지 하고 말았다.

책을 쓰면서 이유식을 하니 사명감까지 생겼다. 가끔 아이가 이유식 앞에서 투정을 부리면 내가 어쩌자고 책을 쓰는 거지 하며 후회도 했지만 다시 먹을 때까지 또 만들고를 반복할 때는 책을 쓰기에 가능한 일이라며 혼자 안도하고 뿌듯해하기도 했다.

이렇게 아이와 함께 만든 나의 이유식 책이 완성되었다. 무엇보다 엄마의 이유식을 잘 먹어 줘서 심장의 구멍도 막히고(2015년 9월 17일 진단 결과) 지금은 또래 아이들보다 성장도 좋으며 씩씩하게 자라 주는 용희가 참 고맙다.

한 가지 일을 참 끈질기게 하지 못하는 나도 해냈다. 그러니 누구나 할 수 있다. 특히 육아에 서툰 새내기 엄마, 시간에 쫓기는 워킹맘, 백과사전처럼 꽉 찬 정보에 머리 아픈 요리 초보 엄마들과 함께 간단하지만 맛난 나의 이유식 레시피를 공유하고 싶다.

2016년 2월

소유진

개정판을 쓰며…

"안녕하세요. 배우이자 세 아이의 엄마
그리고 〈소유진의 엄마도 아이도 즐거운 이유식〉 책의 저자 소유진입니다."

지금에서야 할 수 있는 이야기지만 책 제목을 정할 때 출판사와 긴 회의를 했다. 출판사에서는 '건강하다' '튼튼하다'는 느낌을 주는 제목이었으면 좋겠다고 했다. 그리고 난 '비록 아이를 위해 이유식을 준비하고, 만들고, 먹이는 것이지만 그 과정에서 엄마가 행복하지 않다면 아이에게도 엄마의 감정이 고스란히 전달되는 것 같다'고 말하며, 이유식이야말로 엄마의 기쁨이 아이의 입속으로, 뱃속으로 들어가야 할 것 같다고 했다. 다행히 출판사에서 내 의견을 기꺼이 수렴해 준 덕분에 긴 제목의 이 책이 세상으로 나오게 되었다.

우리 집 식탁 위에 있는 이 책을 펼칠 때면 책이 나오기까지 있었던 이런저런 일들이 떠올라 미소 짓곤 했는데, 이후 많은 분들에게 사랑을 받고 개정판까지 내게 되어 얼마나 영광스러운지 모른다.

세 아이를 키우며, 첫째 아이 이유식을 만들 때만큼의 열정이 나에게 아직 남아 있나 싶은 생각이 종종 들었다. 난생처음 이유식을 만들며 점점 '엄마'라는 이름에 익숙해지던 시간이 오롯이 담겨 있기에 이 책은 나에게도 참 소중하다.

나와 같은 마음으로 이유식을 시작하는 엄마들의 그 순간이 즐겁고 행복한 시간이 되기를, 엄마의 그 긍정 에너지가 그대로 전달되어 아이가 더욱 건강하고 튼튼하게 자라기를 바란다. 그래서 엄마도 아이도 즐거운 하루하루가 되었으면 좋겠다.

이 책을 만드는데 도움주신 영양 감수 선생님, 의학 감수 선생님, 개정판에 애정을 듬뿍 실어 만들어준 길벗 출판사 그리고 이 글을 읽고 계신 모든 분들께 진심으로 감사하다는 말씀을 전하고 싶다.

2018년 11월

소유진

CONTENTS

프롤로그 006
시기별 이유식 특징을 알아볼까요! 022
이유식 도구는 이렇게 사용했어요! 024
Intro: 이유식 재료 고르기 · 손질하기 · 보관하기 026

| ESSAY | 첫 이유식 078

Part. 1
초기 이유식
미음

{ 생후 만 4~6개월 }

초기 이유식 1단계를 소개합니다 082
쌀미음 084
감자미음 086
고구마미음 088
단호박미음 090
애호박미음 092
오이미음 094
브로콜리미음 096
콜리플라워미음 098
양배추미음 100
청경채미음 102

초기 이유식 2단계를 소개합니다 104
쇠고기미음 106
쇠고기 · 감자미음 108
쇠고기 · 단호박미음 110
쇠고기 · 오이미음 112
양배추 · 단호박미음 114
쇠고기 · 애호박미음 116
쇠고기 · 브로콜리미음 118
쇠고기 · 양배추미음 120
쇠고기 · 청경채미음 122
브로콜리 · 감자미음 124

| ESSAY | 병원 126
| ESSAY | 첫 기차 128

Part. 2
중기 이유식
죽

{ 생후 만 7~9개월 }

중기 이유식을 소개합니다 132
| SPECAIL TIP | 육수 만들기 134
쇠고기 · 양배추죽 136
쇠고기 · 브로콜리죽 138
쇠고기 · 아욱죽 140
쇠고기 · 청경채죽 142
쇠고기 · 콜리플라워죽 144
쇠고기 · 감자 · 양송이버섯죽 146
쇠고기 · 애호박 · 당근죽 148
쇠고기 · 표고버섯 · 아욱죽 150
쇠고기 · 새송이버섯 · 시금치죽 152
쇠고기 · 표고버섯 · 애호박죽 154
쇠고기 · 단호박 · 브로콜리죽 156
닭안심 · 양배추죽 158
닭안심 · 단호박 · 당근죽 160
닭안심 · 콜리플라워 · 배추죽 162
닭안심 · 표고버섯 · 양배추죽 164
닭안심 · 당근 · 연두부죽 166
대구살 · 양배추 · 애호박죽 168
대구살 · 무 · 표고버섯죽 170
대구살 · 차조 · 청경채 · 양파죽 172
대구살 · 양송이버섯 · 미역죽 174

| ESSAY | 옹알이 176
| ESSAY | 하루하루 178

Part.3
후기 이유식
무른밥

{ 생후 만 10~12개월 }

후기 이유식을 소개합니다. 182
쇠고기 · 표고버섯 · 양배추무른밥 184
쇠고기 · 양송이버섯 · 적채무른밥 186
쇠고기 · 콩나물 · 시금치무른밥 188
쇠고기 · 검은콩 · 양송이버섯 · 브로콜리무른밥 190
쇠고기 · 연근 · 파프리카무른밥 192
쇠고기 · 두부 · 감자 · 당근무른밥 194
쇠고기 · 단호박 · 파프리카무른밥 196
쇠고기 · 잣무른밥 198
닭안심 · 양송이버섯 · 고구마무른밥 200
닭안심 · 완두콩 · 당근무른밥 202
닭안심 · 비트 · 단호박 · 양파무른밥 204
닭가슴살 · 표고버섯 · 애호박무른밥 206
닭가슴살 · 연두부 · 완두콩 · 당근살무른밥 208
대구살 · 애호박 · 당근무른밥 210
흰살생선 · 두부 · 무 · 감자무른밥 212
새송이버섯 · 애호박 · 당근무른밥 214
잔멸치 · 김 · 당근 · 양파무른밥 216
멸치 · 두부 · 브로콜리무른밥 218
들깨 · 양송이버섯 · 표고버섯무른밥 220
참깨 · 두부 · 양배추무른밥 222

| ESSAY | 첫 이발 224
| ESSAY | 부주의 226

Part.4
완료기 이유식
2배 진밥

{ 생후 만 12개월 이후 }

완료기 이유식을 소개합니다. 230
쇠고기 · 달걀 · 표고버섯 · 시금치무른밥 232
쇠고기 · 콩나물 · 당근진밥 234
쇠고기 · 무 · 단호박 · 브로콜리진밥 236
쇠고기 · 두부 · 표고버섯 · 파프리카진밥 238
쇠고기 · 완두콩 · 가지 · 당근진밥 240
쇠고기 · 양송이버섯 · 당근 · 양파진밥 242
쇠고기 · 표고버섯 · 감자 · 당근 · 양파 · 들깨진밥 244
닭안심 · 우엉 · 양송이 · 브로콜리진밥 246
닭안심 · 부추 · 연근 · 파프리카진밥 248
닭안심 · 토마토 · 사과진밥 250
닭안심 · 감자 · 당근 · 양파 · 브로콜리진밥 252
달걀 · 콜리플라워 · 당근진밥 254
달걀 · 두부 · 팽이버섯 · 연근진밥 256
새우 · 토마토 · 양배추 · 단호박진밥 258
새우 · 연두부 · 애호박진밥 260
새우 · 부추 · 양파 · 치즈진밥 262
연어 · 파프리카 · 양파진밥 264
게살 · 오이 · 파프리카진밥 266
치즈 · 고구마 · 어린잎채소진밥 268
검은깨 · 연두부 · 파프리카진밥 270

| ESSAY | 걸음마 272
| ESSAY | 엄마가 좋아, 아빠가 좋아? 274

Part.6 아플 때 이유식

감기: 초기 배 · 찹쌀미음 296
감기: 중기 배 · 쇠고기죽 298
감기: 후기 아욱 · 연근 · 쇠고기무른밥 300
감기: 완료기 대추 · 닭고기 · 양파 · 찹쌀진밥 302
변비: 초기 배 · 양배추 · 찹쌀미음 304
변비: 중기 고구마 · 대추죽 306
변비: 후기 닭고기 · 고구마 · 근대무른밥 308
변비: 완료기 비트 · 양배추 · 닭안심진밥 310
설사: 초기 바나나 · 완두콩미음 312
설사: 중기 당근 · 감자 · 쇠고기찹쌀죽 314
설사: 후기 밤 · 연두부 · 대구살 · 찹쌀무른밥 316
설사: 완료기 두부 · 감자 · 완두콩 · 당근진밥 318

Part.5 슈퍼푸드 이유식

블루베리 · 연두부 · 고구마진밥 278
마늘 · 양파 · 애호박 · 당근 · 닭고기진밥 280
귀리 · 미역 · 전복진밥 282
귀리 · 당근 · 브로콜리타락죽 284
렌틸콩 · 표고버섯 · 닭안심진밥 286
렌틸콩 · 단호박 · 쇠고기진밥 288
퀴노아 · 시금치 · 쇠고기진밥 290
퀴노아 · 적채 · 검은콩 · 닭안심진밥 292

Part.7 간식

중기 간식 사과 · 당근 · 감자스프 322
바나나 · 아보카도퓌레
후기 간식 삼색감자경단 / 블루베리 · 바나나요거트 323
고구마피자 / 단호박 · 강낭콩 · 건포도범벅 324
완료기 간식 채소 토스트 / 단호박 · 치즈구이 325
고구마 · 사과그라탕 / 연근칩 326
감자 · 옥수수그라탕 / 연근 · 감자크로켓 327
단호박양갱 / 컵달걀찜 328
치즈 · 고구마볼 / 단호박 · 두부크림 329

Part.8
유아식

Part.9
남은 재료 활용
어른 반찬

한 그릇 유아식

쇠고기 · 채소국수 / 달걀 · 버섯볶음밥 332
쇠고기 · 두부스테이크 333
버섯 · 고구마 · 크림소스리소토
쇠고기주먹밥 / 삼색옹심이 334
김가루 · 치즈주먹밥 / 닭안심카레덮밥 335
두부 · 깨 · 땅콩국수 / 닭고기 · 채소볶음밥 336

만능 유아식

된장국 시금치된장국 / 콩가루배추된장국 338
두부애호박된장국 / 쇠고기무된장국 339
맑은국 오징어콩나물국 / 쇠고기양배추국 340
새우미역국 / 버섯들깨순두부국 341

기본 반찬 & 응용 반찬
쇠고기장조림 / 장조림김밥 342
돼지고기채소카레 / 카레주먹밥 343
토마토닭고기볶음 / 닭고기토마토피자 344
양배추참치조림 / 참치조림볶음밥 345

같은 재료 다른 조리법
쇠고기느타리버섯우엉들깨무침 346
쇠고기느타리버섯우엉전
돼지고기청경채숙주볶음 / 돼지고기청경채숙주찜 347
날치알채소달걀말이 / 날치알채소달걀찜 348
두부새우채소전 / 두부새우완자탕수 349

된장가지구이 356
감자멸치조림 358
단호박크림파스타 360
애호박초간장무침 362
새우젓두부조림 364
렌틸콩매콤조림 366
렌틸콩마늘볶음 368
렌틸콩카레 370
땡초부추전 372
비트생채 374
버섯고기볶음 376
시금치깨소스무침 378
부추깨소스무침 380
아욱된장국 382
우엉잡채 384
돼지고기우엉된장국 386
양배추돼지고기볶음 388
오이달걀볶음 390
파프리카잡채 392
표고버섯튀김무침 394

에필로그 396

간단한 실내 데이트 장소로 우리 가족이 가장 좋아하는 마트

/

대형 마트에서 용희를 멈추게 하는 곳은 역시나 시식 코너.
양손에 하나씩 먹을 것을 쥐고 나서야
다른 곳으로 눈을 돌리는 모습은 언제 봐도 귀엽다. 동네 마트에서는 고기 코너만 오면
어떻게 아는지 "고기! 고기!"를 외친다.
빨리 커서 다 함께 삼겹살집에 앉아 고기를 구워 먹는 날이 왔으면 좋겠다.

철마다 바뀌는 과일의 매력

과일 킬러인 엄마를 닮아 색색깔 과일을 안 가리고 잘 먹어 줘서 참 고맙다.
아이가 지나갈 때마다 잊지 않고 과일을 한 조각씩 건네는 과일 가게 총각들도.

아이와 함께 하는 산책

평화롭게 움직이는 구름, 예쁘게 핀 꽃, 지나가는 자동차,
바쁜 사람들, 건물의 간판까지
눈에 보이는 모든 것이 끊이지 않는 이야깃거리가 된다.
사소한 일상이 소중한 추억이 되는 순간.
엄마가 되어서야 깨달은 행복.

친구와 비슷한 시기에 아이를 낳는다는 것

/

설명이 안 될 정도로 즐거운 일이다.
아이를 낳은 뒤로 아이 있는 친구와 이야기하는 것이 편해졌다.
전화를 걸어 친구 안부보다 친구 아이의 '오늘의 장기자랑'을 묻는다
(사실 아이의 컨디션에 따라 엄마와의 통화 가능 여부가 결정된다는 큰 이유가 깔려 있다).
약속 장소에 늦은 친구의 표정만 봐도 왜 늦었는지 알 수 있고,
혹시 못 나오더라도 누구 하나 엄마를 탓하지 않고 아이의 건강을 걱정해 준다.
아이들을 데리고 나와 함께 놀다가 우리끼리 눈이 마주치면 말없이 웃음이 터진다.
한참을 같이 웃다가 내리는 결론은
"우리 둘째도 같이 갖자!"

"장모님, 아기는 언제부터 울어요?"

아이가 하도 안 울어서 남편이 친정엄마에게 전화를 걸어 물어본 말이다.
집에 아이가 생기면 왠지 계속 울 것만 같아서 긴장했다는데
매일 방긋방긋 웃는 게 신기했나 보다.

웃음이 많고 건강한 우리 아이가 맛있게 먹어 준
엄마도 아이도 즐거운 이유식 레시피를 지금부터 공개합니다!

HOW TO MEASURE

시기별 이유식 특징을 알아볼까요!

	이유식 초기	이유식 중기
개월 수	만 4~6개월 (분유 수유아 만 4개월, 모유 수유아 만 5개월)	만 7~9개월
치아 수	0개	2~4개
이유식 횟수	이유식: 1일 1~2회 모유/분유: 5회(600~1000ml)	이유식: 1일 2회 간식: 1회 모유/분유: 3~5회(500~800ml)
조리 형태 및 섭취량	8~10배 미음 한 끼 30~80g	6배 죽 한 끼 80~120g
완성 형태	모든 재료를 믹서에 간다. **수프보다 묽으며 알갱이가 없는 형태의 미음**	거의 모든 재료를 절구, 강판에 갈거나 칼로 잘게 다진다. **잔 알갱이가 있는 죽 형태**
재료 형태	**쌀** 주르륵 흘러내리는 묽은 수프 형태 	**쌀** 작은 알갱이가 있으며 덩어리째 뚝뚝 떨어지는 형태 
	양배추 잎 부분만 삶아서 믹서에 갈았으며, 알갱이 없이 주르륵 흐르는 형태 	**양배추** 잎 부분만 삶아서 절구에 곱게 갈았으며, 자잘한 알갱이가 있는 형태 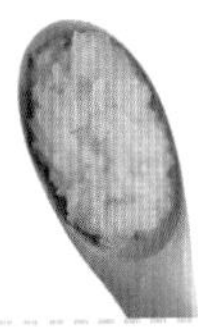
	단호박 껍질을 벗기고 삶아서 믹서에 갈았으며, 알갱이 없이 주르륵 흐르는 형태 	**단호박** 껍질을 벗기고 삶아서 절구에 곱게 으갰으며, 뭉근하게 으깨진 상태 
	쇠고기 핏물을 빼고 삶아서 믹서에 갈았으며, 알갱이 없이 주르륵 흐르는 형태 	**쇠고기** 핏물을 빼고 삶아서 잘게 다진 뒤 절구에 곱게 갈았으며, 자잘한 알갱이가 있는 형태 

이유식 후기	이유식 완료기
만 10~12개월	만 12개월 이후
4~8개	8~10개
이유식: 1일 3회 간식: 2회 모유/분유: 2~3회(500~600ml)	이유식: 1일 3회 간식: 2회 모유/분유: 0~2회(400ml 이하)
4배 무른밥 한 끼 120~150g	2배 진밥 한 끼 120~180g
거의 모든 재료를 잘게 다진다. **알갱이가 있는 무른 밥 형태. 질긴 껍질, 딱딱하거나 너무 큰 알갱이 제외**	재료를 다진다. **어른이 먹는 밥보다 진 형태의 밥**
쌀 밥알의 모양은 보이지만 혀와 잇몸으로 으깰 수 있을 만큼 푹 무른 형태 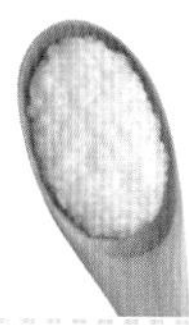	**쌀** 진밥의 형태 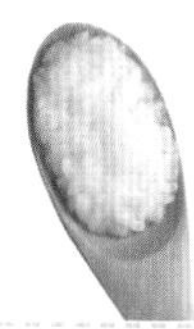
양배추 잎 부분만 삶아서 칼로 잘게 다졌으며, 작은 알갱이가 있는 형태 	**양배추** 잎 부분만 삶아서 칼로 다졌으며, 후기보다 굵은 알갱이가 있는 형태 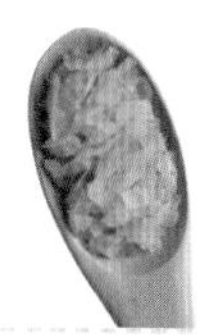
단호박 껍질을 벗기고 삶아서 칼등이나 숟가락으로 으깼으며, 작은 알갱이가 있는 형태 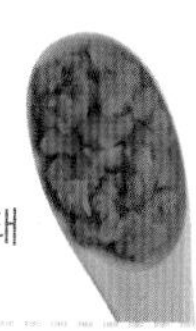	**단호박** 껍질을 벗기고 삶아서 칼등이나 숟가락으로 대충 으깼으며, 알갱이가 있는 형태 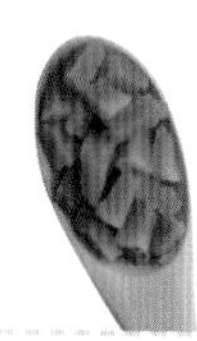
쇠고기 핏물을 빼고 삶아서 칼로 잘게 다졌으며, 작은 알갱이가 있는 형태 	**쇠고기** 핏물을 빼고 삶아서 칼로 다졌으며, 몽글몽글한 알갱이가 있는 형태 

HOW TO TOOLS

이유식 도구는 이렇게 사용했어요!

미니 믹서

초기 이유식 때 없어서는 안 되는 필수품. 물론 완료기까지도 유용하게 써요. 기존에 쓰던 것이 있지만, 이유식 전용으로 구입해서 사용했어요.

절구

중기에 사용하는데, 만약 사용하는 미니 믹서에 재료 굵기 조절 기능이 있다면 꼭 사지 않아도 돼요.

계량저울

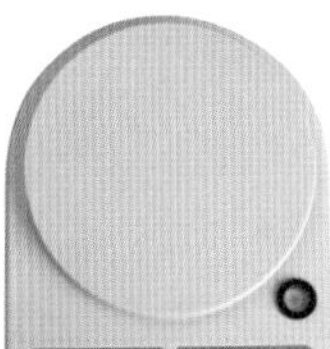

이유식은 만드는 양이 적다 보니 눈대중으로 대충 했다가는 실패하기 십상이에요. 저울은 전자저울이 편하고, 2~3kg까지 잴 수 있는 정도면 돼요. 1kg짜리는 적어서 불편하고 5kg 이상이면 값이 비싸거든요. 집에서 사용하는 가벼운 플라스틱 용기에 재료를 담고 저울의 무게를 0으로 맞춰서 재면 됩니다.

칼과 도마

집에 두세 개쯤 있는 칼과 도마. 하지만 그동안 써 온 칼과 도마는 짜고 매운 맛이 배어 있으므로 아기 전용 칼과 도마를 따로 써야 해요. 칼은 큰 채소를 다듬거나 고기 다질 때 쓸 식도와 채소 껍질 깎을 때 쓸 과도, 이렇게 두 개 정도 필요해요. 도마도 채소와 과일용, 고기와 생선용, 이렇게 두 개 이상 구분해서 사용하면 좋아요.

이유식 숟가락

아기는 힘 조절 능력이 떨어지는 데다 이가 날 즈음이면 입에 들어오는 건 무엇이든 세게 물려고 해서 아기용 숟가락은 안전한 실리콘 제품을 사용했어요. 작은 아기 입에 쏙 들어가는 이유식 숟가락은 아기 혼자서 사용하기에 편하도록 잘 나와 있어요.

실리콘 주걱

이유식은 양이 적고 조리 시간이 짧기 때문에 만드는 동안 계속 저어 줘야 해요. 실리콘 주걱은 위생적으로 관리하기 쉬운 데다 패스츄러 기능이 있어서 다양하게 활용된답니다.

이유식 전용 도구를 사용하면 위생적으로 쉽게 만들 수 있어요. 하지만 남의 말만 듣고 미리 이것저것 사 놓았다가 결국 한두 번 써 보고 한구석에 처박아 두는 것도 있죠. 도구는 세트로 사기보다 꼭 필요한 것 위주로 그때그때 사는 게 좋아요.

구입하기 전에 다시 한번 생각해 보세요. 꼭 있어야 할 것, 있으면 좋지만 없어도 불편하지 않은 것, 사용했을 때 설거지나 관리가 불편한 것 등으로 나눠 보면 무엇을 사야 할지 선택의 기준이 생길 거예요.

체

이유식을 만들 때 대부분의 재료는 삶아서 체에 밭쳐 물기를 뺍니다. 체는 손잡이가 길고 튼튼한 제품이 좋아요.

찜기

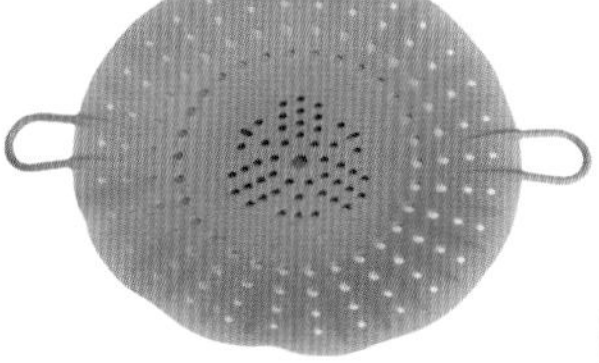

찜기는 전기를 이용한 것도 있고 소재에 따라 스테인리스 스틸, 대나무 등 여러 가지가 있지만 가장 쉽게 구할 수 있는 실리콘 제품을 선택했어요. 양쪽에 손잡이가 달려 있어서 냄비에 올리거나 내릴 때 편리할 뿐 아니라 설거지하기도 쉽고 바싹 말릴 수 있어서 위생적이에요.

냄비

저는 일반 스테인리스 스틸 냄비를 사용했지만 아기 전용으로 따로 준비했어요. 요즘은 환경 호르몬이나 기타 중금속에 대한 염려가 없는 주물 냄비나 도자기 제품도 많이 사용하더라고요.

직접 요리할 수 있는 지름 15cm 내외의 냄비 한 개, 데치거나 중탕할 때 사용하는 큼직한 웍 한 개 정도가 필요해요.

계량컵과 계량스푼

무게를 잴 때는 전자저울을 이용하지만 부피를 잴 때는 계량컵과 계량스푼을 이용합니다. 플라스틱과 스테인리스 스틸, 유리 제품이 나와 있는데, 플라스틱 제품은 가볍고 저렴한 반면 눈금 인쇄가 지워지거나 비위생적일 수 있어서 스테인리스 스틸이나 유리 제품을 사용하는 게 좋아요.

으깨기

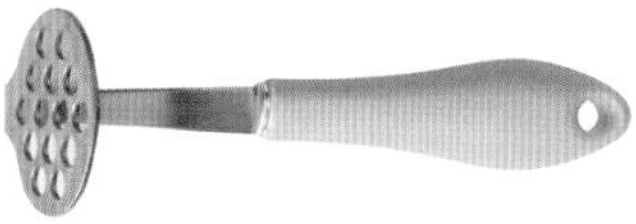

질기고 단단한 것을 으깰 때는 절구를, 부드러운 것을 으깰 때는 메시를 이용했어요. 감자나 고구마 등을 삶아서 식기 전에 꾹꾹 눌러 주면 절구보다 곱게 으깨져서 이유식을 만들기 쉬워요.

이유식 보관 용기

이유식을 보관할 때는 반드시 밀폐용기를 이용해야 하고, 가능하면 한 끼 분량씩 담아서 보관하는 게 좋아요. 아무리 밀폐용기라 하더라도 냉장고에 함께 보관한 반찬 냄새가 밸 수 있으므로, 한 끼 분량씩 담은 이유식 보관 용기를 두세 개씩 모아 다시 한 번 큰 밀폐용기에 넣도록 하세요.

Intro
이유식 재료
고르기·손질하기
보관하기

곡류

쌀 28
차조 29
검은깨 · 참깨 30
들깨 31
검은콩 32
완두콩 33

채소

가지 34
감자 35
고구마 36
단호박 37
당근 38
무 39
배추 40
부추 41
브로콜리 42
비트 43
새송이버섯 44
시금치 45
아욱 46
애호박 47
양배추 48
양송이버섯 49
양파 50
어린 잎 채소 51
연근 52
오이 53
우엉 54
적채 55
청경채 56
콜리플라워 57
콩나물 58
파프리카 59
팽이버섯 60
표고버섯 61

과일

밤 62
잣 63
사과 64
토마토 65

육류

쇠고기 66
달걀 67
닭가슴살 · 닭안심 68

해산물

대게 69
대구 살 70
멸치 71
잔멸치 72
새우 73
연어 74
김 75
미역 76

가공식품

두부 77
연두부 77

Rice

쌀

쌀 고르기

이유식에 쓰는 쌀은 어떤 게 좋을까요? 초보 엄마는 이것저것 걱정도 많지요. 아기에게 특별한 걸 먹이고 싶은 게 엄마 마음이니까요. 하지만 크게 걱정하지 않아도 돼요. 어떤 것이든 아기 이유식에 사용할 수 있거든요.
쌀뿐만 아니라 아기 이유식을 위한 쌀가루를 따로 파는데 초기, 중기, 후기 등 시기에 따라 굵기도 선택할 수 있답니다. 하지만 아기가 먹는 양이 얼마 안 되다 보니 쌀을 불려서 믹서에 가는 것도 그리 어렵지는 않더라고요. 아무래도 내가 직접 고른 쌀로 그때그때 갈아서 먹이는 게 더 좋지 않을까요? 저는 가까운 마트에서 파는 쌀을 직접 구입했어요.

쌀 불리기

1

흐르는 물에 쌀을 깨끗이 씻어서 여름에는 30분, 겨울에는 50분 정도 불리세요.

TIP

쌀 불린 물은 버리지 말고 이유식에 물 대신 넣거나 어른들 국 끓일 때 밑물로 쓰세요.

불린 쌀 갈기

1

쌀과 쌀 불린 물을 믹서에 같이 넣어 주세요.

2

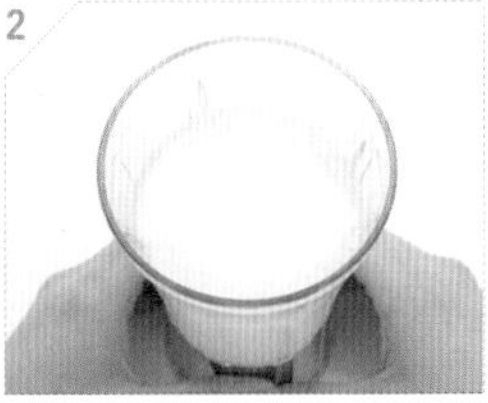

뽀얀 우윳빛이 돌 때까지 곱게 갈아 주세요.

쌀가루 만들기

쌀 불릴 시간이 부족하거나 이유식을 빨리 만들어야 하는 상황이라면 미리 쌀가루를 넉넉히 만들어서 냉동실에 넣어 두고 그때그때 바로 사용하는 것도 괜찮아요.

1

불린 쌀을 체에 밭쳐 하룻밤 정도 물기를 빼세요.

2

믹서에 넣고 곱게 갈아 주세요.

3

쌀가루를 손으로 비벼 잘 풀어 주세요.

4

지퍼백에 넣고 이유식 한 번 만들 분량만큼 칼등으로 선을 그어 준 후 냉동실에 보관하세요.

차조 Glutinous Millet

차조 고르기

정월 대보름에 지어 먹는 오곡밥의 주재료는 쌀, 보리, 조, 콩, 기장이에요. 이처럼 조는 예부터 중요하게 여기는 곡식이었다고 해요. 좋은 차조는 돌이나 티끌이 섞이지 않고 낟알이 고르지요. 흔히 보는 메조는 노르스름한 빛이 나는 반면 차조는 푸르스름한 빛이 나니 잘 비교해 보세요.

차조 손질하기

차조는 낟알이 작고 가볍기 때문에 씻는 중에 쓸려가 버리기 쉬워요. 차조를 씻을 때는 촘촘한 체를 이용해서 살살 흔들어 가며 씻는 게 좋아요.

1

차조는 조리나 촘촘한 체에 밭쳐서 흐르는 물에 살살 흔들어 가며 씻어 주세요.

2

씻다가 돌이나 이물질이 눈에 띄면 골라내세요.

차조 보관하기

곡류는 습기가 없고 서늘한 곳에 보관하는 게 가장 좋아요. 차조는 쌀과 달리 300g, 500g 등 소량 판매하므로 소량 구매 뒤 지퍼백에 나눠 담아서 냉장실에 보관하세요. 김치냉장고에 보관하거나 겨울철에는 서늘한 베란다 쪽에 습기를 피해 보관해도 괜찮아요.

Sesame 검은깨·참깨

검은깨 · 참깨 고르기

시중에 나온 검은깨와 참깨는 대개 수입산이에요. 수입산은 값이 저렴한 대신 고소한 맛이 덜하고 잡티가 많지요. 또 알이 굵고 색이 밝으며 윤기가 나지 않는다고 해요. 요즘은 원산지 표기가 잘돼 있어서 국내산을 선택하는 게 어렵지 않아요. 원산지 표기가 없고 뭔가 미심쩍다면 한번쯤 확인해 보세요.

검은깨 · 참깨 손질하기

검은깨와 참깨는 그냥 사용하면 아무 맛이 없고 뻣뻣하기 때문에 반드시 볶아서 사용해야 해요. 깨를 볶기 전에 깨끗이 씻고 돌을 골라내야 하는데, 깨가 너무 작다 보니 씻는 중에 손에 달라붙어서 버려지는 게 많지요. 주걱이나 거품기를 이용해서 살살 저어 가며 씻어 주면 좋아요.

1 검은깨 또는 참깨를 물에 여러 번 헹궈 가며 씻은 다음 체에 건지세요.

2 물기를 빼고 프라이팬에 쏟아서 약한 불로 볶아 주세요. 불이 세면 겉은 타고 속은 안 볶아지므로 약한 불에서 천천히 볶아야 해요.

3 탁탁 소리가 나면서 깨가 튀어 오르면 손가락으로 비벼 보세요. 깨가 으깨지면서 고소한 냄새가 나면 불을 끄고 열을 식혀 주세요.

> **TIP**
> 참깨로 깨소금을 만들 때는 참깨에다 볶은 소금을 약간 넣고 절구에 갈면 돼요. 통깨와 깨소금 두 가지를 만들어 놓으면 요리할 때 편해요. 검은깨는 깨소금을 만들지 않고 주로 통깨로 사용해요.

검은깨 · 참깨 보관하기

기름기가 많은 재료는 실온에 두었을 때 쉽게 산화하므로 가능하면 냉동실에 보관하고, 먹을 분량만 따로 덜어서 실온에 보관하는 것이 좋아요.

1 볶은 깨는 완전히 식힌 다음 지퍼백이나 밀폐용기에 담아 냉동실에 보관하세요.

들깨 Perilla Seeds

들깨 고르기

참깨와 달리 들깨는 갈색이 도는데, 좋은 들깨는 색이 고르고 선명하다고 해요. 낟알의 크기가 균일하고 윤기가 흐르며, 손으로 비볐을 때 고소한 냄새가 진한 것이 맛도 더 좋다고 합니다.

들깨 손질하기

1

들깨는 돌이나 잡티를 골라내고 물에 씻어 주세요.

2

물을 여러 번 갈아 주며 헹궈서 체에 밭치고 물기를 빼세요.

3

물기가 빠지면 프라이팬에 쏟아서 약한 불로 볶아 주세요. 불이 세면 겉은 타고 속은 안 볶아지므로 약한 불에서 천천히 볶아야 해요.

4

탁탁 소리가 나면서 깨가 튀어 오르면 손가락으로 비벼 보세요. 들깨가 으깨지면서 고소한 냄새가 나면 불을 끄고 열을 식혀 주세요.

들깨 보관하기

생 들깨는 통풍이 잘되고 해가 들지 않는 곳에서 실온 보관이 가능하지만 오래 보관할 때는 밀봉해서 냉동실에 넣는 게 좋아요. 볶은 들깨는 참깨보다 쉽게 산화하기 때문에 먹을 분량만 따로 덜어서 실온에 보관하고 나머지는 냉동실에 넣어 두어야 해요.

1 볶은 들깨는 완전히 식힌 다음 지퍼백이나 밀폐용기에 담아 냉동실에 보관하세요.

1

Black Soybean 검은콩

검은콩 고르기

검은콩은 '블랙푸드'의 대표 주자라 할 수 있어요. 껍질은 검은색이지만 속은 밝은 연둣빛이 나지요. 윤기가 나고 알이 단단하며 고른 것이 좋은 검은콩입니다.

검은콩 손질하기

검은콩은 껍질에 영양소가 가장 많기 때문에 껍질째 먹는 게 가장 좋지만, 껍질은 질겨서 아기가 소화하기 힘들어요. 그래서 이유식을 만들 때는 껍질을 벗겨서 사용합니다.

1

검은콩을 씻으면서 돌을 골라내세요.

2

뚜껑이 있는 통에 넣고 물을 부은 뒤 하룻밤 정도 불리세요.

3

손가락으로 슬쩍 비비면 껍질이 쉽게 벗겨져요.

검은콩 보관하기

콩은 단백질과 칼슘, 섬유질과 기타 비타민, 무기질 등이 풍부하기 때문에 벌레들의 공격을 받기 쉽다고 해요. 특히 검은콩을 실온에 둘 경우, 그 안에 벌레가 한 마리라도 있으면 순식간에 콩이 벌레집으로 변하고 말아요. 콩을 오래 보관할 때는 냉동실에 넣어 두고 실온에는 2~3일 먹을 분량만 꺼내 놓는 것이 좋답니다.

1 검은콩은 지퍼백이나 밀폐용기에 넣어 냉동실에 보관하세요.

1

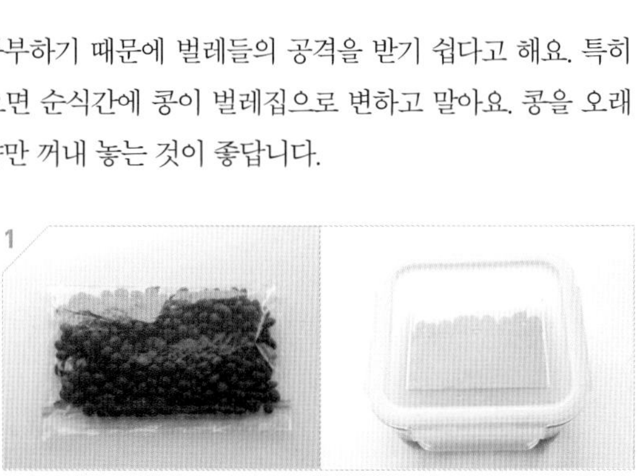

완두콩 Pea

완두콩 고르기

완두콩은 연둣빛을 띠고 윤기가 나야 싱싱하고 좋은 상품이에요. 동그란 모양이 제대로 갖춰졌는지, 싹이 난 것은 없는지, 만졌을 때 단단한지 살펴보세요.

완두콩 손질하기

1 콩깍지째 구입했다면 깍지를 벗기고 물에 헹궈서 요리에 사용하세요.
2 깍지를 까 놓은 완두콩을 구입했다면 물에 여러 번 헹궈서 사용하세요.

1

완두콩 보관하기

완두콩은 4~6월 제철에만 먹을 수 있는 귀한 재료지요. 하지만 우리 입맛은 제철 따지지 않고 먹고 싶을 때가 있잖아요. 제철에만 나오는 과일이나 채소는 수확 시기에 많이 사서 냉동실에 보관해 두세요.

1

끓는 물에 소금을 약간 넣고 데치세요.

2

한 번 먹을 분량씩 덜어 냉동실에 보관하면 언제든 먹을 수 있어요.

Eggplant 가지

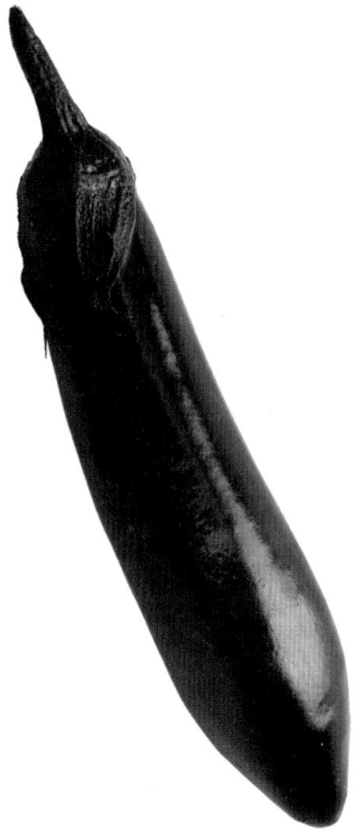

가지 고르기

가지는 짙은 보라색이 선명하고 모양이 반듯해야 하며 굽지 않은 걸 골라야 해요. 꼭지의 솜털이 까슬까슬한 게 싱싱하다니 그쪽도 한번 만져 보고, 표면에 광택이 있는지, 단단하고 탄력이 있는지, 들어 보았을 때 묵직한 느낌이 나는지도 확인하세요.

가지 손질하기

가지는 꼭지를 떼고 깨끗이 씻기만 하면 되는 채소예요. 하지만 이유식에 사용할 때는 시기에 따라 손질법이 조금씩 달라요. 초기에는 껍질을 벗긴 뒤 쪄서 갈고, 중기부터는 껍질째 이용할 수 있으니 그냥 잘게 다져서 이용하세요.

가지 보관하기

가지는 냉장실에 보관하면 되지만 보관 기간이 길지 않으니 오래 두고 먹으려면 말려서 보관해야 해요.

1

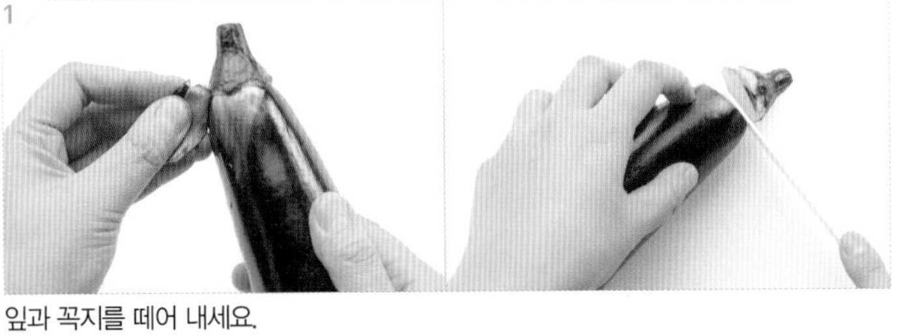

잎과 꼭지를 떼어 내세요.

2

랩으로 꼼꼼하게 싸서 냉장실에 보관하세요.

감자 Potato

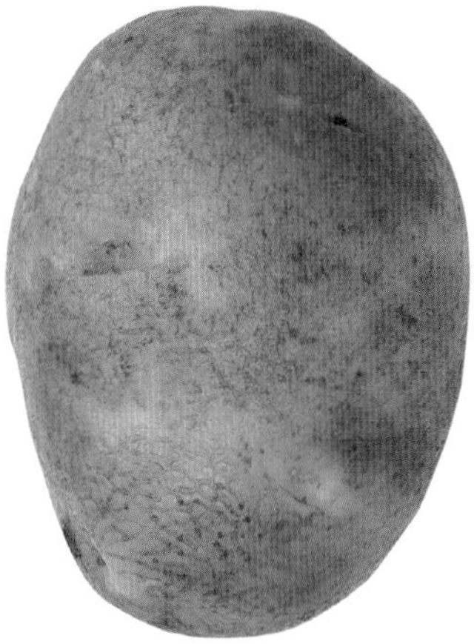

감자 고르기

감자는 어떤 재료와도 잘 어울리기 때문에 다양하게 쓰이지요. 대표적인 탄수화물 채소지만 각종 비타민이 풍부해 이유식 초기부터 종종 사용할 수 있어요.
감자는 단단하고 표면이 둥글며 흠집이 없는 것이 좋아요. 초록빛이 도는 것, 싹이 난 것, 껍질이 도톨도톨하고 갈색인 것, 껍질이 마르고 잔주름이 많은 것은 좋지 않으니 피하세요.

감자 손질하기

감자는 껍질을 벗기면 색이 변하는 채소예요. 껍질을 벗기자마자 찬물에 담가야 색이 변하지 않는답니다.

1

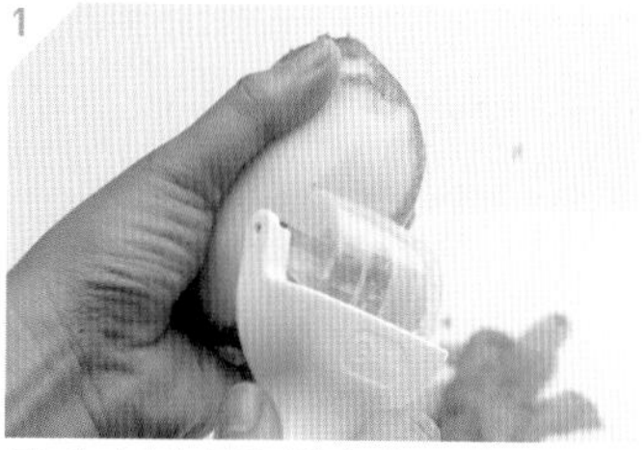

흐르는 물에 흙을 씻어 내고 껍질을 벗기세요.

2

싹이 난 자리는 칼을 깊숙이 넣어 과감하게 도려내야 합니다.

3

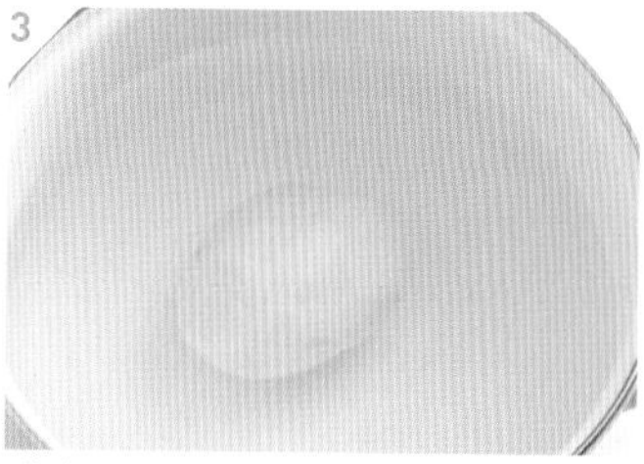

재빨리 찬물에 담가 주세요.

감자 보관하기

감자는 싹이 나면 '솔라닌'이라는 독소가 생기므로 싹이 나지 않도록 보관하는 게 중요해요. 감자와 사과를 같이 넣어 두면 사과의 성분이 감자에서 싹이 나는 걸 막아 준대요. 감자 10kg당 사과 한 개 정도가 적당하다니 활용하세요.
참, 감자와 함께 두었다고 해서 사과를 버려야 한다거나 먹지 못하는 건 아니에요. 감자를 다 먹고 나면 사과는 사과대로 먹을 수 있답니다.

1 감자 껍질에 물기가 있을 때는 볕에 널어 바짝 말리세요.
2 빛이 들지 않도록 종이박스에 넣고 서늘한 곳에 보관하세요.

TIP
껍질 벗긴 감자가 남으면 비닐봉지에 넣고 물을 채워서 감자가 공기에 닿지 않도록 보관하세요.

Sweet Potato 고구마

고구마 고르기

WHO(세계보건기구)에서 고구마를 '3대 면역 강화 식품'으로 손꼽았다고 해요. 고구마를 하루에 한 조각씩 먹으면 면역력이 좋아지고 병에 잘 걸리지 않는다는 말이지요.

고구마는 겉껍질이 붉은 자줏빛이며 몸통은 벌레 먹거나 상처 없이 매끈해야 맛이 달고 오래 보관할 수 있대요. 잔뿌리가 많은 것은 섬유소가 많아 질기다니, 가능하면 잔뿌리가 없는 것으로 잘 고르세요.

고구마 손질하기

고구마는 껍질을 벗기자마자 재빨리 찬물에 담그면 갈변을 막을 수 있어요. 물에 담가 두면 색이 변하지 않는 것은 물론 떫은맛이 우러나서 맛이 더 좋아져요. 이유식이 아닌 다른 요리를 할 때는 껍질째 삶아서 껍질을 벗겨 내야 영양 손실이 적다고 해요.

1

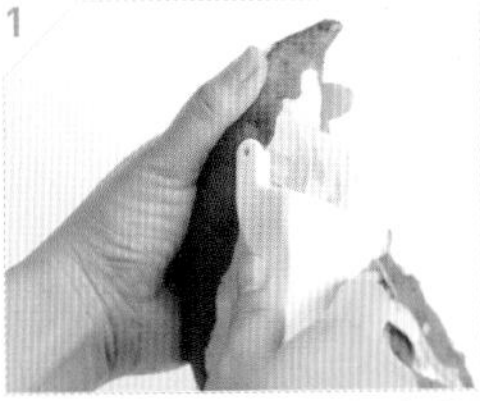

고구마를 물에 씻어서 껍질을 벗기세요.

2

재빨리 찬물에 담가야 색이 변하지 않습니다.

고구마 보관하기

대개의 채소는 냉장고 채소칸에 보관하지만, 냉장보관이 오히려 안 좋거나 절대 냉장보관하면 안 되는 것들도 있어요. 그 대표 채소가 고구마예요. 고구마는 냉해에 약하기 때문에 냉장실에 넣으면 쉽게 상해요. 고구마는 습기가 없고 통풍이 잘되며 너무 춥거나 덥지 않은 곳에 보관해야 오래 두고 먹을 수 있어요.

1 고구마를 하나하나 신문지로 감싸 주세요.
2 바구니나 양파망에 넣어 바람이 잘 통하는 곳에 보관하세요.

1

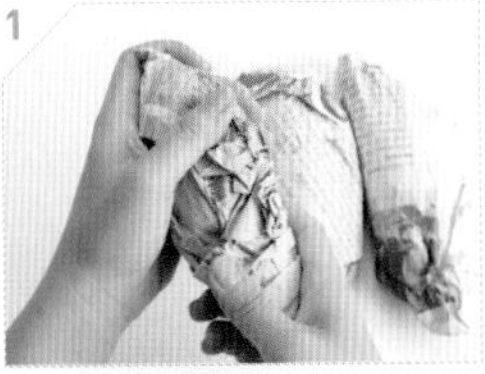

2

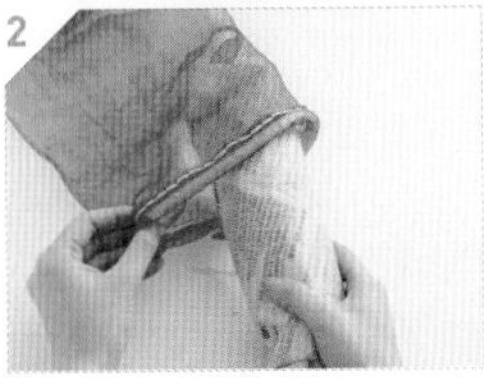

TIP

고구마를 상자째 구입했다면, 전부 꺼내 그늘에서 하루 정도 말린 뒤 고구마를 일일이 신문지로 감싸고 다시 상자에 차곡차곡 담은 다음 바람이 잘 통하는 곳에 보관하세요..

단호박 Sweet Pumpkin

단호박 고르기

단호박은 껍질이 진한 초록색일수록 달고 식감이 좋습니다. 그리고 만져 보았을 때 단단한 느낌이 나고 표면이 울퉁불퉁하거나 거친 것이 신선하죠. 단호박은 크기와 무게가 비례하지 않아서 작아도 묵직한 것이 있어요. 이것은 아직 덜 여물었기 때문이지요. 오래 보관해 두고 먹을 생각이라면 묵직한 것을 사는 게 좋고, 바로 먹을 거라면 크고 가벼우며 두드려 보았을 때 속이 빈 소리가 나는 게 좋습니다.

단호박 손질하기

단호박은 단단하기 때문에 자르거나 껍질을 벗기다가 손을 베일 위험이 있으니 특히 조심하세요. 그리고 속이 아깝다고 해서 깨끗하게 긁어내지 않으면 비릿한 맛이 나거나 섬유소가 남아서 먹기에 불편하니 속을 박박 긁어내세요.

1

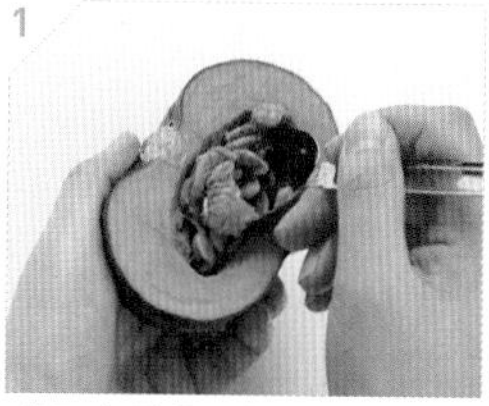

깨끗이 씻은 단호박을 반으로 자르고 씨와 속을 숟가락으로 깨끗하게 긁어내세요.

2

껍질을 칼로 깎으세요.

3

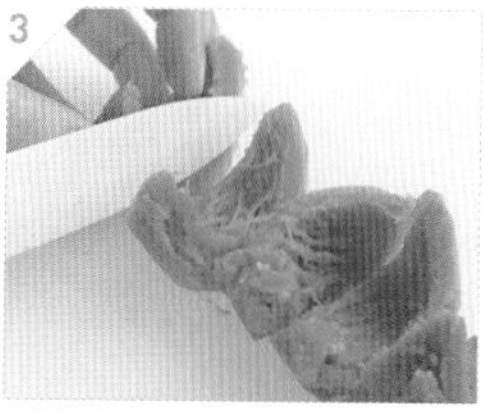

사용하기 편한 크기로 자르세요.

TIP

단호박을 반으로 자르기 힘들 때, 전자레인지에 2~3분 돌리면 칼이 쉽게 들어가요. 하지만 너무 오래 돌리면 다 익어서 속을 긁어내기가 힘들어요.

단호박 보관하기

1

단호박은 껍질을 물에 씻지 말고 젖은 행주로 한 번, 마른 행주로 한 번 닦아 주세요.

2

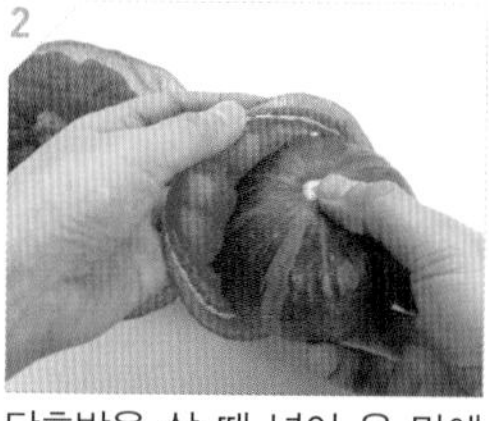

단호박을 살 때 넣어 온 망에 다시 넣어 바람이 잘 통하는 곳에 걸어 두면 오래 보관할 수 있어요.

TIP

손질할 때 긁어낸 호박씨는 버리지 말고 물에 깨끗이 씻어 말렸다가 껍질을 까서 단호박죽이나 미음을 만들 때 넣어도 좋아요. 호박씨는 뇌가 건강해지고 면역력이 높아지며 염증에 효과가 있는 필수지방산이 풍부하거든요. 이 밖에 아이의 성장에 필요한 칼슘과 마그네슘도 많아요.

Carrot 당근

당근 고르기

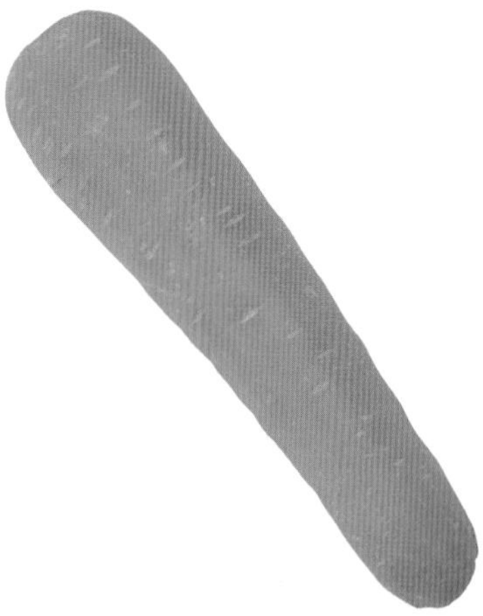

당근은 수확 후 시간이 지나면 질산염이 증가하는데, 질산염은 빈혈을 일으키는 원인이 된다고 해요. 당근을 고를 때는 싱싱한지 꼭 따져 보세요.

당근은 모양이 곧고 단단하며 색이 선명한 주황색을 띠는 것이 좋아요. 특히 뿌리 쪽이 가늘수록 심이 적고 부드럽다고 해요. 싱싱한 것은 물로 씻기만 해도 표면이 매끄럽고 광택이 난답니다.

당근 손질하기

1

당근을 씻어서 감자 깎는 칼로 껍질을 얇게 벗겨 주세요.

2

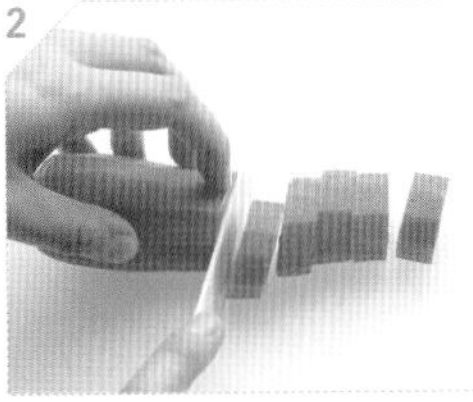

당근을 1cm 두께로 자르세요.

3

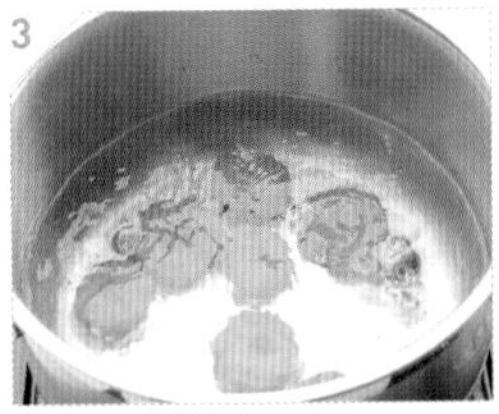

뜨거운 물에 데치세요.

4

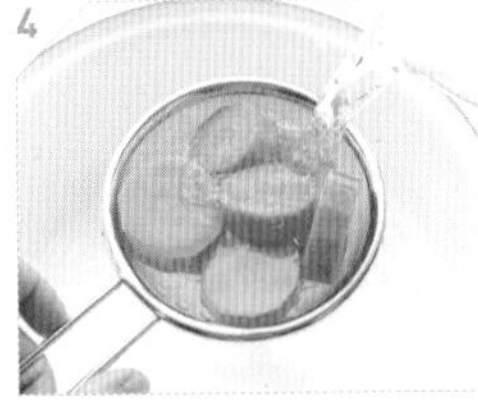

찬물에 헹구고 체에 밭쳐서 물기를 빼세요.

당근 보관하기

당근은 시간이 지날수록 질산염이 증가하므로 오래 보관할 수 없어요. 필요할 때마다 조금씩 사서 사용하는 게 좋아요.

1

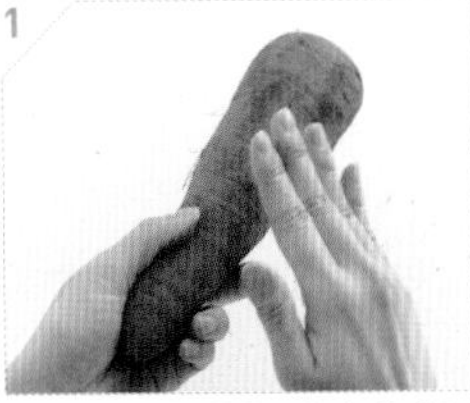

겉면에 붙은 흙을 털어 내세요.

2

신문지로 당근을 하나씩 감싸 주세요.

3

비닐봉지에 담아서 냉장실에 보관하세요.

> TIP
>
> 당근을 오래 보관해야 한다면 용도에 따라 다지거나 갈아서 냉동실에 바로 넣으세요.

무 White Radish

무 고르기

무는 매운맛이 적고 단맛이 많이 나는 게 좋은 거예요. 땅속에 묻혀 있는 흰 부분은 매끈하고 단단해야 하며 땅 위로 솟은 초록색 부분은 색이 진할수록 연하고 맛이 좋아요. 이왕이면 무청이 달린 것, 무에 잔뿌리가 적은 것을 고르세요.

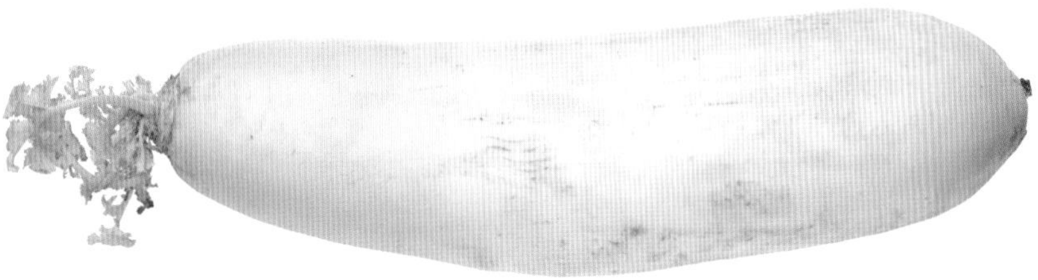

무 손질하기

무는 크고 무겁기 때문에 통째로 손질하려면 힘이 들어요. 그러므로 토막을 낸 다음에 손질하는 게 좋아요. 무는 이유식 완료기 때부터 사용했는데, 흙먼지를 닦아 내고 깨끗이 씻어서 껍질째 이용했어요.

1 대충 흙을 털어 낸 다음 한 손에 잡기 쉬운 크기로 토막 내고 흐르는 물에 깨끗이 씻으세요.

1

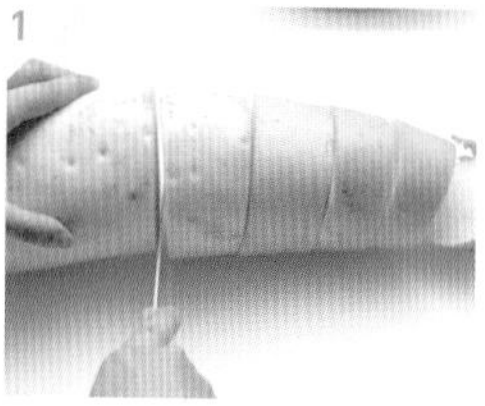

무 보관하기

1 손질한 무를 한 토막씩 랩으로 감싸서 냉장실에 보관하세요

1

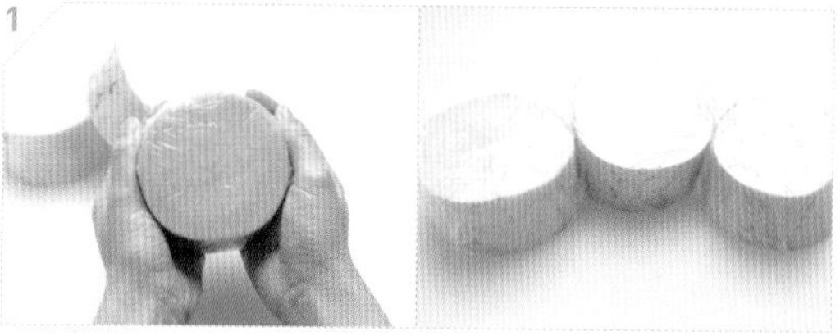

TIP

오래 보관하려면 용도에 따라 크거나 작게 혹은 납작하게 썰어서 한 번 먹을 분량씩 나눠 담은 다음 냉동실에 보관하세요.

Chinese Cabbage 배추

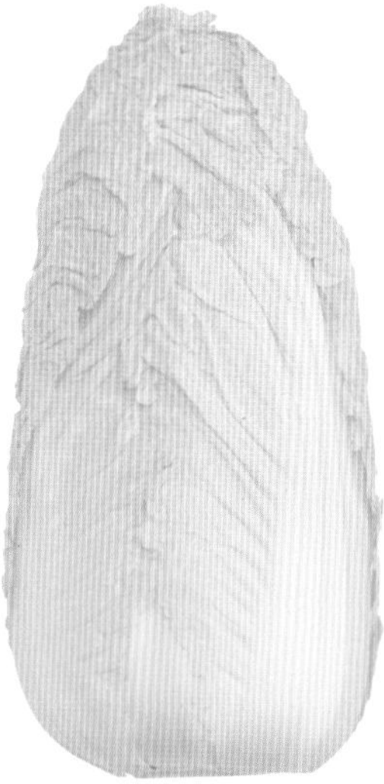

배추 고르기

배추는 초록 잎에 비타민이 많지만 질길 수 있으니 노란 알배추를 고르는 게 좋아요. 흰 줄기 부분을 빼고 잎사귀만 사용할 거니까 잎사귀가 싱싱한지 살펴봐야겠죠. 배추의 줄기와 잎에 거뭇거뭇한 티 같은 게 있으면 병에 걸린 거라고 하니 잘 보고 고르세요.

배추 손질하기

1

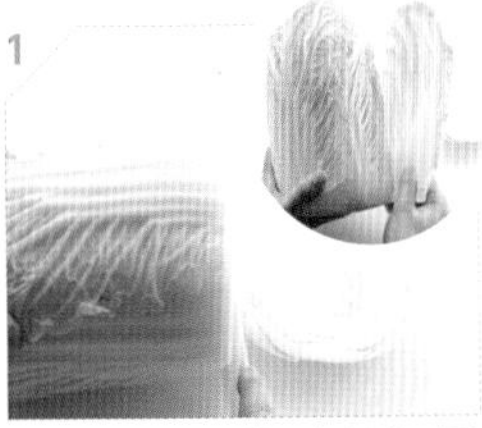

배추 뿌리 부분을 잘라 낸 다음 겉잎을 떼어 버리세요

2

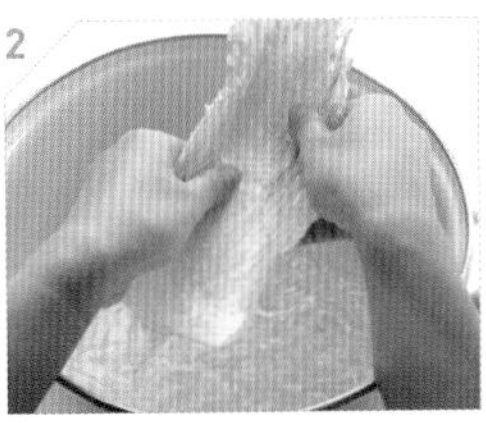

잎을 낱낱이 떼서 깨끗이 씻어 주세요.

3

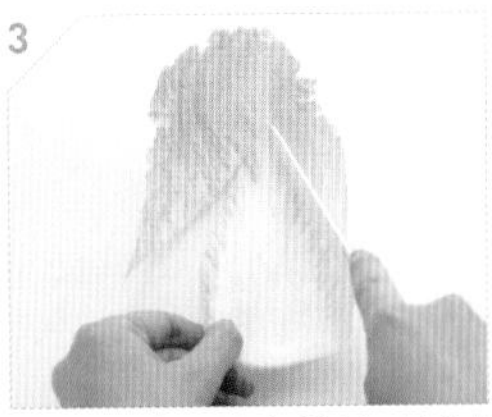

배추를 잎 부분과 흰 줄기 부분으로 나눠서 자르세요. 일자로 자르는 것보다 V자로 자르는 게 좋아요.

4

배추잎을 끓는 물에 데쳐 찬물에 헹군 뒤 체에 밭쳐서 물기를 빼세요.

배추 보관하기

배추를 비롯한 모든 채소는 땅에서 살던 형태, 즉 뿌리를 아래쪽으로 세워 보관하면 더 오랫동안 신선함이 유지된다고 해요.

1

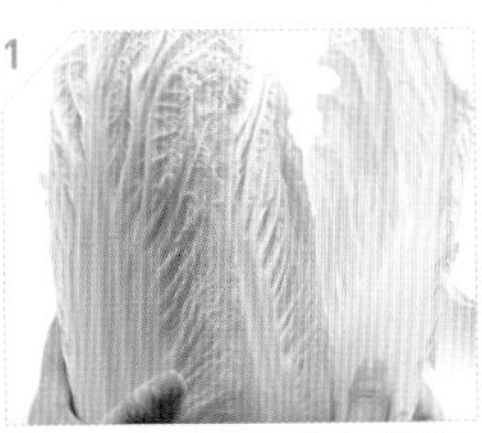

흙이 묻은 겉잎을 떼어 내세요.

2

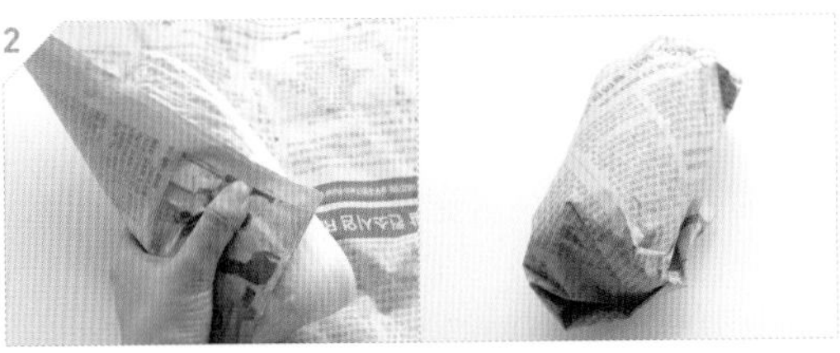

배추를 신문지로 싸 주세요.

3

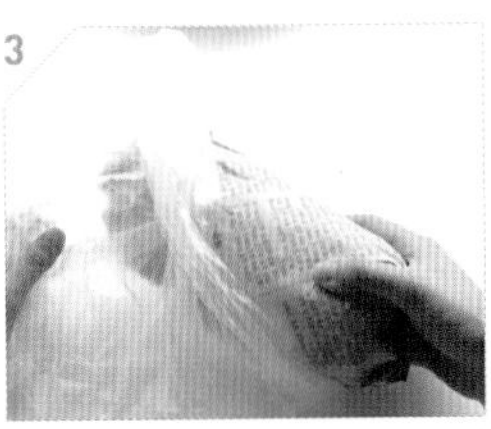

비닐봉지에 넣고 냉장실에 세워서 보관하세요.

부추 Leek

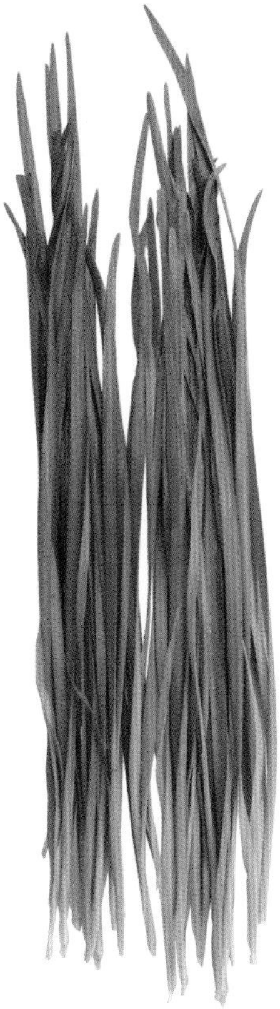

부추 고르기

너무 많이 자란 부추는 억세고 향이 좋지 않으므로 크거나 두껍지 않은 것을 골라야 해요. 잎이 둥글고 가늘며 작아야 맛과 향이 좋답니다. 잎이 약해서 상처가 생기면 쉽게 무르니까 구입할 때 상처가 있는지 잘 살펴보세요.

부추 손질하기

1

부추를 한 움큼 쥔 다음 손으로 누런 잎을 끊어 내고 시든 잎을 다듬어 주세요.

2

뿌리 부분을 손끝으로 살살 문지르며 물에 헹구면 손질이 끝나요.

부추 보관하기

부추는 물이 닿으면 쉽게 물러 버리므로 다듬거나 씻지 않은 상태에서 신문지에 말아 냉장실에 보관하세요.

1

신문지 위에 부추를 평평하고 얄팍하게 펼치세요.

2

신문지와 함께 돌돌 말아 주세요.

3

비닐봉지에 넣으면 더 오래 보관할 수 있어요.

Broccoli 브로콜리

브로콜리 고르기

브로콜리는 진한 초록색에 봉오리가 벌어지지 않은 것이 싱싱합니다. 단단하고 중간이 볼록해서 부케 같은 느낌이 나는 것을 고르세요.

브로콜리 손질하기

브로콜리는 모양이 흐트러지지 않도록 조심조심하면서도 꼼꼼하게 씻어야 해요. 요즘은 친환경 세제인 베이킹소다를 즐겨 이용하기에 저도 한두 번 사용해 봤어요. 베이킹소다는 빵 만들 때 넣기도 하고 설탕을 녹여 뽑기를 만들 때도 넣는 것으로 100퍼센트 천연 세제라 안심하고 사용할 수 있어요. 하지만 집에 베이킹소다가 없다면 대신 식초를 이용하세요.

1 브로콜리는 꽃송이만 자르세요.

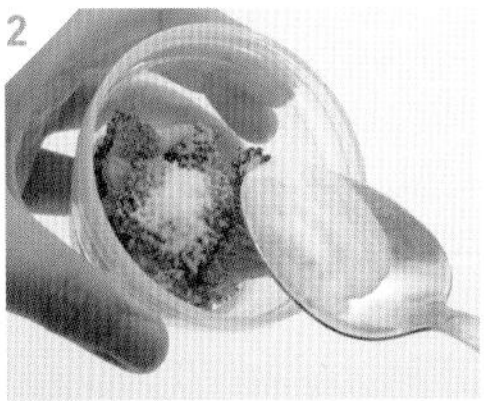

2 손질한 브로콜리를 뚜껑이 있는 통에 넣고 베이킹소다(또는 식초) 2스푼을 솔솔 뿌려 주세요.

3 물 1컵을 부어 브로콜리가 잠기도록 해 주세요.

4 뚜껑을 닫고 살살 흔든 뒤 브로콜리를 꺼내서 흐르는 물에 깨끗이 헹구세요.

브로콜리 보관하기

브로콜리는 생으로 먹으면 떫고 질기기 때문에 데쳐서 먹는데, 데치면 영양 성분이 농축되면서 흡수율도 더 좋아진다고 해요. 샐러드로 먹을 때는 물론 이유식이나 요리할 때도 꼭 데쳐서 사용하세요.

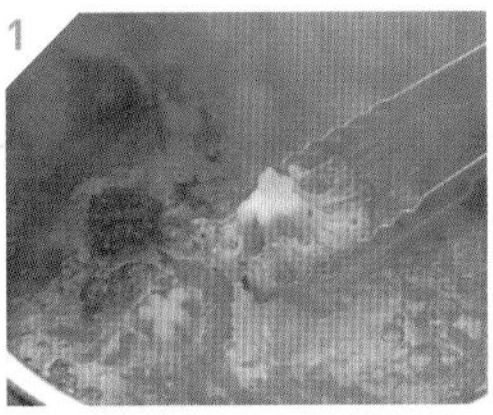

1 끓는 물에 소금 1큰술을 넣고 손질한 브로콜리를 살짝 데치세요.

2 재빨리 찬물에 헹구고 체에 밭쳐서 물기를 빼세요.

비트 Beet

비트 고르기

비트는 단단하고 무른 곳이 없으며 껍질이 매끈한 것을 골라야 해요. 껍질이 얇은 느낌이 나면서 붉은빛이 진한 게 영양이 풍부하지요. 너무 큰 것보다는 중간 크기가 부드러워서 먹기 좋아요.

비트 손질하기

비트는 색이 아주 곱고 영양도 풍부하지만, 손에 물들면 잘 빠지지 않으니 비닐장갑을 끼고 손질하세요.

1 비트를 깨끗이 씻어서 감자 깎는 칼로 껍질을 벗기세요.

1

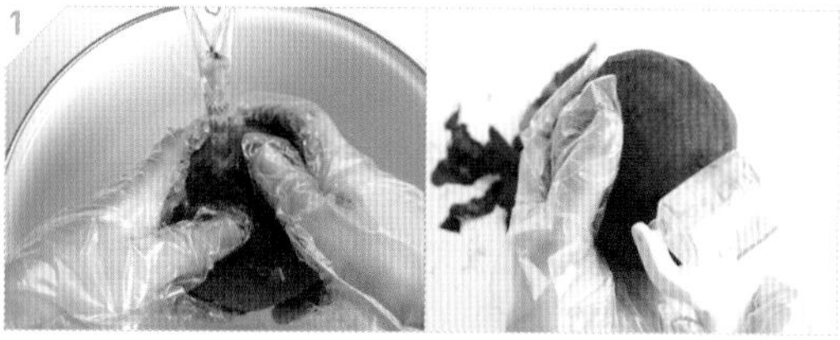

비트 보관하기

비트는 당근이나 시금치와 마찬가지로 냉장실에 오래 보관할수록 질산염 수치가 올라가기 때문에 구입 후 바로 먹는 게 가장 좋아요.

TIP

보관 기간이 길어질 것 같으면 용도에 맞게 손질해서 냉동실에 보관하세요.

1

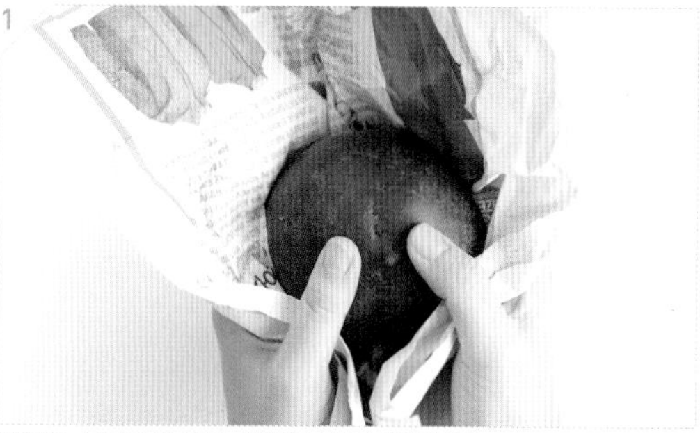

비트를 신문지에 말아서 냉장실에 보관하세요.

King Oyster Mushroom 새송이버섯

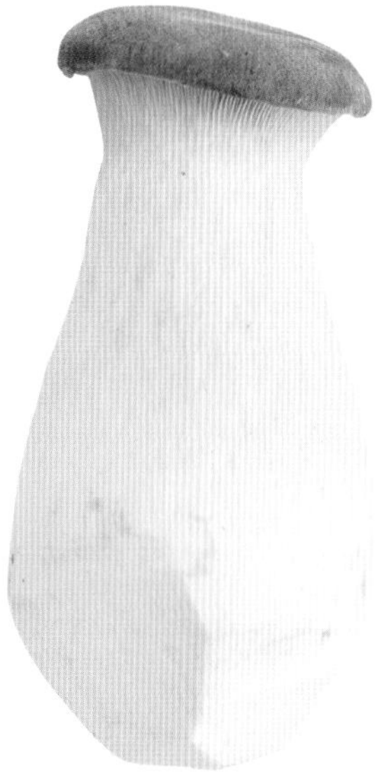

새송이버섯 고르기

새송이버섯은 갓이 피지 않고 단단한 것 중에서 기둥이 굵고 탄력 있는 것이 싱싱하며, 전체적으로 뽀얀 빛이 나고 상처가 없는 것이 좋아요. 한 가지 더, 버섯의 갓과 기둥이 연결된 부분을 '피막'이라고 하는데, 그쪽이 터지지 않은 것을 골라야 해요.

새송이버섯 손질하기

1

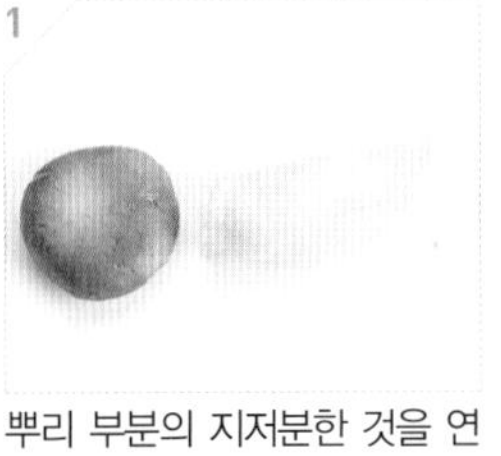

뿌리 부분의 지저분한 것을 연필 깎듯이 잘라 버리고, 갓과 기둥을 자르세요.

2

이유식은 갓 부분만 사용하므로 갓 부분을 흐르는 물에 빨리 헹궈 주세요.

새송이버섯 보관하기

버섯은 물기가 있으면 쉽게 처지기 때문에 보관할 때는 씻지 않고 잡티만 털어 낸 다음 습기가 생기지 않도록 종이타월로 감싸 두어야 해요.

1

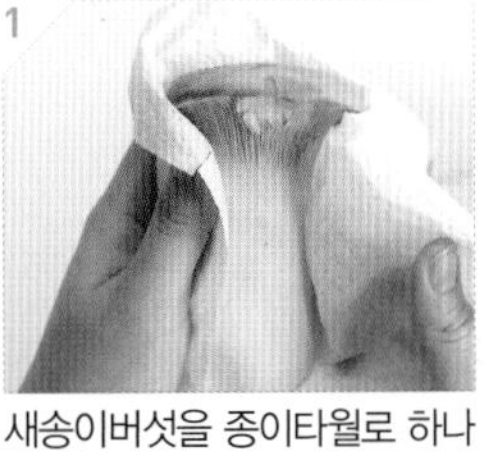

새송이버섯을 종이타월로 하나씩 감싸 주세요

2

지퍼백에 두세 개씩 넣고 밀봉하여 냉장실에 보관하면 2주 이상 보관이 가능해요.

TIP

새송이버섯을 오래 보관하려면 씻지 말고 칫솔을 이용해 가볍게 먼지만 털어 낸 상태에서 바로 냉동실에 보관하는 게 좋아요. 사용할 때 손질해서 가볍게 물에 헹구면 신선함이 살아나지요.

시금치 Spinach

시금치 고르기

시금치는 뿌리가 선명한 분홍빛을 띤 것, 잎은 곧게 뻗어 짙은 초록색을 띠고 줄기는 통통하면서 짤막한 것이 좋다고 해요. 잎이 좁고 긴 것과 넓은 것이 있는데, 가능하면 잎이 넓은 것을 고르세요.

시금치 손질하기

시금치를 손질할 때 뿌리를 바싹 잘라서 데치면 뿌리를 통해 영양소가 빠져나간다고 해요. 그러므로 뿌리는 데친 다음에 손질하세요.

1

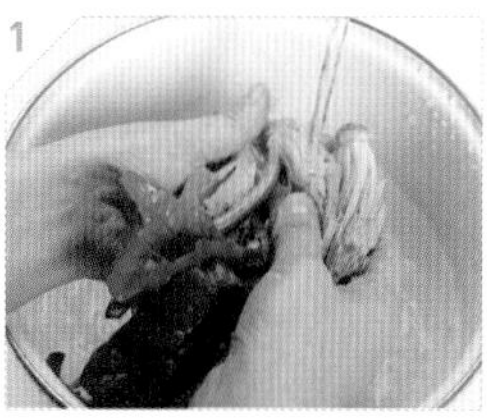

시든 잎과 줄기를 떼어 내고 깨끗이 씻어 주세요.

2

끓는 물에 뿌리 쪽부터 넣어 재빨리 데치세요.

3

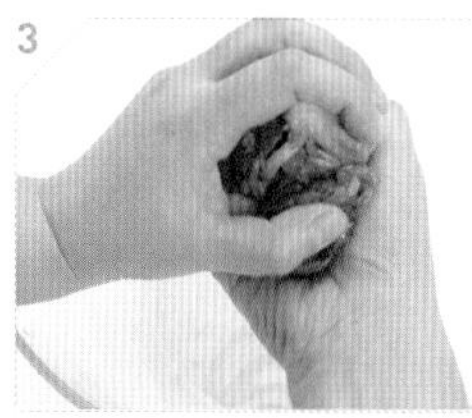

찬물에 헹군 다음 손으로 꾹 짜서 물기를 빼세요.

4

뿌리를 바싹 자르세요.

TIP

시금치에서 물기를 짜낼 때, 김발에 시금치를 가지런히 올린 뒤 김발을 돌돌 말아 꾹 누르면 으깨지지 않으면서 물기가 잘 빠져요.

시금치 보관하기

시금치는 당근과 마찬가지로 오래 보관하면 좋지 않은 채소예요. 철분, 비타민, 칼슘, 요오드 등 영양의 보고로 알려진 슈퍼푸드지만, 시간이 지날수록 수산의 함량이 늘어나면서 오히려 좋지 않은 역할을 하거든요. 하지만 물에 데치면 수산이 제거된다고 하니 오래 보관하려면 데쳐서 냉동실에 넣어 두세요.

냉장보관법

1

신문지 위에 시금치 단을 풀고 시금치를 한 줄로 펼쳐 주세요.

2

돌돌 말아서 비닐봉지에 넣어 냉장실에 보관하세요.

냉동 보관법

1

손질해서 데친 시금치를 한 번 먹을 분량씩 나누세요.

2

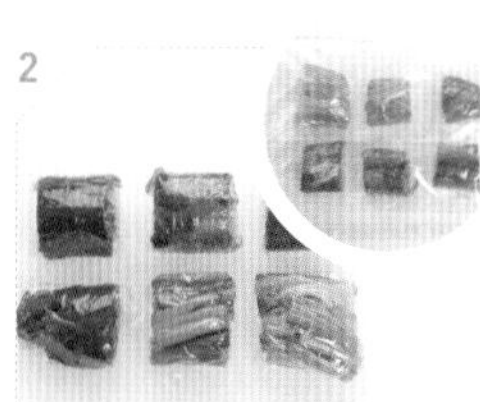

랩으로 감싸고 지퍼백에 담아 냉동실에 보관하세요.

Curled Mallow 아욱

아욱 고르기

아욱은 잎이 너무 크면 억세기 때문에 크지 않은 것을 고르는 게 좋아요. 잎의 짙은 연두색이 선명할수록 싱싱하고 부드럽답니다. 줄기가 통통하고 줄기 끝을 꺾었을 때 연하게 부러지는 느낌이 드는 것을 골라 이유식을 만들어 보세요.

아욱 손질하기

아욱은 물에 살살 흔들어 씻는 게 아니라 주물주물 치대며 씻어야 쓴맛이 우러나고 풋내도 안 나요.

1 아욱은 잎만 잘라서 깨끗이 씻어 주세요.
2 큼지막한 그릇에 넣고 주물주물 치대세요.
3 서너 번 물을 갈아 주면서 치대야 풋내가 없어지고 부드러워져요.
4 아욱 잎을 끓는 물에 살짝 데쳐서 찬물에 헹군 후 체에 밭쳐서 물기를 빼세요.

TIP 아욱을 치댈 때 물 대신 쌀뜨물을 부으면 맛이 더 부드러워져요.

1
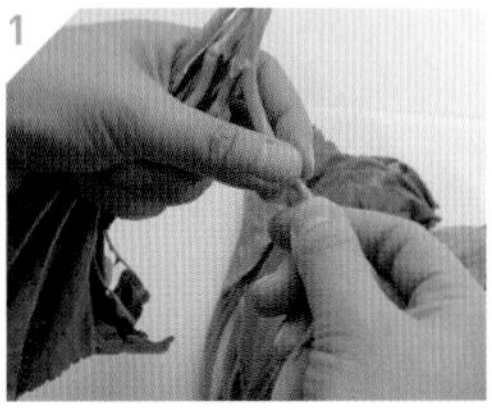
2
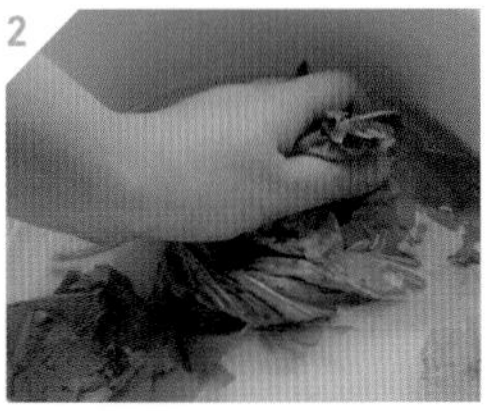
3

4
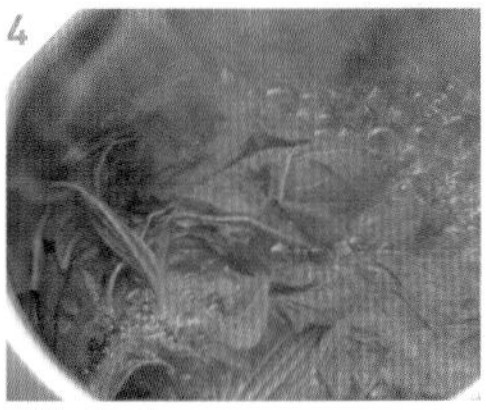

아욱 보관하기

잎채소는 물이 묻으면 쉽게 처지기 때문에 가능하면 씻지 않은 상태에서 냉장보관하는 게 좋아요.

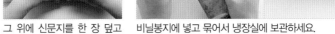

1

아욱에 묻은 흙만 대충 털어 낸 후 신문지를 깔고 아욱을 넓게 펴 주세요.

2

그 위에 신문지를 한 장 덮고 돌돌 말아 주세요.

3
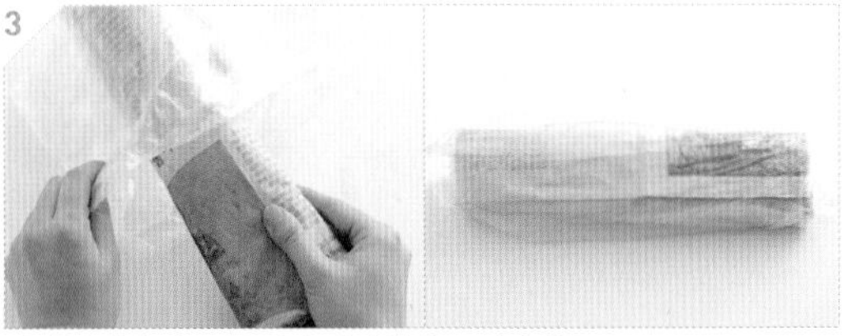
비닐봉지에 넣고 묶어서 냉장실에 보관하세요.

애호박 Young Pumpkin

애호박 고르기

애호박은 1년 내내 쉽게 구할 수 있고 가격도 저렴한 데다 각종 영양이 풍부한 채소예요. 애호박은 표면에 흠집이 없고 반질반질하며 연둣빛이 나는 것, 꼭지가 싱싱한 것, 위아래 굵기가 비슷한 것으로 고르되 크기에 비해 무거우며 단단한 것이 좋다고 해요. 칼로 잘랐을 때 껍질 안쪽으로 단물이 배어 나와야 영양이 많은 거랍니다. 반대로 씨 자리가 듬성듬성하고 씨앗이 너무 크거나 여문 것은 맛이 떨어져요.

애호박 손질하기

애호박 껍질은 섬유질이 많아서 소화가 잘 안 되고, 씨앗에는 알레르기를 일으킬 수 있는 성분이 있대요. 그래서 초기 이유식은 껍질도 벗기고 씨도 제거하여 사용하지요. 하지만 중기 이유식부터는 껍질과 씨 모두 사용할 수 있어요. 이유식 시기에 따라 손질법이 조금 다르니까 여기서는 기초 손질법만 알려 드릴게요.

1

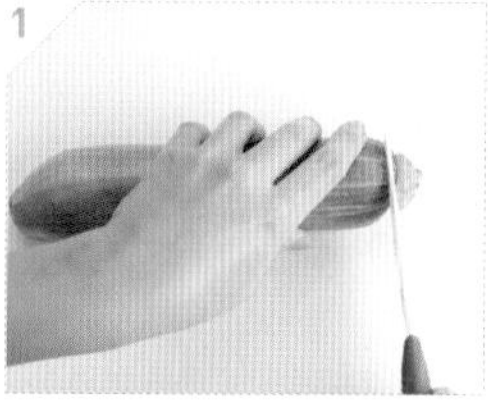

꼭지 부분과 꽃 떨어진 자리에 농약이 묻었을 수 있으므로 앞뒤 양쪽 1cm를 잘라 버리세요.

2

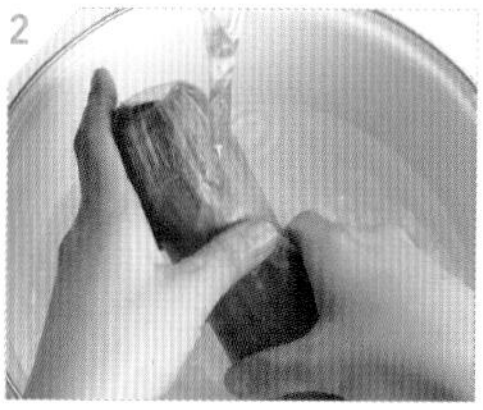

겉껍질이 약해 씻다가 상처가 생기기 쉬우므로 흐르는 물에서 손으로 살살 씻어야 해요.

애호박 보관하기

애호박은 냉장, 냉동 보관 모두 가능하지만 이유식에 사용할 애호박은 가능하면 냉장보관하세요.

1 인큐베이터 애호박은 비닐을 벗기지 말고 그대로 신문지에 감싸서 냉장실에 보관하세요.

2 일반 애호박도 씻거나 손질하지 말고 그대로 신문지에 싸서 냉장실에 넣어 두세요.

1

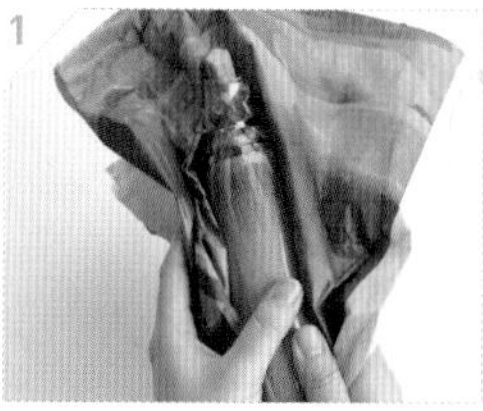

2

Cabbage 양배추

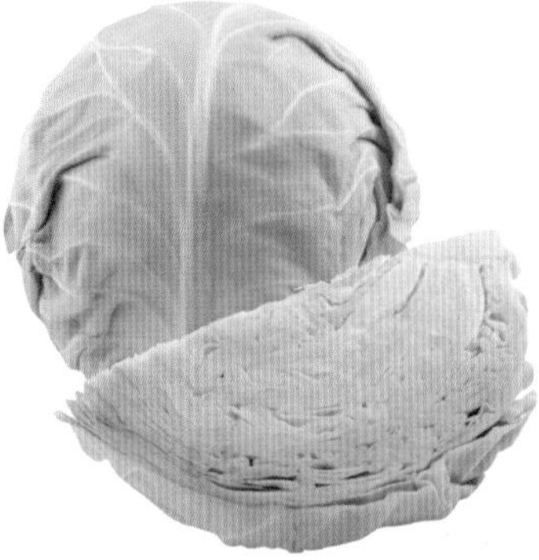

양배추 고르기

양배추는 겉잎이 짙은 초록색이고 들어 보았을 때 묵직한 느낌이 드는 단단한 것을 고르세요. 반으로 잘랐을 때 단면이 희고 봉긋하게 올라오지 않아야 싱싱한 거예요.

양배추 손질하기

1

겉잎을 떼어 내고 6~8등분하세요.

2

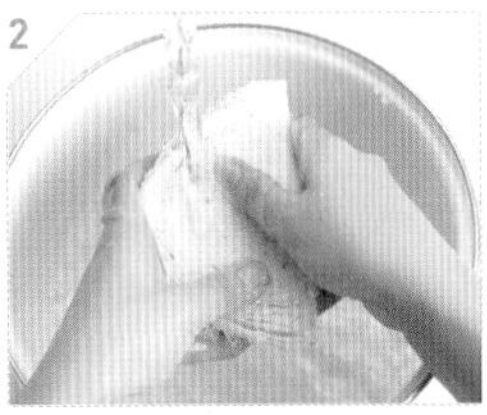

한 덩어리씩 들고 흐르는 물에 꼼꼼히 씻으세요.

3

뿌리 부분을 잘라 내고 잎을 한 장 한 장 떼어 내세요.

4

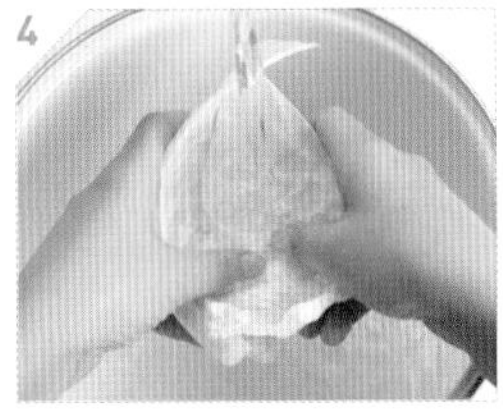

떼어 낸 잎을 다시 한번 흐르는 물에 가볍게 헹구세요.

양배추 보관하기

양배추는 쉽게 상하므로 다음에 소개하는 두 가지 방법 중 한 가지를 선택해서 보관해 보세요. 보관 기간을 조금 더 늘릴 수 있어요. 양배추는 실온에 보관하면 영양소 손실이 많으니 반드시 냉장실에 보관하세요.

첫 번째

1 손질할 때 떼어 낸 겉잎으로 양배추를 감싸 주세요.
2 신문지로 한 번 더 싸서 냉장실에 보관하세요.

1

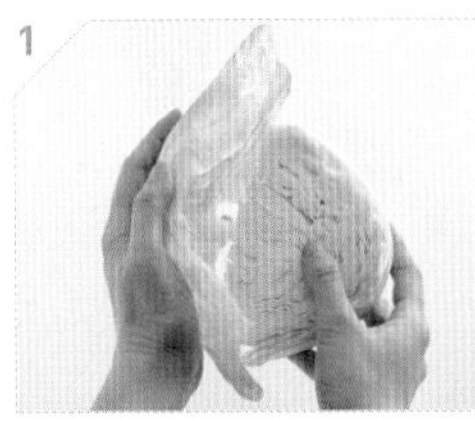

2

두 번째

1 심지 부분을 칼로 도려내세요.
2 심지를 도려낸 곳에 물에 적신 종이타월을 넣으세요.
3 종이타월로 감싸고 비닐봉지에 넣어서 냉장실에 보관하세요.

1

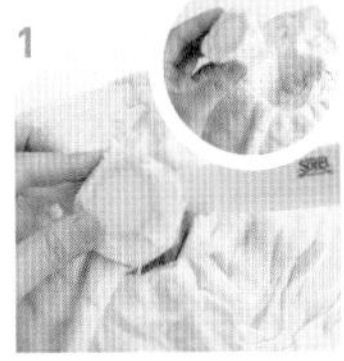

2

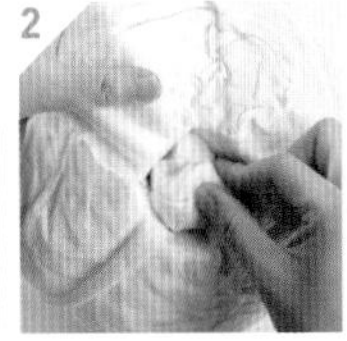

3

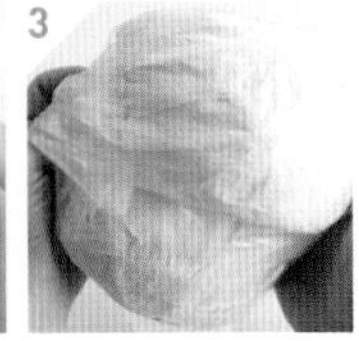

양송이버섯 Button Mushroom

양송이버섯 고르기

양송이버섯은 동그란 갓이 펴지지 않고 갓에 흠집이 없는 것이 신선해요. 물론 갓이 부서지지 않고 단단해야겠죠. 기둥은 색이 누렇게 변하지 않았는지, 짓무르지 않았는지 살펴보세요. 어떤 버섯이든 버섯은 피막이 터지지 않은 것으로 고르는 게 좋아요.

양송이버섯 손질하기

양송이버섯은 나무나 키트에서 키우는 게 아니라 흙에서 키우기 때문에 버섯 기둥에 흙이나 기타 불순물이 묻을 수 있으므로 기둥은 떼어 내고 갓만 사용하세요.

1

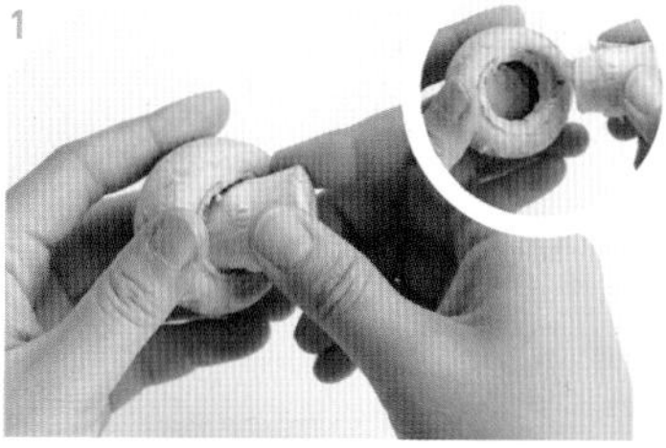

이유식은 양송이버섯의 갓만 사용하니까 기둥은 살짝 비틀어 떼세요.

2

칼을 이용해 버섯 갓의 안쪽에서 바깥 방향으로 껍질을 얇게 벗겨 주세요.

3

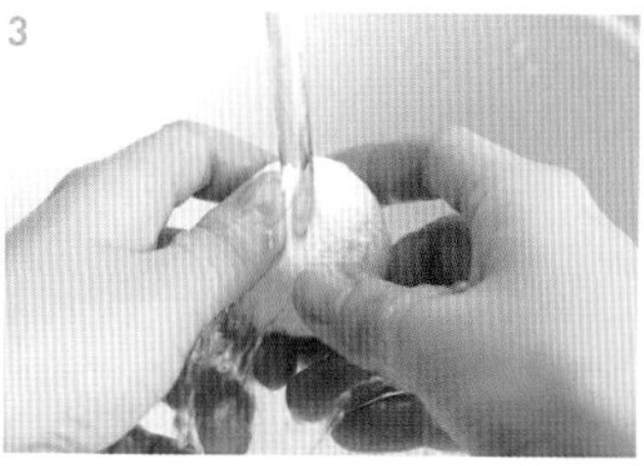

흐르는 물에 재빨리 씻어 내세요.

양송이버섯 보관하기

양송이버섯은 냉장, 냉동 보관 모두 가능해요. 며칠 사이에 쓸 거라면 냉장실에, 당분간 쓸 일이 없다면 냉동실에 넣어 두세요.

TIP

양송이버섯을 오래 보관하려면 껍질을 벗겨 손질한 다음 용도에 따라 통째로, 얇게 저며서, 잘게 다져서 지퍼백에 넣고 냉동실에 보관하세요.

1

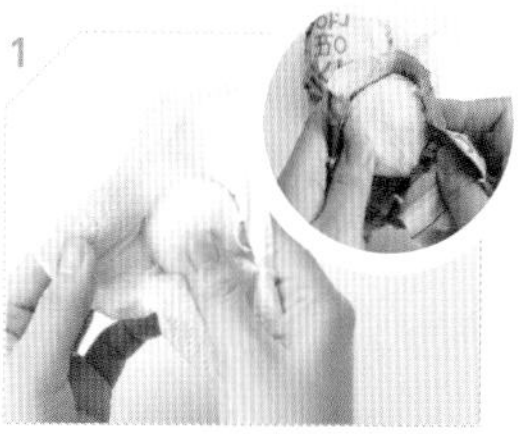

양송이버섯을 그대로 종이타월에 감싸고 신문지에 한 번 더 싸세요.

2

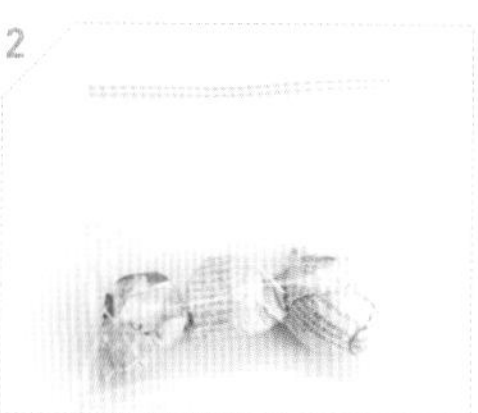

비닐봉지나 지퍼백에 넣어 냉장실에 보관하세요.

Onion

양파

양파 고르기

양파는 껍질이 얇고 밝은 주황색이며 단단한 게 좋아요. 껍질이 거뭇거뭇한 것은 수분이 많아서 유통 중에 변질됐을 가능성이 크고, 이후 쉽게 상한다고 해요. 또 냄새를 맡았을 때 퀴퀴한 냄새가 나지 않는지 확인하세요. 양파에도 암수가 있는데, 암놈은 모양이 둥글넓적하고 단단한 반면 수놈은 길쭉하고 갸름하며 대공이 굵어서 자른 부위도 굵어요. 수놈은 가운데 심이 들어 있는 데다 저장성이 떨어지니 암놈으로 고르세요.

양파 손질하기

1

양파는 뿌리와 싹을 잘라 내고 갈색 겉껍질을 벗기세요.

2

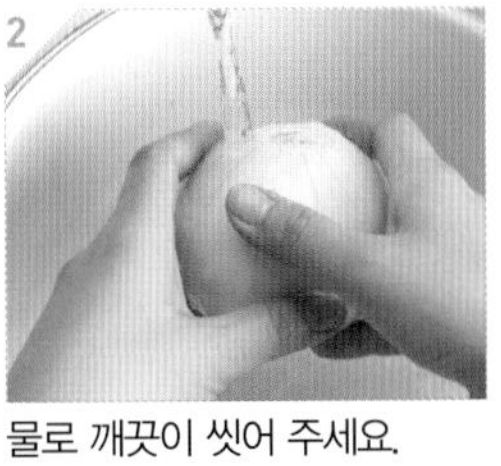

물로 깨끗이 씻어 주세요.

TIP

양파의 갈색 겉껍질에 영양분이 많다고 하니 버리지 말고 깨끗이 씻어서 차로 끓여 마시거나 채수 우릴 때 사용하세요.

양파 보관하기

1

하나하나 신문지로 감싸 주세요.

2

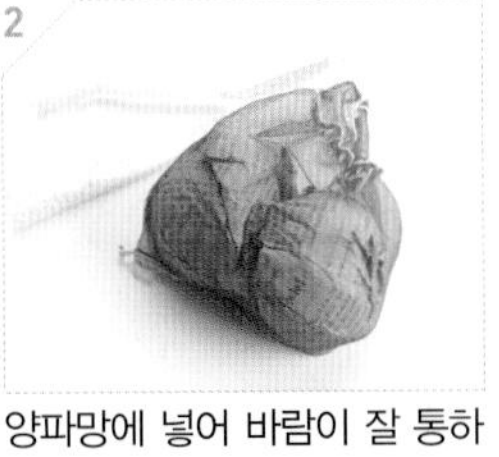

양파망에 넣어 바람이 잘 통하는 곳에 걸어 두세요. 또는 올이 나간 스타킹에 하나씩 넣고 묶어서 걸어 두세요.

3

껍질을 벗긴 양파는 랩으로 감싸서 냉장실에 보관하세요.

어린 잎 채소 Young Leaves

어린 잎 채소 고르기

각종 채소의 어린 잎은 부드럽기 때문에 생으로 먹기에 부담이 없어서 샐러드용으로 많이 이용되며 이유식에서도 종종 사용하지요. 하지만 잎이 여린 만큼 금세 짓무르거나 시들어 버리므로 고를 때 꼼꼼히 살펴보아야 해요. 누렇게 변한 것은 없는지, 짓물러서 검게 썩은 것은 없는지, 물기가 생기지는 않았는지 살펴본 뒤 잎과 줄기가 싱싱한 것을 고르세요.

어린 잎 채소 손질하기

1

물에 어린 잎을 넣고 손끝으로 살살 흔들어서 씻어 주세요.

2

체에 밭쳐서 물기를 빼세요.

어린 잎 채소 보관하기

어린 잎 채소는 쉽게 처지거나 상하기 때문에 손질한 다음에는 가능하면 일찍 먹는 게 좋아요. 종류에 따라 약간의 차이는 있지만, 최대 3~4일을 넘기지 않아야 싱싱하고 영양 많은 어린 잎 채소를 먹을 수 있어요.

1 잎이 여려서 처지기 쉬우므로 씻지 않은 상태에서 비닐봉지에 넣어 냉장실에 보관하세요.

1

Lotus Root

연근

연근 고르기

연근은 묵직하고 양쪽에 마디가 있으며 겉껍질에 흠집이 없는 것 그리고 잘랐을 때 구멍의 크기가 일정한 게 좋다고 해요. 자른 구멍 안쪽이 검게 변한 것은 수확한 지 오래된 거라고 하니 피하는 게 좋겠지요.

연근 손질하기

1

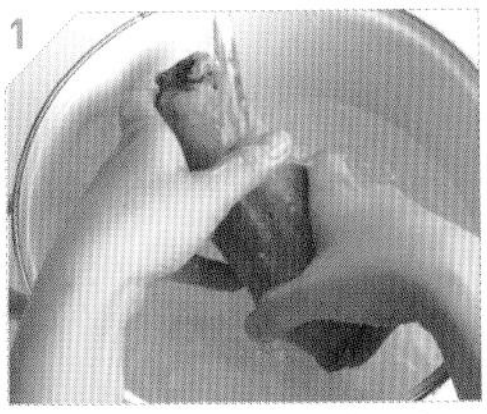

연근을 흐르는 물에 씻으세요.

2

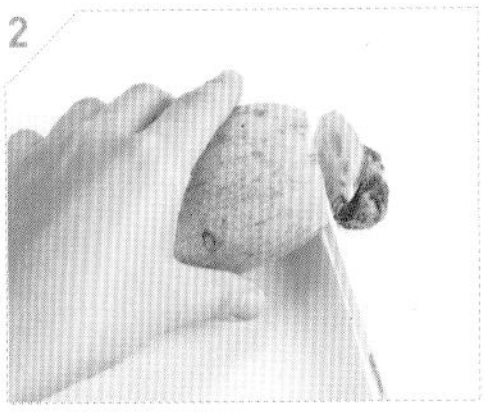

칼로 양쪽 끝을 잘라 내세요.

3

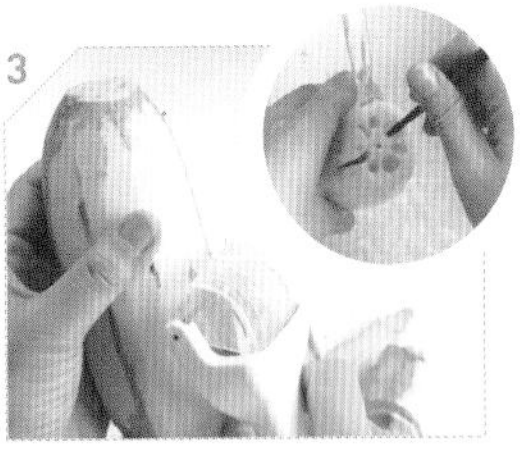

감자 깎는 칼로 껍질을 얇게 벗겨 내고 구멍 속에 흙이 들어 있을 때는 흐르는 물에 씻으면서 젓가락으로 긁어내세요.

4

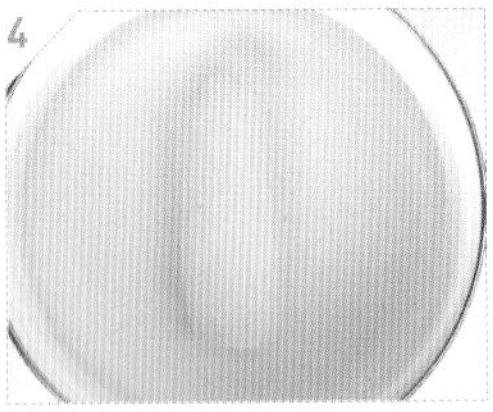

물에 식초를 풀고 담가 두면 식감이 좋아지고 색이 변하는 것도 줄일 수 있어요.

연근 보관하기

1

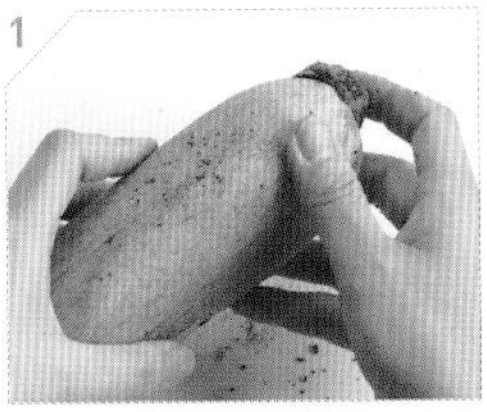

연근에 붙어 있는 덩어리 흙을 털어 내세요.

2

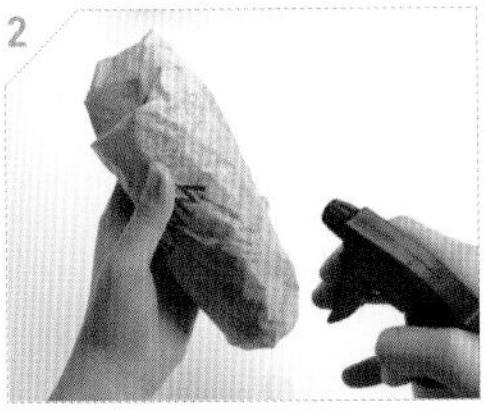

신문지로 감싸고 스프레이로 가볍게 물을 뿌려 주세요.

3

그 상태로 비닐봉지에 넣어 냉장실에 보관하세요.

4

썰어서 손질한 연근이 남았을 때는, 연근을 밀폐용기에 담고 물을 가득 채워서 냉장실에 보관하세요.

오이 Cucumber

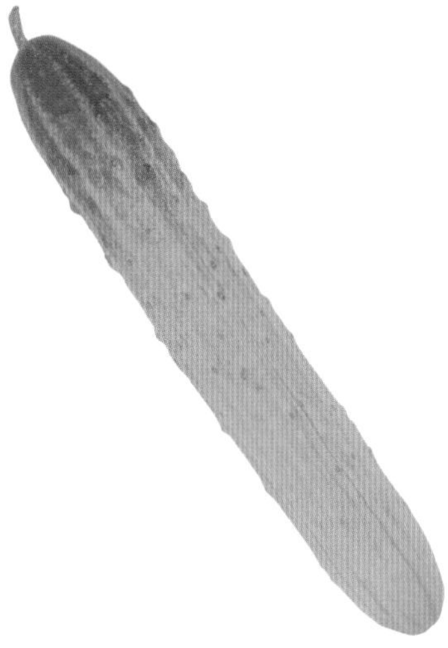

오이 고르기

오이는 눈으로 보았을 때 초록빛이 선명하고 너무 굵지 않은 것이 좋아요. 위아래의 굵기가 비슷하고 만졌을 때 오이 껍질이 오톨도톨하게 두드러진 것일수록 신선하답니다. 갓 딴 오이는 겉면에 하얀 분 같은 게 묻어 있는데, 시간이 지나면서 없어져요.

오이 손질하기

1
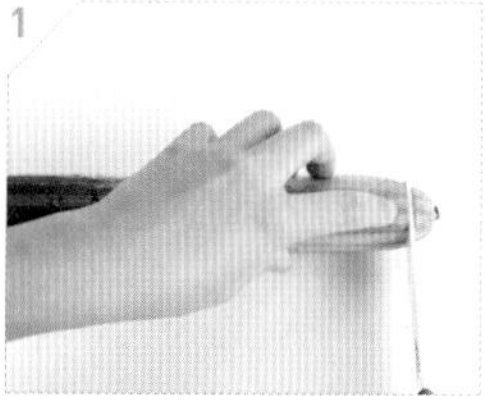
오이는 앞뒤 꼭지를 1cm씩 잘라 버리세요.

2

2~3cm 두께로 썬 다음 껍질을 벗기세요.

3
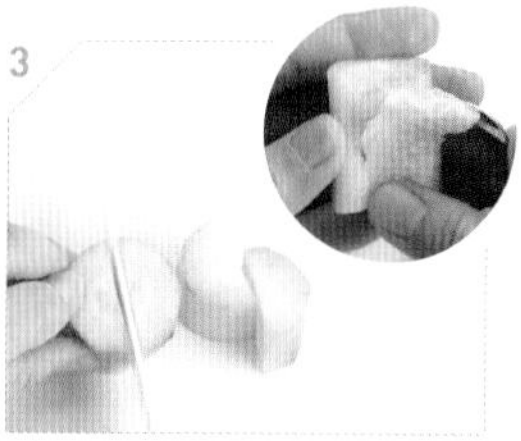
칼로 돌려깎기해서 씨를 빼내거나, 오이를 반으로 갈라서 씨를 숟가락으로 긁어내세요.

4

손질한 오이를 끓는 물에 20초 정도 데치세요.

오이 보관하기

1
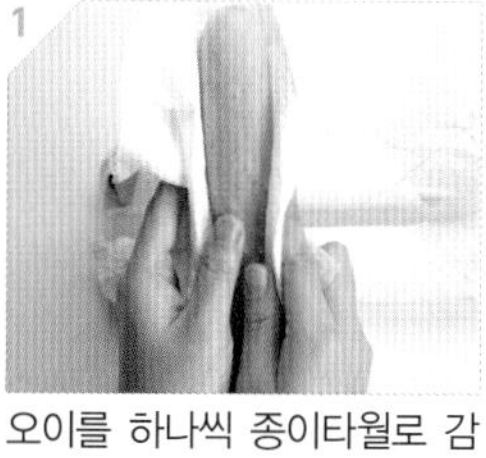
오이를 하나씩 종이타월로 감싸세요.

2

신문지로 다시 한번 감싸세요.

3

비닐봉지에 서너 개씩 담아 냉장실에 보관하세요.

Burdock

우엉

우엉 고르기

우엉은 굵기가 일정하고 속에 바람이 들지 않은 것을 골라야 해요. 너무 굵은 것, 수염뿌리가 많은 것, 들어 봤을 때 가벼운 것은 속이 비었을 확률이 높다고 하니 손으로 직접 만져 보면서 고르세요.

우엉 손질하기

우엉의 유효 성분인 사포닌은 껍질에 가장 많이 들어 있다고 해요. 그러니까 손질할 때 껍질을 벗겨 버리지 말고 솔로 문질러 닦거나 알루미늄 포일을 공처럼 뭉쳐서 쓱쓱 문질러 가며 겉껍질만 살짝 벗겨 내세요. 하지만 어른들에게는 좋은 성분이 아기의 장에는 부담스러울 수 있으므로 이유식을 만들 때는 껍질을 벗겨서 사용하세요.

우엉 보관하기

우엉은 실온에 보관하면 마르거나 상하기 쉬우므로 반드시 냉장보관해야 해요.

1

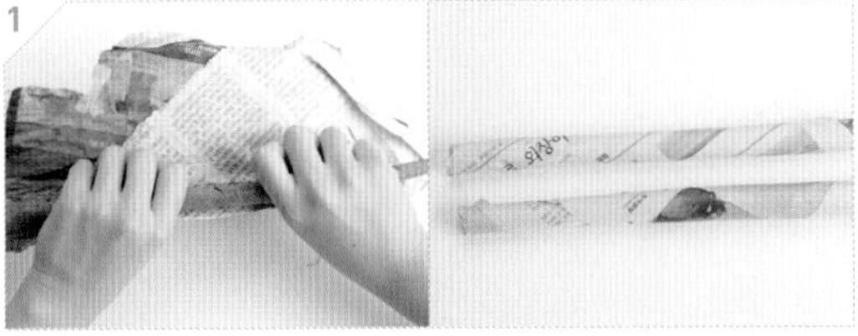

대충 흙만 털어 내고 냉장고에 넣기 좋게 2~3등분한 다음 신문지에 싸서 냉장실에 보관하세요.

적채 Red Cabbage

적채 고르기

적채는 보라색 양배추를 말하는데, 광택이 나고 단단하며 속이 꽉 차야 좋은 거예요. 색깔 채소들이 다 그렇듯이 보라색이 선명할수록 영양 성분도 더 많답니다.

적채 손질하기

1

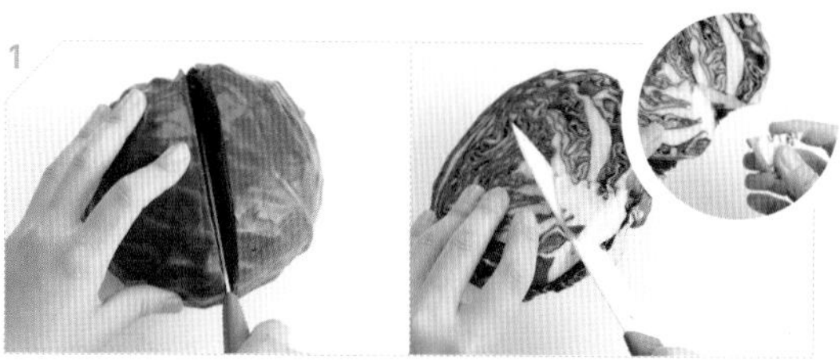

겉잎을 떼어 내고 적채를 반으로 잘라서 심지를 삼각형으로 도려내세요.

2

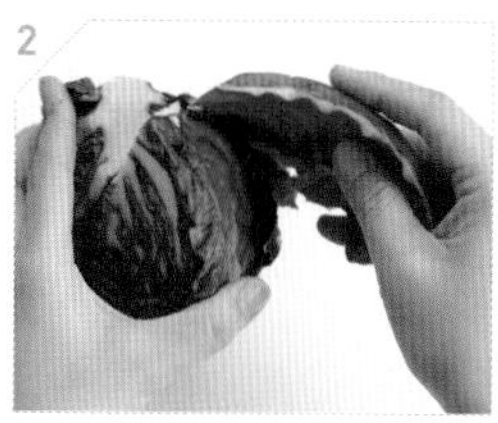

잎을 한 장 한 장 떼어서 물에 씻어 주세요.

3

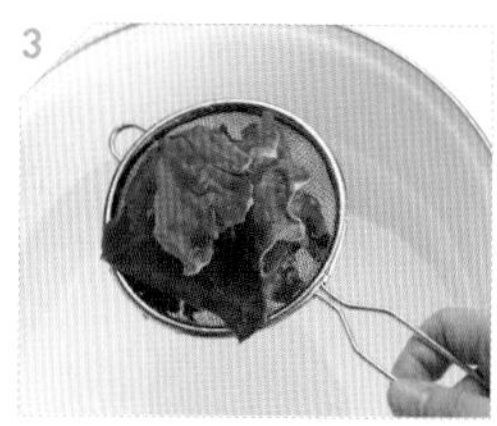

체에 밭쳐서 물기를 빼세요.

적채 보관하기

적채는 양배추와 마찬가지로 실온에 보관하면 영양소 손실이 많아요. 반드시 냉장보관해야 해요. 적채를 보관하는 여러 가지 방법 중 가장 유용한 것 두 가지를 알려 드릴게요.

첫 번째

1 손질할 때 떼어 낸 겉잎으로 적채를 감싸 주세요.
2 신문지로 한 번 더 싸서 냉장실에 보관하세요.

1

2

두 번째

1

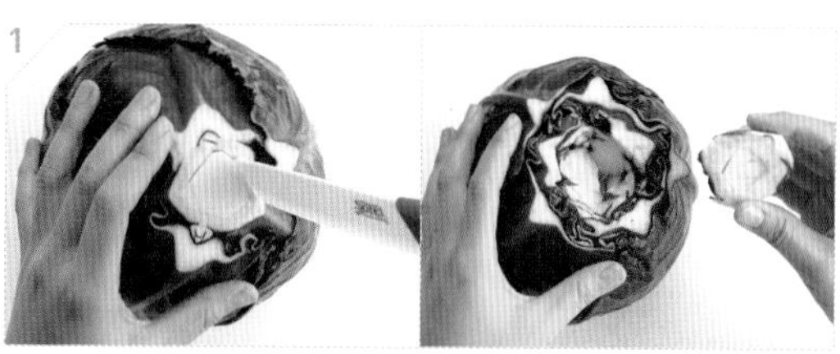

적채를 통째로 잡고 심지 부분을 칼로 도려내세요.

2

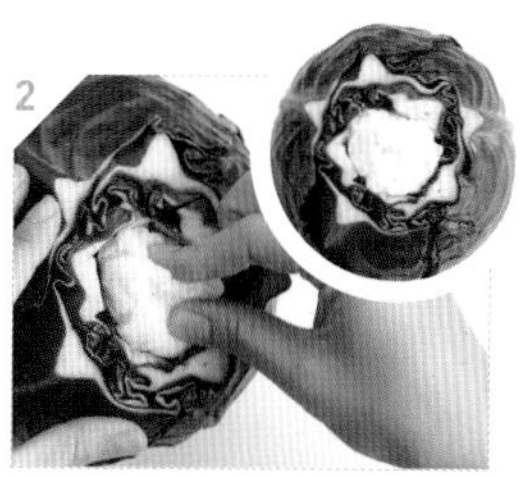

심지를 도려낸 곳에 물에 적신 종이타월을 넣으세요.

3

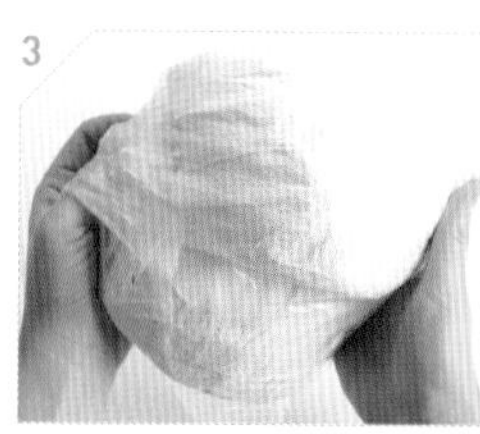

종이타월로 감싸고 비닐봉지에 넣어서 냉장실에 보관하세요.

Bokchoy 청경채

청경채 고르기

청경채는 1년 내내 구할 수 있는 쌈채소로 이유식은 물론 무침, 볶음 등 반찬으로도 다양하게 먹는 채소예요. 잎의 초록색이 선명하고 윤기가 나며 줄기가 매끈한 것, 잎과 잎 사이가 많이 벌어지지 않고 단단하게 잘 뭉친 것, 줄기에 거뭇거뭇한 반점이 없는 것을 골라야 해요.

청경채 손질하기

1

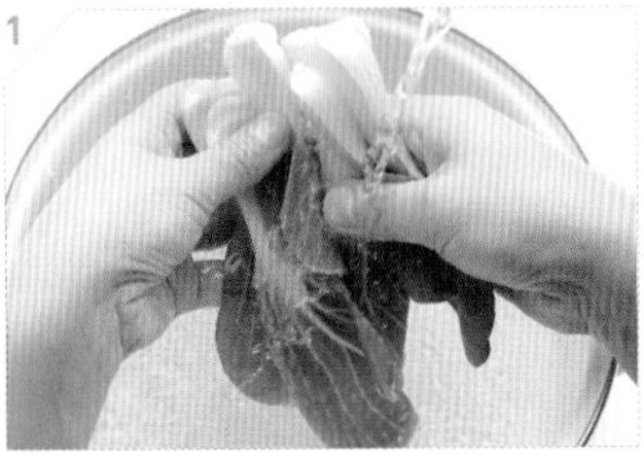

청경채 잎을 하나하나 떼어 흐르는 물에 깨끗하게 씻어 주세요.

2

체에 밭쳐서 흔들거나 손으로 한 움큼 들고 툭툭 털면 물기가 잘 빠져요.

3

이유식을 만들 때는 잎만 사용하니까 청경채를 V자 모양으로 잘라서 줄기와 잎을 나눠 주세요.

4

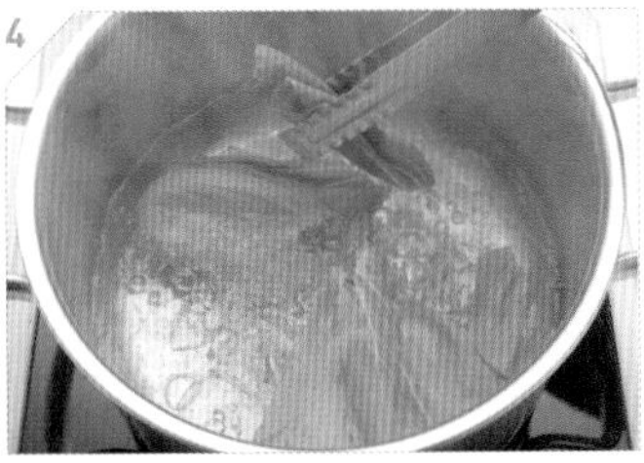

손질한 청경채를 끓는 물에 살짝 데치세요.

5

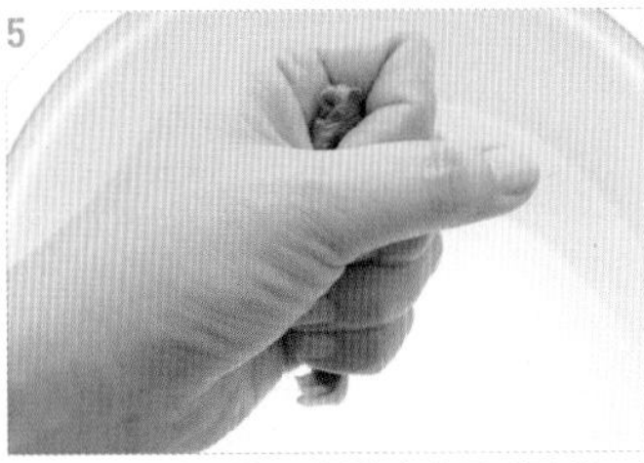

데친 청경채를 찬물에 헹궈서 물기를 꼭 짜 주세요.

TIP

이유식은 청경채 잎만 사용해요. 청경채 줄기는 국물을 낼 때 사용하세요. 청경채 줄기로 국물을 내서 이유식을 만들면 맛과 영양이 훨씬 좋아져요.

청경채 보관하기

잎채소는 쉽게 무르고 시들기 때문에 보관이 쉽지 않아요. 청경채 같은 잎채소는 반드시 냉장보관하고, 조금 오래 보관할 때는 데쳐서 냉동실에 넣어 둬야 해요.

TIP

청경채를 오래 보관할 때는 깨끗이 씻어 물기를 뺀 다음 잎과 줄기로 나눠 뜨거운 물에 데치고, 한 번 먹을 분량씩 담아 냉동실에 보관하세요.

1

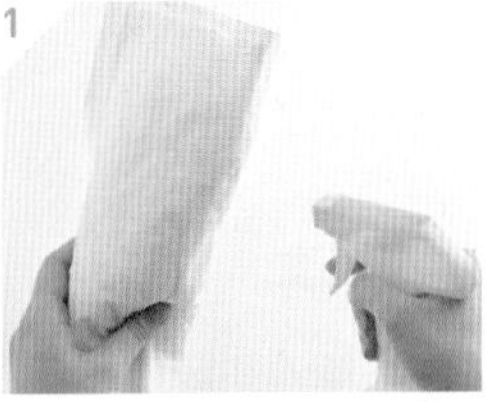

청경채를 하나씩 종이타월로 감싸고 스프레이로 가볍게 물을 뿌리세요.

2

비닐봉지에 두세 개씩 담고 묶어서 냉장실에 보관하세요.

콜리플라워 Cauliflower

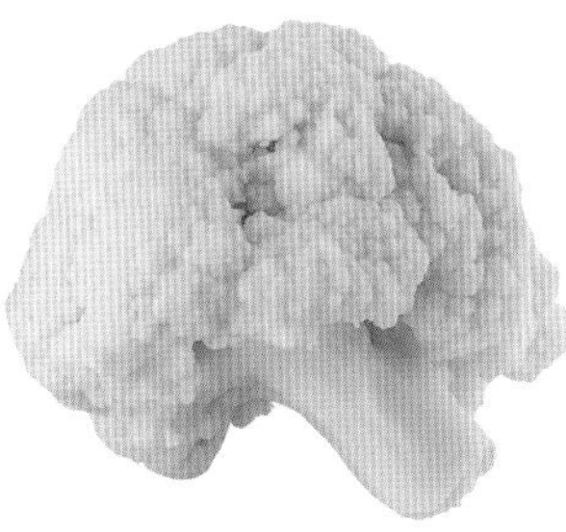

콜리플라워 고르기

브로콜리와 비슷하게 생겼지만 하얗고 뽀얀 색을 띠고 있어요. 부케처럼 둥그스름하고 볼록한 모양에다 꽃송이가 촘촘해야 싱싱하답니다. 손으로 만졌을 때 단단하고 묵직한 것을 고르세요.

콜리플라워 손질하기

1

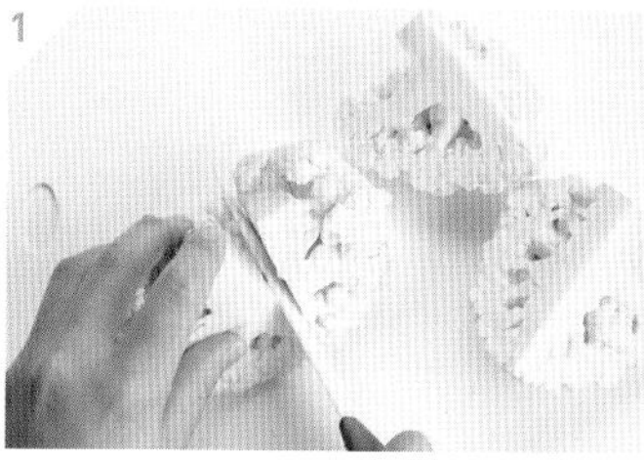

콜리플라워를 4등분해 주세요.

2

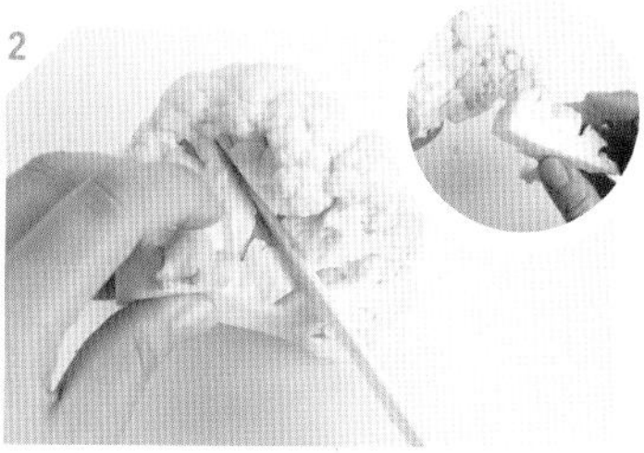

기둥을 잡고 굵은 줄기를 잘라 주세요.

3

콜리플라워 송이를 뚜껑이 있는 통에 넣고 베이킹소다(또는 식초) 2스푼을 뿌리세요.

4

물 1컵을 부어 콜리플라워가 충분히 잠기게 해 주세요.

5

뚜껑을 닫고 살살 흔들어 주세요.

6

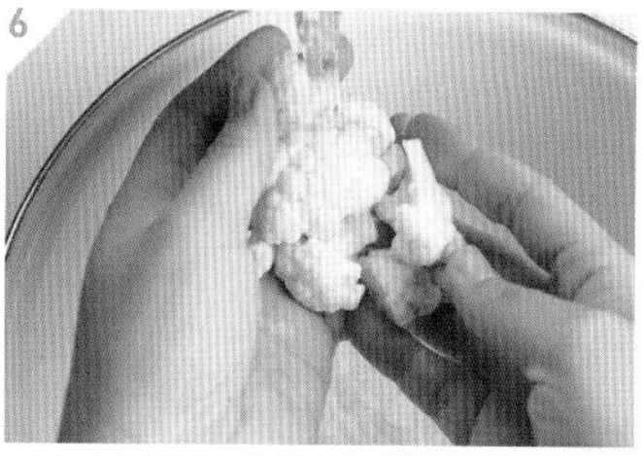

콜리플라워를 꺼내서 흐르는 물에 깨끗이 헹구세요.

콜리플라워 보관하기

1

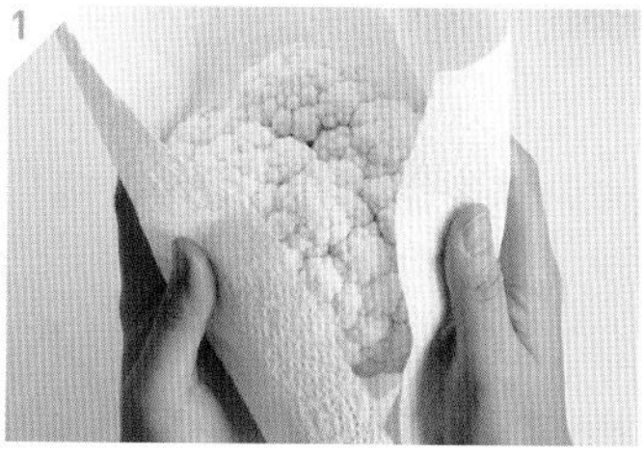

콜리플라워를 송이째 종이타월로 감싸 주세요.

2

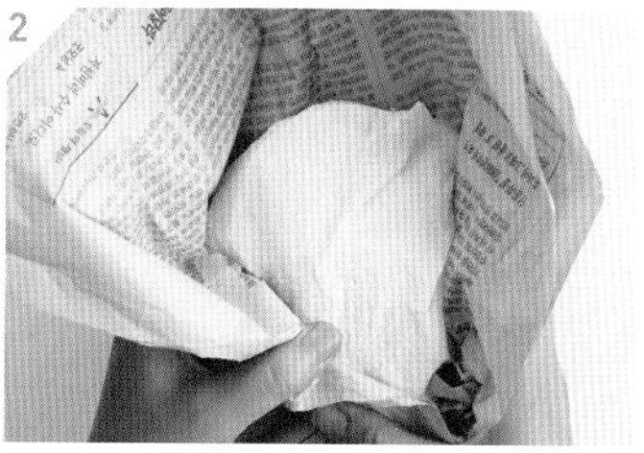

신문지로 한 번 더 감싸 주세요.

3

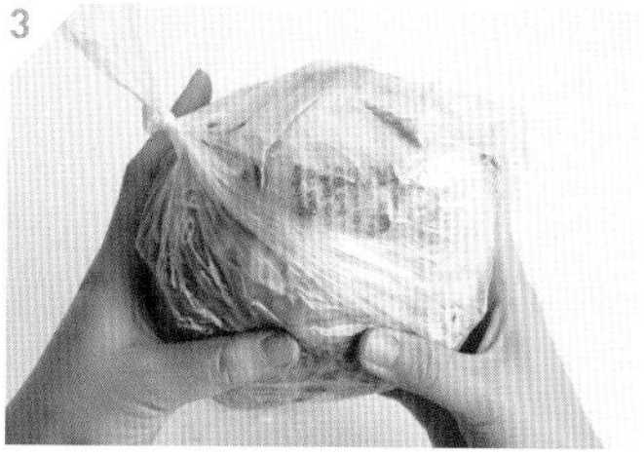

콜리플라워가 마르지 않도록 비닐봉지에 하나씩 넣고 묶어서 냉장실에 보관하세요.

Bean Sprouts 콩나물

콩나물 고르기

콩나물은 줄기가 짧고 통통하며 잔뿌리가 적은 것을 골라야 해요. 줄기는 희고 콩나물 대가리는 노란색이 선명한 게 좋으며, 무르거나 시들지 않았는지 살펴보세요.

콩나물 손질하기

콩이 발아할 때 생긴 콩껍질은 물에 헹구면 자연스럽게 떨어지니 콩나물은 흐르는 물에 여러 번 씻는 게 좋아요.

1

콩나물을 흐르는 물에 여러 번 씻어서 콩껍질을 흘려 버리세요.

2
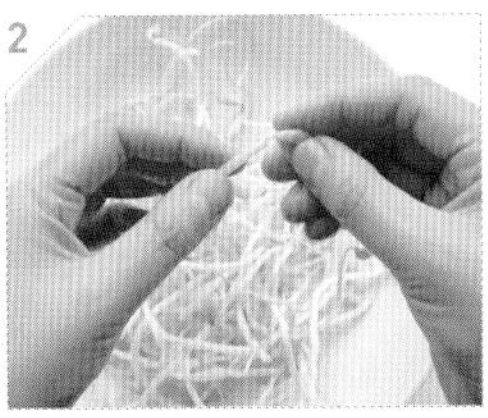
이유식은 콩나물 대가리를 떼어 내고 줄기 부분만 사용하세요.

3
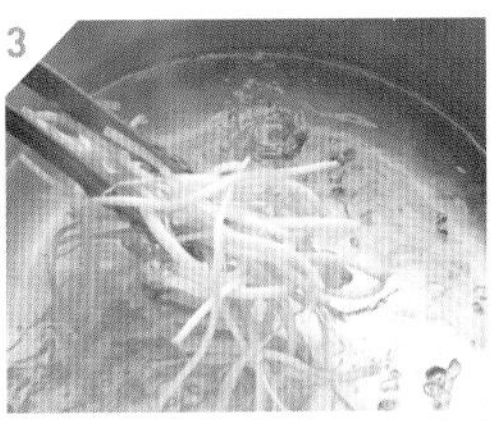
콩나물 줄기를 끓는 물에 데치세요.

4
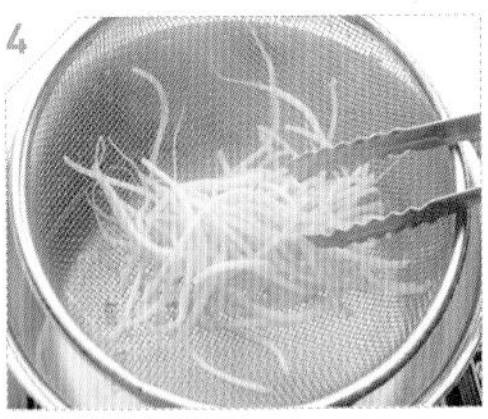
데친 콩나물 줄기를 체에 밭쳐서 물기를 빼세요.

콩나물 보관하기

1 콩나물을 깨끗이 씻어서 밀폐용기에 담고 물을 가득 채우세요. 하루나 이틀마다 물을 갈아 주면 일주일까지도 보관할 수 있어요.

2 햇빛을 보면 콩나물 대가리가 초록색으로 변하면서 질겨지므로 밀폐용기를 검은색 비닐봉지로 싸 놓으면 더 좋아요.

1
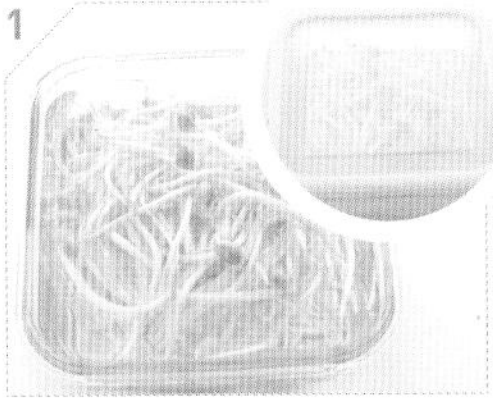

2

파프리카 Paprika

파프리카 고르기

빨강, 노랑, 주황 등 색상이 선명하고 모양이 반듯한 걸 고르세요. 꼭지가 마르거나 겉면에 흠집이 있는 것은 피하고 꼭지 아래쪽, 즉 꼭지와 피망이 붙은 부분이 육각형 모양이어야 좋다고 해요.

파프리카 손질하기

'영양의 보고'라는 파프리카지만 아기가 먹기에는 껍질이 너무 질겨요. 이유식에는 껍질을 벗겨서 사용하지요.

1

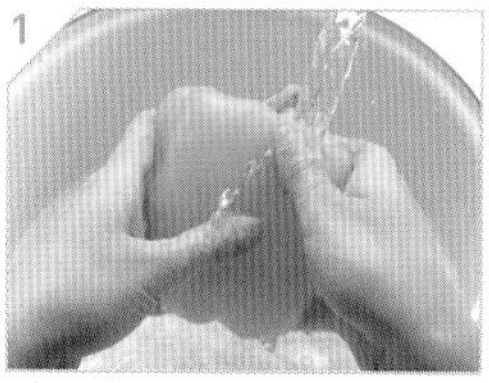

파프리카를 깨끗이 씻어 주세요.

2

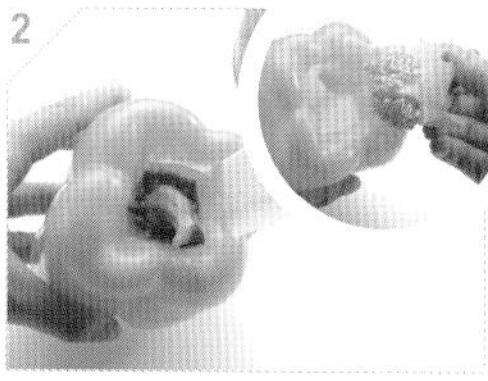

종이타월로 물기를 닦은 다음 파프리카 꼭지 쪽으로 칼을 깊숙이 넣어 꼭지와 씨 부분을 함께 도려내세요.

3

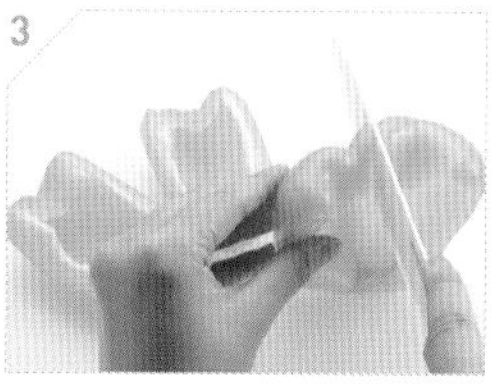

파프리카를 3~4조각으로 잘라 주세요.

4

파프리카를 대접에 담아 전자레인지에 넣고 5분 정도 돌리세요.

5

빨리 꺼내서 대접을 랩으로 밀봉하거나, 대접째 종이봉투에 넣고 주둥이를 꼭꼭 여며 주세요.

6

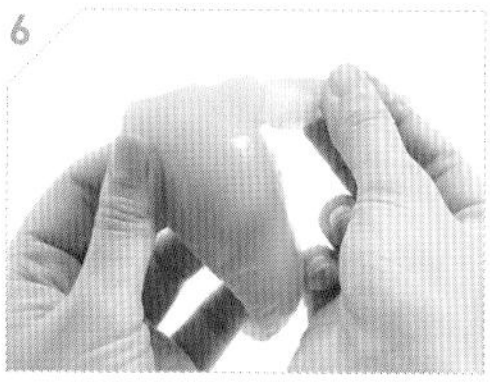

그 상태로 10분 정도 두었다가 열어서 껍질을 벗기면 잘 벗겨져요.

TIP

파프리카는 품종에 따라 어떤 것은 올록볼록한 밑면이 네 개고, 어떤 것은 세 개예요. 둘 중 네 개인 것이 더 달고 아삭한 식감이 좋다고 하니 밑면을 잘 보고 고르세요.

파프리카 보관하기

파프리카는 냉장, 냉동 보관 모두 가능한 채소예요. 2~3일 안에 먹으려면 냉장실에 보관하고, 오래 보관해 놓고 먹을 거면 냉동실에 넣어 두세요.

1

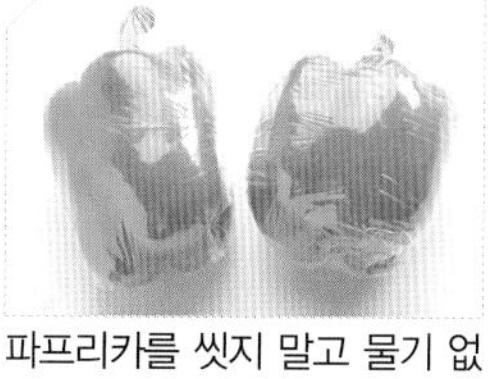

파프리카를 씻지 말고 물기 없는 상태에서 하나하나 랩으로 감싸 주세요.

2

비닐봉지에 두세 개씩 담고 묶어서 냉장실에 보관하세요.

Hackberry Mushroom 팽이버섯

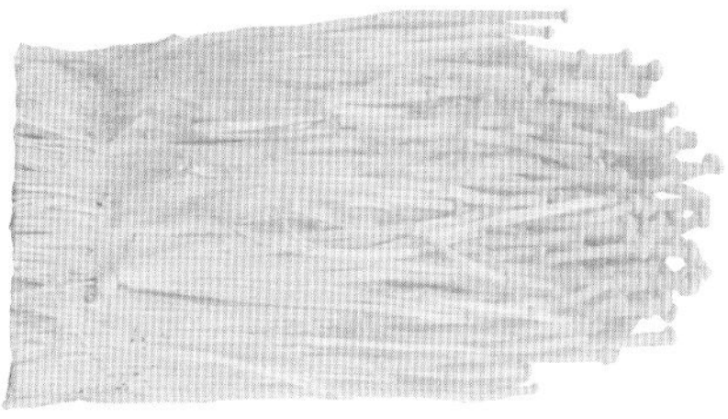

팽이버섯 고르기

흰색이나 연한 크림색을 띠고 갓이 작아야 좋은 것이며, 줄기나 뿌리 부분이 축축해 보이고 갈색으로 변했으면 싱싱하지 않은 거예요.

팽이버섯 손질하기

1

팽이버섯이 들어 있는 비닐봉지째 뿌리를 자르세요.

2

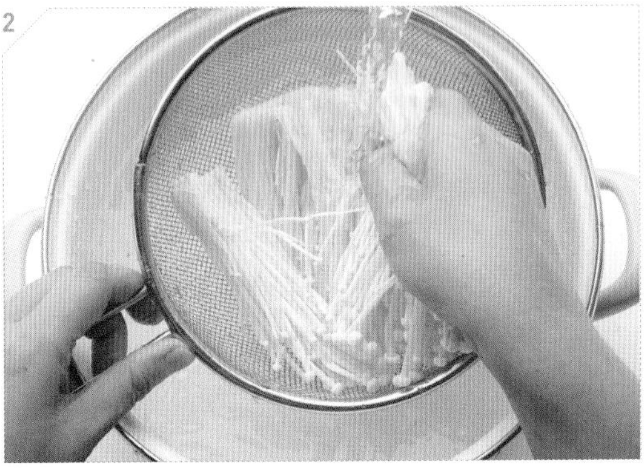

뿌리를 자르면 낱낱이 흩어지므로 그대로 채에 쏟아 넣고 흐르는 물에 살살 흔들어 가면서 씻어 주세요.

팽이버섯 보관하기

1 비닐봉지째 냉장실에 보관하세요.
2 사용하고 남은 팽이버섯은 종이타월에 싸서 지퍼백에 담아 냉장실에 보관하세요.
3 구입한 양이 많을 때는 '팽이버섯 얼음'을 만들어서 건강식으로 이용하세요.

2

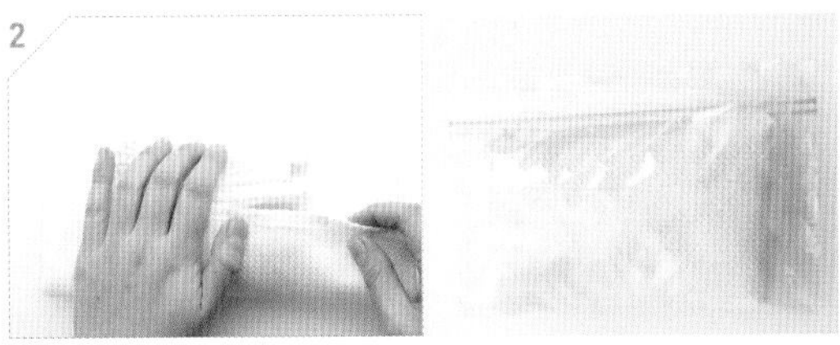

TIP

팽이버섯 얼음 만들기

뿌리를 제거한 팽이버섯을 3등분해서 믹서에 곱게 갈아 주세요. 팽이버섯 300g에 물 400ml가 적당해요. 그것을 냄비에 넣고 약한 불에서 저어 가며 서서히 졸여 주세요. 1시간 정도 졸이면 걸쭉한 죽 형태가 되는데, 그 상태로 식혀서 얼음 트레이에 얼려 주세요. 밥할 때 넣거나 국 끓일 때 천연 조미료로 사용하면 맛이 그만이에요. 이렇게 갈아서 먹으면 팽이버섯의 효능이 높아져서 다이어트에 좋고 변비, 당뇨, 고혈압 예방 효과를 볼 수 있다니 한번 만들어 보세요.

표고버섯 Shiitake Mushroom

표고버섯 고르기

표고버섯은 갓이 두껍고 오목한 것이 좋으며 색이 선명하고 축축하지 않은 것을 골라야 해요. 다른 버섯과 마찬가지로 피막이 터지지 않은 게 신선하지요. 들었을 때 묵직한 느낌이 나고 기둥이 굵직한 것을 선택하세요.

마른 표고버섯을 고를 때는 갓이 거북 등처럼 쩍쩍 갈라지고 짙은 황갈색을 띤 게 좋아요. 버섯을 햇볕에 말리면 아기와 현대인에게 부족하기 쉬운 비타민 D가 많아진다고 해요.

표고버섯 손질하기

1

버섯 갓과 기둥 부분을 칼로 바싹 잘라 내세요.

2

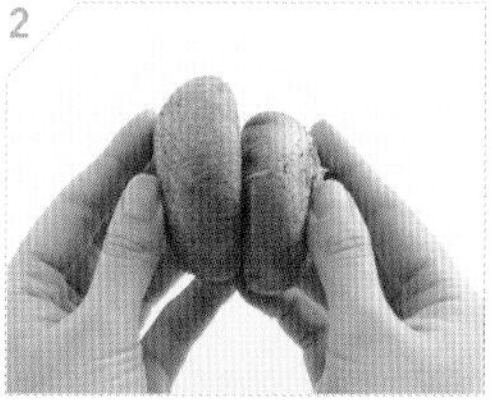

버섯 갓을 양손에 하나씩 쥐고 둘을 맞부딪치면 버섯 안쪽의 먼지와 잡티가 떨어져요.

3

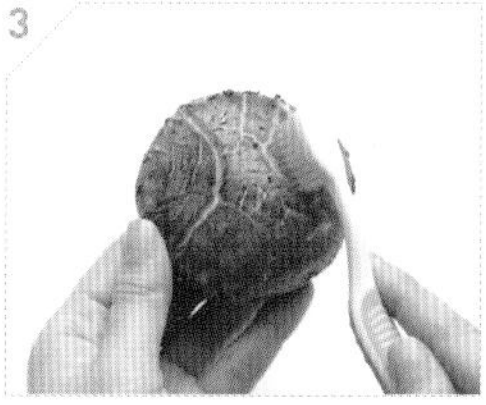

칫솔을 이용해서 버섯 갓을 살살 문질러 주세요.

4

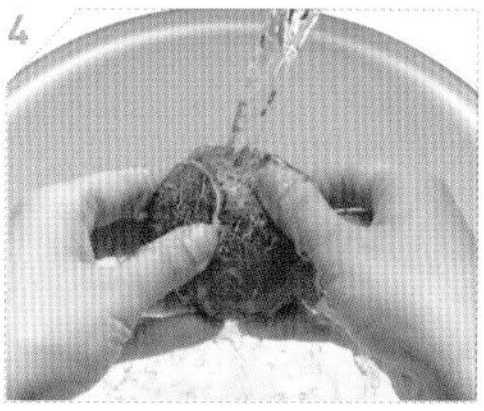

흐르는 물에 재빨리 헹구세요.

표고버섯 보관하기

1

손질한 표고버섯을 종이타월로 싸고 신문지로 한 번 더 감싸세요.

2

비닐봉지에 넣어서 냉장실에 보관하세요.

TIP

생 표고버섯은 보관 도중 갓이 피고 처지며 곰팡이가 생기기 쉬우므로 오래 보관하려면 말려서 보관하는 게 좋아요. 말릴 때는 갓과 기둥을 떼서 따로따로 말려야 나중에 불려서 사용할 때 편해요.

Chestnut

밤

밤 고르기

밤은 벌레가 먹어도 잘 안 보이기 때문에 고를 때 꼼꼼히 살펴봐야 해요. 먼저 알이 굵고 속이 통통한지 보세요. 껍데기가 쭈글쭈글한 것은 제대로 영글지 않은 거고, 손으로 눌렀을 때 단단하지 않은 것은 속이 상했을 확률이 높아요. 껍데기가 짙은 흑갈색이면 벌레 먹었을 수 있고요. 껍데기에 윤기가 나며 짙은 갈색이 돌아야 좋은 밤이에요.

밤 손질하기

밤 껍질을 까는 게 얼마나 손 아픈 일인지, 아는 사람은 다 알지요. 그나마 삶은 밤은 반으로 잘라 속을 긁어내기가 쉽지만 생밤 껍질은 일일이 겉껍질과 속껍질을 까야 해요. 이때 밤을 뜨거운 물에 5~10분 담갔다가 찬물에 헹구면 껍질 까기가 한결 쉬워져요.

1

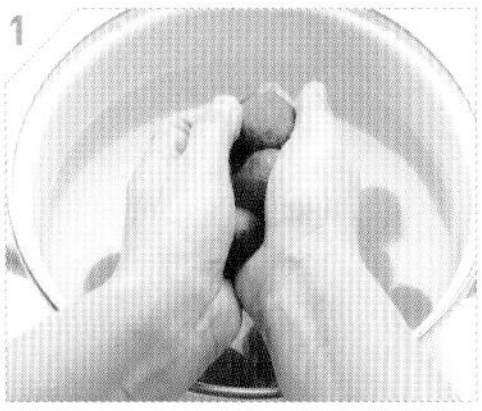

밤을 버럭버럭 문질러 가며 씻어 주세요.

2

체에 밭쳐서 물기를 빼세요.

3

물이 펄펄 끓으면 불을 끈 뒤 밤을 넣고 5~10분 뒤에 꺼내 재빨리 찬물에 헹구세요.

4

밤을 칼로 까면 되는데, 별 차이가 없다면 뜨거운 물에 1~2분 더 담갔다가 꺼내세요.

밤 보관하기

겉은 멀쩡해 보여도 안에 벌레가 생겼을 수 있어요. 밤 한두 개에 벌레가 있다면 밤 전체가 벌레집으로 변하는 건 시간 문제지요. 벌레가 있다 해도 활동하지 못하도록 냉장실에 보관하는 게 좋아요.

TIP

껍질을 깐 밤이 남았을 때는 찬물에 소금이나 설탕을 약하게 풀어 30분 정도 담갔다가 똑같은 방법으로 냉장실에 보관하세요. 그러면 밤이 갈변하는 것을 막을 수 있어요.

1

밤을 깨끗이 씻어서 찬물에 30분 정도 담가 두세요.

2

밤을 건져 물기가 있는 상태에서 비닐봉지에 넣고 냉장실에 보관하세요.

잣 Pine Nut

잣 고르기

잣은 뽀얀 크림색을 띠고 있으며 윤기가 흐르고 잣알의 크기가 고른 것이 좋아요. 국산 잣은 중국산과 비교해서 표면에 상처가 많고 부분부분 깨진 것들이 섞여 있지만 맛은 훨씬 더 고소하답니다.

잣 손질하기

잣은 딱딱한 겉껍데기만 벗긴 황잣과 속껍질까지 벗긴 백잣이 있어요. 백잣은 살짝 찐 상태에서 속껍질을 벗긴 것이기 때문에 영양 면에서 봤을 때는 황잣이 더 좋다고 할 수 있어요.

1

황잣을 물에 담그세요.

2

속껍질이 불었을 때 손으로 밀면 쉽게 벗겨져요.

잣 보관하기

잣은 지방이 많기 때문에 공기 중에 두면 산패돼서 기름 찐 냄새가 나므로 공기와 닿지 않도록 보관하는 게 중요해요. 냉장보관하면 되지만 좀 더 오래 보관하려면 냉동실에 보관하는 게 좋아요.

1

손질한 잣을 지퍼백에 담아 공기를 빼세요.

2

그 상태로 신문지에 둘둘 말아 주세요.

3

다시 한번 비닐봉지에 넣은 뒤 냉장실에 보관하세요.

Apple 사과

사과 고르기

두말할 필요도 없이 맛있는 사과는 잘 익은 사과겠지요. 사과 꼭지 반대편인 꽃받침 부분에 초록색 기운이 남아 있다면 덜 익은 거예요. 꽃받침을 확인했다면 다음은 사과의 표면이 선명한 붉은빛인지, 광택이 나는지, 만졌을 때 단단하고 거친 질감이 느껴지는지 살펴보세요. 꼭지 부분의 과육이 갈라져서 살짝 벌어진 것이 있는데, 이것은 사과가 과숙되었기 때문이에요. 상품 가치는 떨어지지만 나무에서 충분히 익었을 때 딴 것이므로 맛은 더 좋습니다.

사과 손질하기

사과는 껍질을 벗겨 놓으면 산소와 만나 갈변해서 보기에 안 좋을 뿐만 아니라 영양소도 파괴되지요. 색이 변하기 전에 사과를 깎아서 얄팍하게 썬 다음 끓는 물에 살짝 데치세요. 그러면 갈색으로 변하는 것을 막을 수 있어요.

1

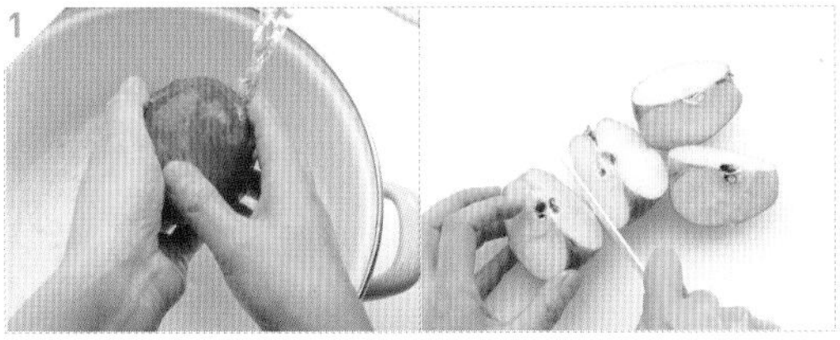

사과를 깨끗이 씻은 다음 4등분하세요.

2

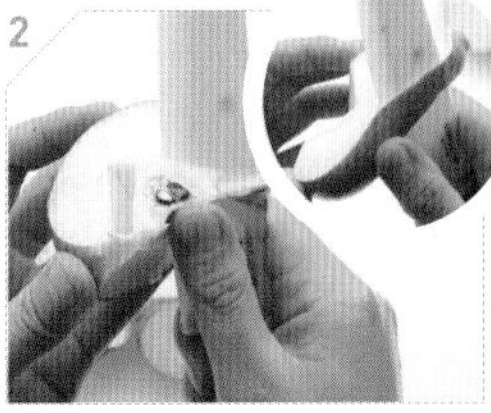

씨앗을 빼내고 껍질을 벗기세요.

3

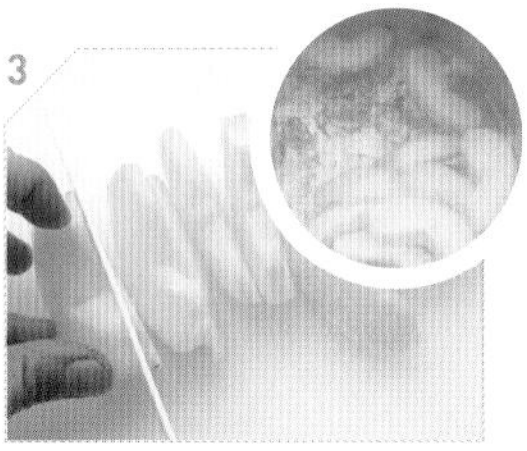

사과를 더 얄팍하게 만들어서 (16조각 정도) 끓는 물에 살짝 데치세요.

사과 보관하기

사과를 한꺼번에 몰아넣고 보관하면 서로 부딪혀서 상하기 쉬워요. 하나하나를 감싸서 따로 보관해야 해요. 그런데 사과를 다른 과일과 함께 보관하면 그것들이 빨리 숙성된다고 하니 따로 보관해주는 게 좋답니다.

1

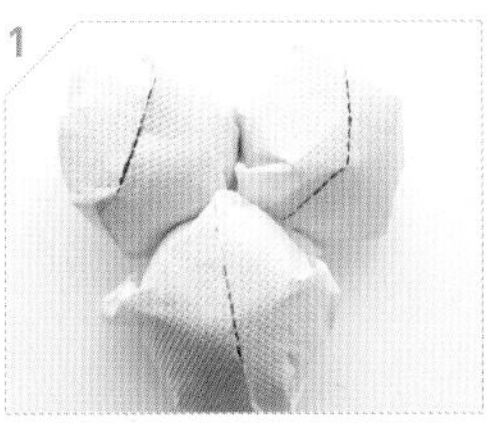

사과를 종이타월이나 신문지로 하나씩 감싸 주세요.

2

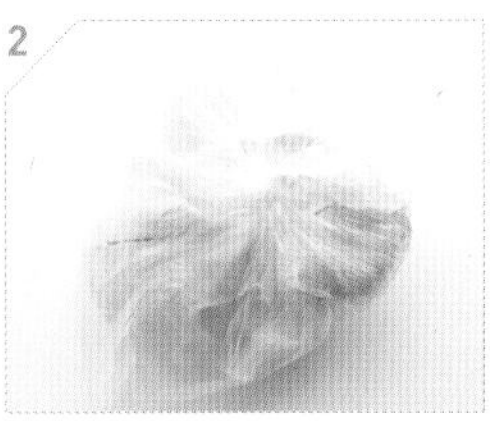

감싼 사과를 비닐봉지에 한두 개씩 넣고 묶어서 냉장실에 보관하세요.

토마토 Tomato

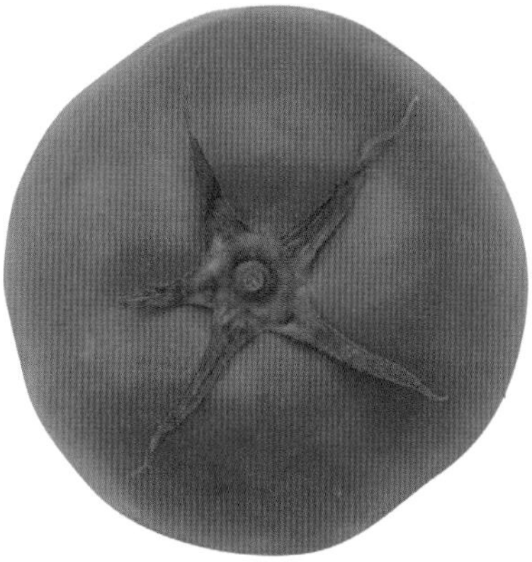

토마토 고르기

토마토는 완숙 토마토가 가장 영양이 풍부하지요. 완숙 토마토는 붉은빛이 선명하고 꼭지가 단단하며 시들지 않고 초록색이 선명한 것이 좋아요. 껍질에 흠집이 있거나 갈라진 것은 피하고 광택이 나고 탱탱해 보이는 것을 고르세요.

토마토 손질하기

토마토는 영양이 풍부한 건강 식품이지만 질긴 껍질은 소화가 안 돼요. 그래서 이유식을 만들 때는 껍질을 벗겨야 해요.

1

토마토 꼭지를 떼어 내고 씻어서 열십자로 칼집을 내세요.

2

칼집 낸 토마토를 끓는 물에 데쳐 주세요.

3

토마토를 꺼내 보면 칼집 낸 자리의 껍질이 일어났을 거예요. 거기부터 시작해서 껍질을 벗긴 후 토마토를 반으로 자르고 꼭지 안쪽에 있는 심 부분을 도려내세요.

토마토 보관하기

토마토는 냉장고에 보관하면 맛이 안 좋아지므로 실온에 보관하는 게 가장 좋아요.

TIP 기온이 30℃ 이상 되면 영양분이 파괴된다고 하니, 그때는 종이타월로 감싸고 검은 비닐봉지에 넣어서 냉장실에 넣어야 해요.

1

토마토를 종이타월이나 신문지에 하나씩 감싸세요.

2

검은 비닐봉지에 넣어 실온에서 보관하세요.

Beef

쇠고기

쇠고기 고르기

아기에게 꼭 필요한 단백질과 철분이 많은 쇠고기로 이유식을 만들 때는 안심을 이용하세요. 안심은 기름이 적은 데다 부드러워서 아기가 먹기에 부담이 없어요. 쇠고기는 거무튀튀하거나 희끄무레한 것은 피하고 선홍색이 선명한 것을 고르세요. 그리고 고기 표면에 윤기가 흘러야 신선한 거예요.

냉동 상태가 아니라 냉장육이라면 한우든 호주산 쇠고기든 크게 상관없는데, 저는 쉽게 구할 수 있는 호주산을 사용했어요.

쇠고기 손질하기

쇠고기는 핏물을 제거하지 않으면 누린내가 나고 거품이 많이 일기 때문에 맛과 위생 면에서 좋지 않아요. 그래서 핏물을 제거하고 사용하는데, 핏물은 미리 제거하기보다 조리하기 바로 전에 제거해야 좀 더 신선하지요.

1

쇠고기를 물에 1시간 이상 담가서 핏물을 빼세요.

2

종이타월로 물기를 제거해 주세요.

쇠고기 보관하기

쇠고기를 살 때 "얇게 편으로 썰어 주세요." 하고 부탁하면 납작납작하게 썰어 주셔서 사용하기도 쉽고 보관도 편해요. 쇠고기는 공기와 닿으면 색이 변하고 수분이 날아가 딱딱해지지요. 이때 종이타월로 핏물을 제거하고 겉면에 식용유나 올리브유를 바르면 그런 단점을 보완할 수 있어요.

1

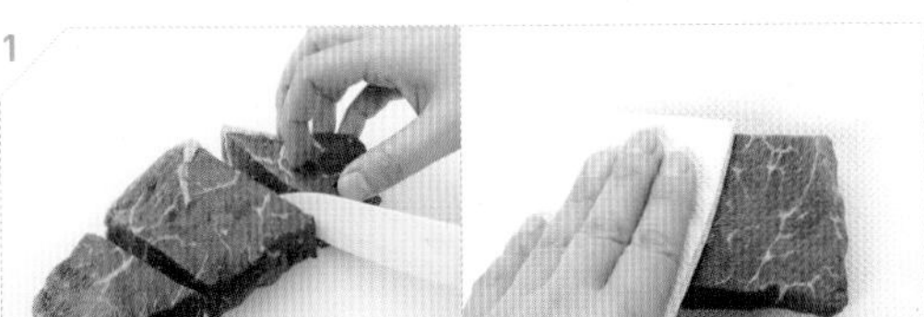

쇠고기를 한 번 사용할 분량만큼 잘라 나누고 종이타월로 핏물을 제거하세요.

2

겉면에 식용유나 올리브유를 바르세요.

3

하나하나 랩으로 싸서 냉장실이나 냉동실에 보관하세요.

달걀

Egg

달걀 고르기

달걀은 표면이 거칠거칠하고 닭똥이나 이물질이 묻지 않은 것을 골라야 해요. 흔들어 보았을 때 안에서 흔들리는 느낌이 없는 것, 빛에 비춰 보았을 때 살짝 투명한 느낌이 나는 것, 크기에 비해 묵직한 느낌이 나는 것이 좋은 달걀이에요.

달걀 손질하기

1 달걀을 깨뜨리면 하얀 알끈이 보이는데, 알끈은 아기들이 소화하기 힘들 수 있으니 이유식에 사용할 때는 제거해 주세요.

달걀 보관하기

1 달걀은 사자마자 냉장실에 보관하세요.

2 둥근 부분과 뾰족한 부분이 있는데, 둥근 쪽이 위로 올라가게 놓아야 신선하게 오래 보관할 수 있어요. 하지만 아무리 오래 보관할 수 있다고 해도 한 달 이상은 두지 않는 게 좋아요.

닭가슴살·닭안심

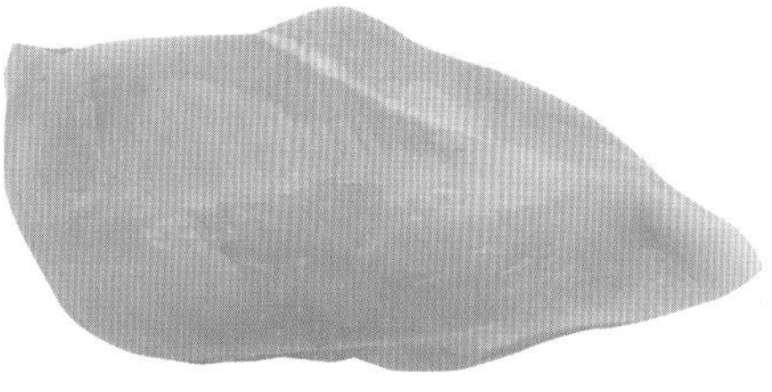

닭가슴살 · 닭안심 고르기

닭고기는 신선한 것을 고르는 게 관건인데, 살빛이 분홍색이고 비릿한 냄새가 나지 않는 것, 살에 피가 배지 않은 것을 고르세요. 요즘은 닭고기에 유통 기한이 표시되어 있으니 날짜 확인도 잊지 마세요.

닭가슴살 · 닭안심 손질하기

1

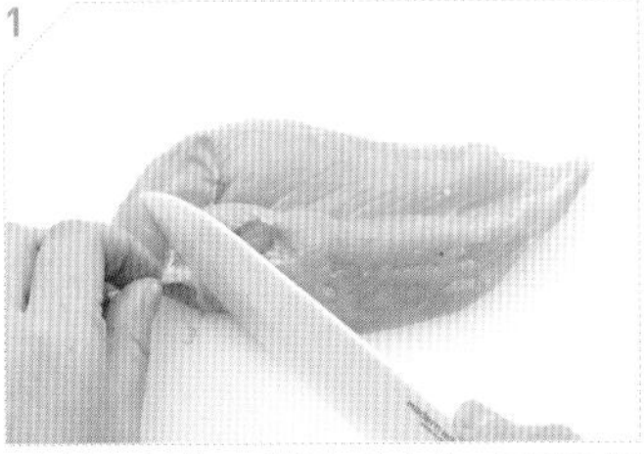

살에 붙어 있는 지방을 떼어 내고 근막을 벗기세요.

2

흐르는 물에 깨끗이 씻으세요.

TIP

부분육이 아니라 통닭을 샀다면 닭을 깨끗이 씻은 다음 안심을 발라내야 해요. 닭은 살과 껍질 사이에 지방이 있는데, 손으로 쉽게 제거되니 지방은 다 떼어 내세요. 껍질에 잔털이 남아 있다면 그것도 깔끔하게 뽑아내고, 몸통 안쪽의 내장 찌꺼기도 긁어내고 물로 여러 번 헹구세요. 닭은 토막을 내기 전에 씻고, 토막 낸 다음에는 가능하면 흐르는 물에 가볍게 씻어 주세요.

닭가슴살 · 닭안심 보관하기

닭고기는 쇠고기나 돼지고기에 비해 쉽게 상하기 때문에 구입한 다음에는 바로 조리해서 먹는 게 좋아요. 하지만 고기가 남았다면 냉장보관하지 말고 손질해서 냉동실에 보관하세요.

1

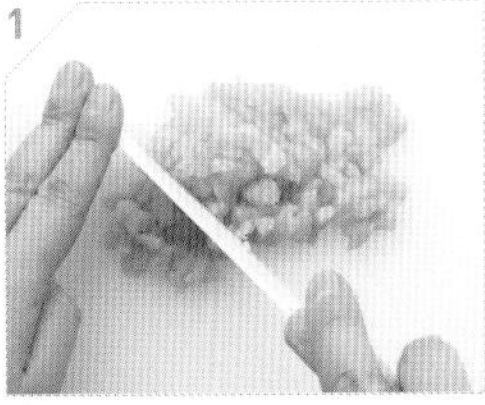

손질한 닭고기를 용도에 따라 자르세요. 이유식용 닭가슴살이나 닭안심은 잘게 다지세요.

2

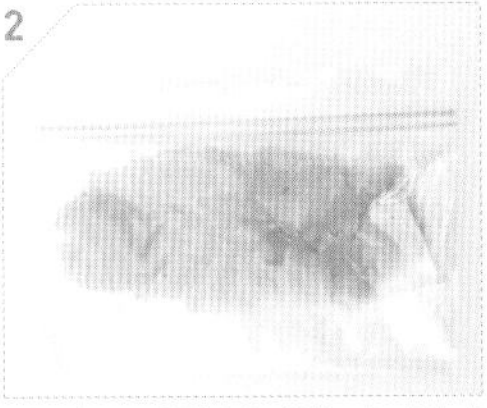

한 번 조리할 분량씩 지퍼백에 담아 냉동실에 보관하세요.

대게 Snow Crab

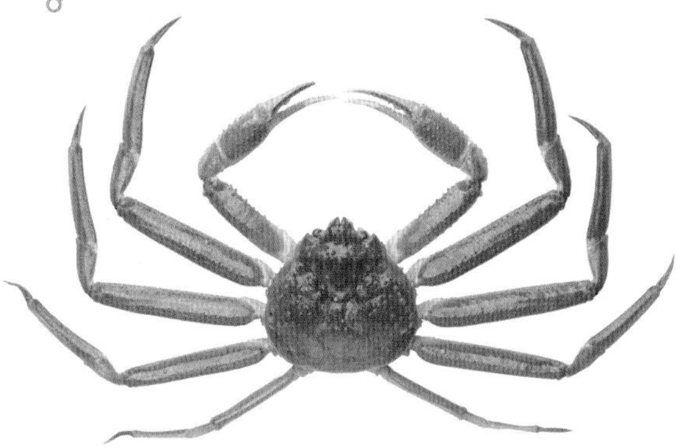

대게 고르기

맛있는 게살은 싱싱한 대게에서 나오므로 싱싱한 대게를 골라야 해요. 대게는 크기에 비해 묵직한 게 좋아요. 여름에는 수컷이 살이 많아 좋고 산란기에는 알을 밴 암컷이 더 맛이 좋아요.

대게는 등과 다리에 허연 딱지가 없고 입 주변에 난 털이 검은색에 가까우며 입이 벌어지지 않고 앙다문 것 그리고 배 안쪽이 검붉은색이고 몸통과 다리가 붙은 관절 부위 구분이 선명한 것이 살이 꽉 차고 싱싱해요.

대게 손질하기

싱싱한 대게를 잘 손질해서 살을 발라내려면 요령이 필요해요. 집게발에 물리지 않고 다리가 떨어지지 않도록 조심하는데, 혹시 모르니 고무장갑을 끼고 손질하면 좋아요.

1 큰 그릇에 물을 받아서 게를 10분 정도 담가 두세요.
2 게를 한 손으로 잡고 칫솔을 이용해 게딱지와 게 다리를 닦아 주세요.
3 배딱지를 뜯어내고 배를 누르면 불순물이 쏟아지므로 흐르는 물에 깨끗이 닦으세요.

1
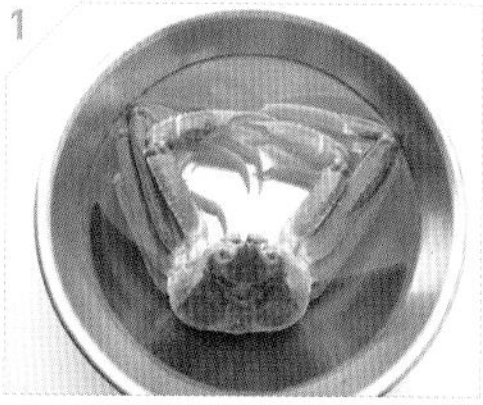

2
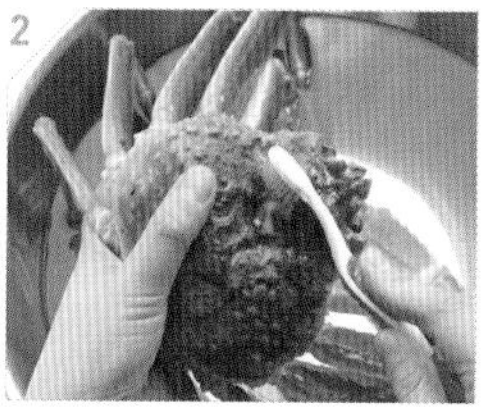

3
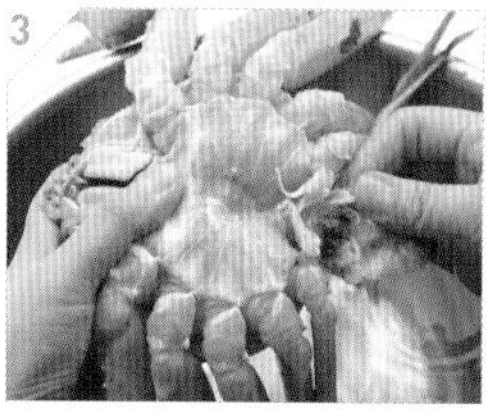

대게 찌기

1 찜기에 물을 붓고 끓여서 한김 올라오면 뚜껑을 열고 대게를 올리세요. 이때 배가 위쪽을 향하도록 올려야 내장이 흘러나오지 않고 맛있어요.
2 뚜껑을 덮고 30분 정도 찌다가 약한 불로 줄여서 다시 15분쯤 뜸을 들이고 불을 끄세요.

1
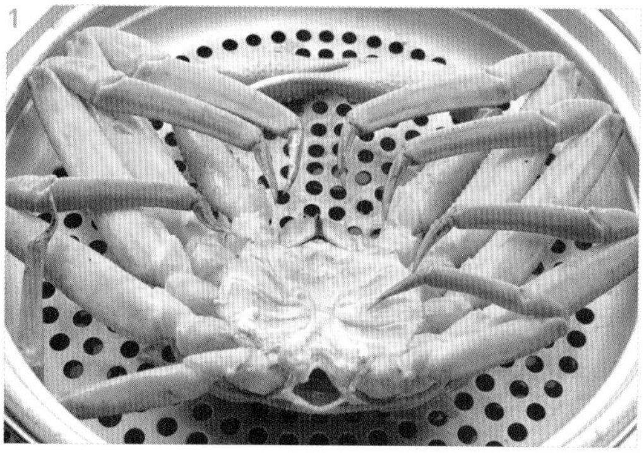

대게 살 바르기

대게는 몸통보다는 다리에 살이 많고 손질도 쉬워요.

1 몸통에서 다리를 뜯고 다리의 마디와 마디를 자르세요.
2 가위로 대게 다리의 날카로운 끝마디와 납작한 부위를 자르세요.
3 껍데기를 양쪽으로 벌리세요. 포크를 이용하면 속살을 고스란히 발라낼 수 있어요.

TIP 게의 암컷은 배 부분의 딱지가 둥그스름하고 수컷은 삼각형 모양으로 뾰족해요. 껍질이 얇고 알이 들어 있는 암게는 게장이나 탕을 끓일 때 많이 사용하고 살이 많은 수게는 찜이나 탕에 두루 사용해요. 무슨 요리를 할 것인지에 따라 암수를 구분해서 구입하세요.

1

2
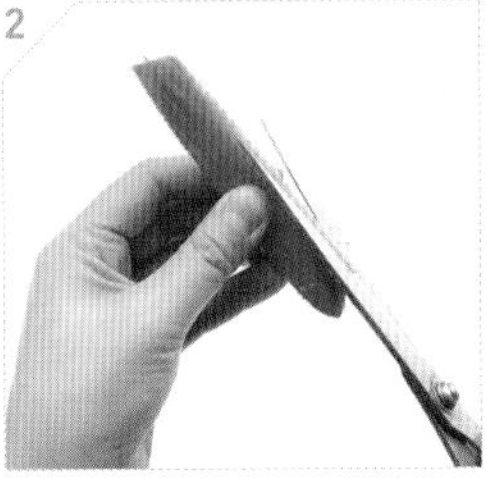

3

Cod 대구 살

대구 살 고르기

생 대구를 사다가 살을 발라서 이유식을 만들면 가장 좋겠지만 쉽지 않은 일이라 대개는 생선전 용도로 나온 대구 살이나 이유식 전용 대구 살을 구입하지요. 생선은 냉동하면 살이 퍽퍽하고 비린내가 나는데, 한번 해동한 것을 다시 냉동하면 그 정도가 심해지므로 대형 마트나 유기농 매장 등 유통 과정을 신뢰할 수 있는 곳에서 구입하세요.

대구 살 손질하기

1 냉동 대구 살은 해동하는 데 시간이 오래 걸리므로 이유식을 만들기 전날 냉장실에 미리 옮겨 놓으세요.

대구 살 보관하기

1 구입한 냉동 대구 살은 해동되기 전에 재빨리 냉동실에 보관하세요.
2 한번 해동한 것은 다시 냉동하지 마세요.

멸치 Anchovy

멸치 고르기

멸치는 건조한 지 오래되면 껍질이 벗겨지면서 기름 찐 냄새가 나므로 은빛 껍질이 잘 붙어 있고 구수하며 짭짤한 냄새가 나는 것을 고르세요. 대가리가 제대로 붙어 있고 형태가 부서지지 않았는지도 살펴보세요.

멸치 손질하기

멸치를 이유식에 사용할 때는 대가리와 내장을 떼어 내고 몸통만 이용하세요.

1

멸치 대가리와 내장을 떼어 내세요.

2

이유식을 만들 때는 짠맛을 우려내기 위해 멸치를 찬물에 30분 이상 담갔다가 사용하는 게 좋아요.

멸치 보관하기

멸치는 실온에 보관하거나 냉장실에 두면 기름이 산패하면서 몸에 안 좋은 성분이 만들어져요.

1 대가리와 내장을 떼어 낸 멸치를 밀폐용기나 지퍼백에 담아서 냉동실에 보관하세요.

1

Baby Anchovies 잔멸치

잔멸치 고르기

잔멸치는 투명하고 맑은 은색이 나야 신선한 거예요. 갈색이 도는 것은 오래되어 기름이 나온 것이므로 맛은 물론 건강에도 좋지 않으니 피하세요. 먹어 보았을 때 좋은 멸치는 달착지근한 맛이 나지만 안 좋은 멸치는 떨떠름하거나 시큼한 맛이 나지요.

잔멸치 손질하기

잔멸치는 체에 쳐서 부스러기를 털어 내세요. 그래야 요리할 때 타지 않고 완성된 요리도 맛이 깨끗해요. 이유식에 사용할 때는 물에 30분 이상 담가서 짠맛을 빼 주세요.

1

잔멸치를 체에 쳐서 부스러기를 털어 내세요.

2

찬물에 30분 이상 담가서 짠맛을 빼세요.

3

체에 밭쳐서 물기를 빼세요.

잔멸치 보관하기

1

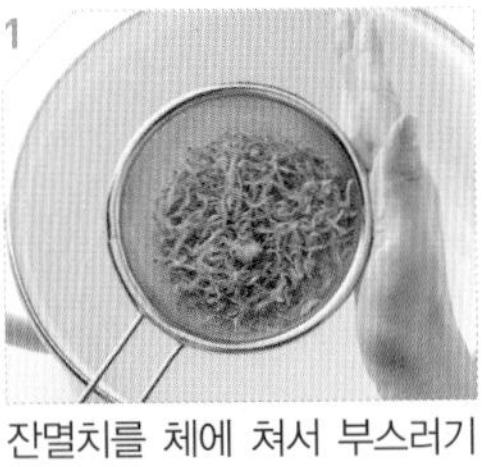

잔멸치를 체에 쳐서 부스러기를 털어 내세요.

2

지퍼백에 나눠 담아서 냉동실에 보관하세요.

새우 Shrimp

새우 고르기

새우는 종류가 다양하기 때문에 이유식에 적합한 것을 고르는 게 중요해요. 가장 쉽게 구할 수 있는 게 껍질을 벗긴 냉동 새우지만, 껍질 벗긴 새우는 약품 처리를 한 게 많으므로 반드시 가공 공정과 첨가물을 확인한 다음 구입해야 해요. 무엇보다 좋은 것은 제철에 나온 대하를 직접 구입해서 손질하는 거예요.

새우 손질하기

1

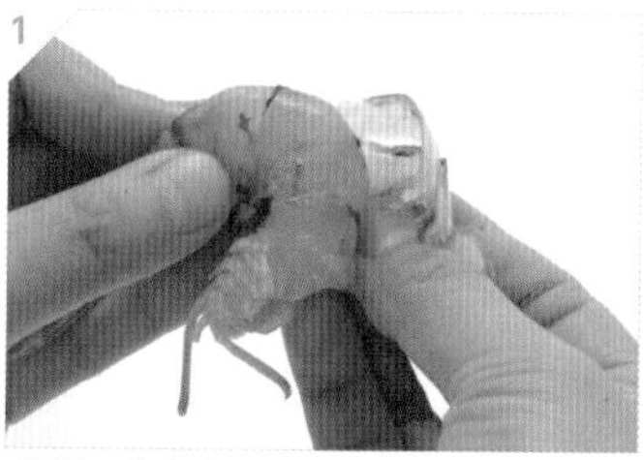

새우는 대가리를 떼고 껍질을 벗기세요.

2

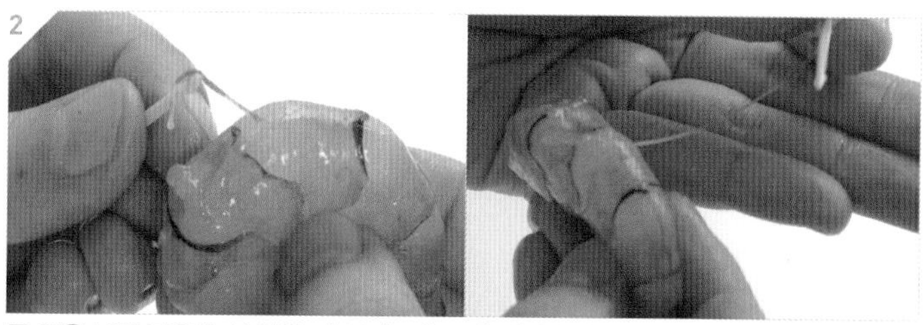

등 쪽을 보면 검은색 실 같은 게 보이는데 그게 내장이에요. 등을 좀 더 둥글게 구부린 뒤 두 번째와 세 번째 마디에 이쑤시개를 찔러 넣고 내장을 살짝 들어내세요.

새우 보관하기

새우는 냉장실에서도 쉽게 상하기 때문에 생물로 보관하기보다 쪄서 냉동실에 넣어 두는 게 좋아요.

1

손질한 새우를 깨끗하게 헹군 다음 찜기에 넣고 찌세요.

2

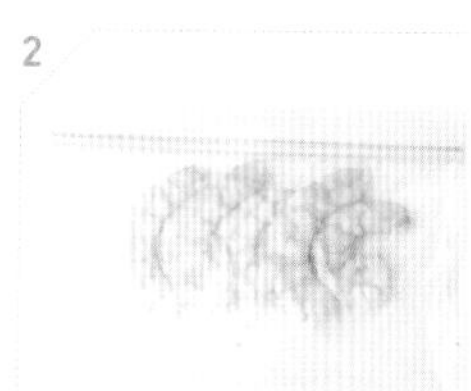

한 번 먹을 분량으로 나눠서 냉동실에 보관하세요.

Salmon

연어

연어 고르기

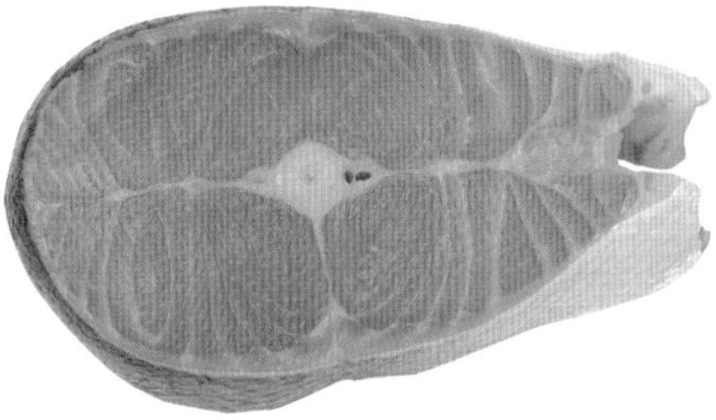

이유식을 만들 때는 훈제 연어가 아니라 생 연어를 사용해야 해요. 요즘은 대형 마트에서 생 연어를 한 토막씩 손질해서 팔기 때문에 구입하기가 어렵지 않아요. 연어 특유의 주황색이 선명하고 살에 탄력이 있는 것이 싱싱한 연어예요.

연어 손질하기

연어를 손질할 때 가장 신경 써야 할 점은 연어 기름을 제거하는 거예요. 연어는 다른 생선에 비해 기름기가 많아서 부드럽고 맛이 있지만, 아기가 먹었을 때 배탈의 원인이 될 수 있거든요.

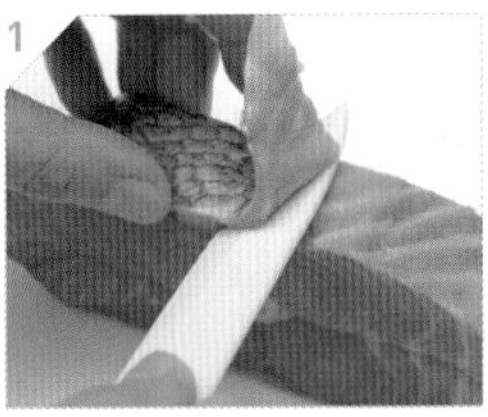

1 덩어리로 구입한 생 연어의 껍질을 벗기세요.

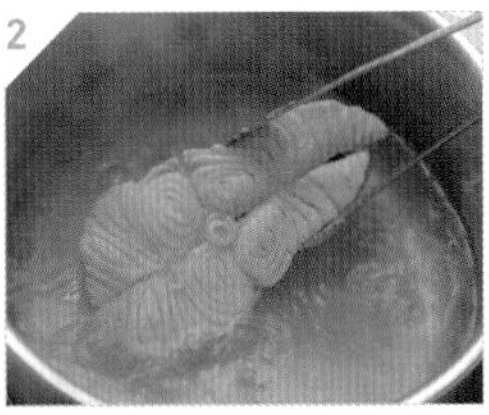

2 살코기를 끓는 물에 삶아서 어느 정도 기름기를 제거한 뒤 건져서 물기를 빼세요.

연어 보관하기

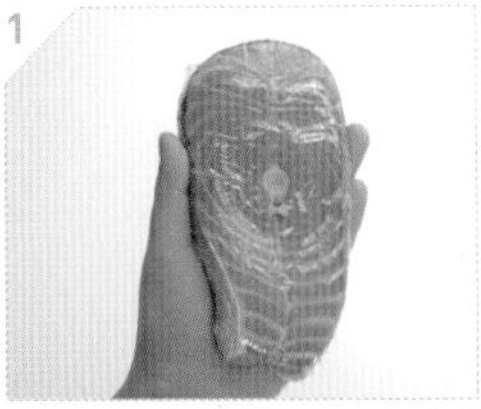

1 생 연어의 기름은 공기와 만나 산패되기 쉬우니 꼼꼼하게 랩으로 싸서 냉장실에 보관하세요.

2 조금 더 오래 보관하려면 연어를 삶아서 기름기를 제거한 상태로 냉동실에 보관하세요. 용도에 따라 으깨거나 다져서 한 번 먹을 분량으로 나누어 보관하는 게 가장 좋아요.

김 Laver

김 고르기

김은 '자연이 준 최고의 선물'이라고 할 만큼 영양이 많다고 해요. 보통은 10장 단위로 판매하거나 100장 한 톳으로 판매하니 필요에 따라서 사면 돼요. 좋은 김은 잡티가 없고 검은빛이 돌며 광택이 있어요.

김 손질하기

1

마른 김을 손바닥 사이에 넣고 슥슥 비벼 굵은 티나 기타 불순물을 떨어내세요.

2

그대로 구워 먹어도 되고 들기름을 발라 구워 먹어도 맛있어요.

김 보관하기

김은 습기에 약하므로 눅눅해지지 않도록 신경 써야 해요.

1

10장 단위로 앞뒤에 종이타월을 한두 장씩 끼워 주세요.

2

그 상태로 지퍼백에 넣어서 냉동실에 보관하세요.

3

기름 발라서 구운 김을 보관할 때는 밀폐용기에 넣고 위아래로 종이타월을 한 장 깐 다음 뚜껑을 닫으세요.

Brown Seaweed 미역

미역 고르기

미역은 칼슘 함량이 많을 뿐 아니라 흡수율도 높아요. 또 섬유질의 함량이 많아 장의 운동을 촉진하므로 임산부에게는 특히 권장하는 식재료지요. 물론 아기의 성장에도 매우 도움이 돼요.

미역은 짙은 녹색에 광택이 있고, 손으로 쉽게 부러뜨릴 수 있을 만큼 건조가 잘 되어 있는 것이 좋아요. 그리고 불렸을 때 잎이 두껍고, 잎과 줄기가 곧고 좁게 뻗어 있어야 해요.

미역 손질하기

1

마른 미역은 약 10배 정도 불어나므로, 찬물을 넉넉하게 붓고 10분 정도 불리세요.

2

손으로 문질러서 헹군 뒤 물을 버리고 다시 찬물을 부어 10분 정도 불리세요.

3

미역이 충분히 불었으면 찬물에 여러 번 헹군 뒤 체에 밭쳐 물기를 빼세요.

4

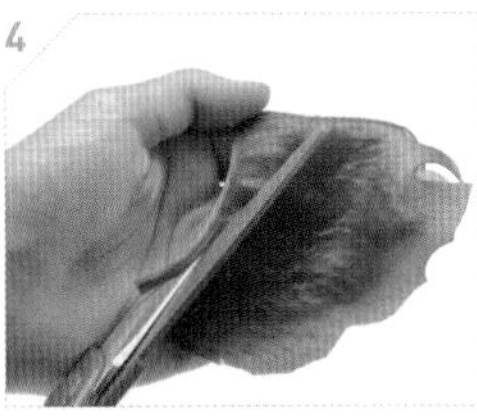

잎 부분만 잘라 이유식에 사용하고 줄기 부분은 어른들 반찬으로 이용하세요.

미역 보관하기

미역은 마른 상태로 보관했다가 먹기 전에 불려서 사용하는 것이 가장 좋지만 가끔은 분량을 예측하지 못하고 너무 많이 불리는 경우가 있어요. 그럴 때는 버리지 말고 냉동실에 보관하세요.

1

마른 미역은 10cm 길이로 잘라 지퍼백에 나눠 담고 상온에서 보관하세요.

2

불린 미역이 남았을 때는 잎 부분만 골라서 한 끼 분량씩 비닐봉지에 넣어 냉동실에 보관하세요. 불린 미역 한 끼 분량을 비닐봉지에 넣은 다음 매듭을 짓고, 한 번 더 매듭을 지은 다음 미역을 넣고 다시 매듭지으세요. 사용할 때는 매듭과 매듭 사이를 잘라 한 끼 분량씩 사용하면 편리해요.

두부 Bean Curd

두부 고르기

두부의 종류는 크게 세 가지로 나눠 볼 수 있어요. 수입 콩으로 만든 두부, 국산 콩으로 만든 두부, 국산 유기농 콩으로 만든 두부. 국산 유기농 콩을 사용한 두부가 가장 좋겠지만 가격이 두 배 이상 비싸므로 국산 콩으로 만든 두부를 사용해도 괜찮아요.

두부 손질하기

1

두부를 찬물에 30분 이상 담근 후 두부 속까지 따뜻해질 정도로 끓는 물에 삶으세요.

2

꺼내서 찬물이나 뜨거운 물에 다시 한번 헹구세요.

두부 보관하기

두부를 밀폐용기에 담고 빈 공간에 물을 가득 채워서 공기에 노출되는 면이 없도록 하세요. 공기에 노출되면 색이 변하고 딱딱해져요. 밀폐용기에 담을 때 소금을 약간 넣으면 보관 기간이 조금 더 길어지지만, 이유식에 쓸 거라면 소금은 넣지 마세요.

TIP

두부는 냉장실에서도 위쪽이나 안쪽보다는 채소칸 바로 위나 음료칸에 보관하는 게 좋아요. 두부를 좀 더 오래 보관하려면 종이타월로 물기를 제거한 다음 냉동실에서 얼리세요. 얼린 두부는 해동한 다음 물기만 꽉 짜내면 식감도 좋아지고 요리했을 때 양념 흡수도 좋아지기 때문에 다양하게 활용할 수 있어요.

연두부 Silken Bean Curd

연두부 고르기

연두부는 두부와 마찬가지로 원재료인 콩이 수입산인지, 국산인지, 국산 유기농인지에 따라 구분할 수 있어요. 국산 제품을 고르되 유통 기한을 반드시 확인하세요. 유통 기한이 표기되어 있지 않을 때는 냄새를 맡아 보고 고르세요.

연두부 손질하기

연두부는 고운체에 밭쳐 물기를 빼고 사용하세요.

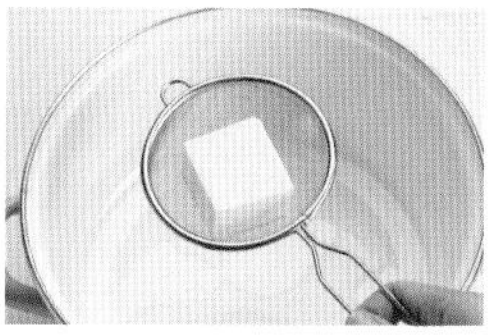

연두부 보관하기

1 연두부는 팩에 든 상태로 냉장실에 보관하세요.
2 팩에 들어 있지 않은 연두부는 밀폐용기에 고스란히 쏟아서 냉장실에 넣어 두세요.

첫 이유식

용희가 첫 이유식을 시작하는 날, 쌀미음 하나 끓이는데 왜 그렇게 긴장되던지…….

"여보, 빨리 와요. 중요한 순간이야! 침대맡에 있는 내 휴대전화도 좀 부탁해요. 동영상 찍게."

얼음 큐브 하나 분량의 쌀미음을 용희 앞에 놓고서 호들갑도 그런 호들갑이 없었다. 남편도 괜스레 긴장했는지 한걸음에 주방으로 달려와서는 "너 임마, 이거 시작을 잘해야 니 먹을 복이 잘 풀리는 거여. 쫌만 커 봐라. 아빠가 먹고 싶다는 거 다 해 줄게." 하며 언제가 될지도 모르는 이야기를 늘어놓는다.

드디어 제비 같은 입을 "아!" 벌린 용희.

그런데 이게 웬일이래.

길고 긴 준비 시간이 무색하리만큼 용희는 기다렸다는 듯이, 아니 언젠가 먹어 본 적 있다는 듯이 너무 쉽게 다 먹어 버렸다. 그러곤 계속 입을 쩍쩍 벌리며 "아!" 하는 게 아닌가.

이게 뭐라고, 기쁨에 겨워 남편과 얼마나 생쇼를 했는지……. 결국 휴대전화 동영상에 용희의 시식 장면은 순식간에 지나가고, 엄마 아빠가 "우아우아, 웬일이야, 어쩜 좋아! 얘 좀 봐, 너무 잘 먹어!" 하는 소리만 거슬릴 정도로 시끄럽게 들어가 버렸다. 아무리 소장용이라지만 볼 때마다 그 호들갑이 부끄럽다.

그나저나 먹고 싶은 거 다 해 준다고 했으니, 이제 애가 크기를 기대해 봐야지.

Part. 1

초기 이유식 미음

생후 만 4~6개월

STEP ONE

쌀미음
감자미음
고구마미음
단호박미음
애호박미음
오이미음
브로콜리미음
콜리플라워미음
양배추미음
청경채미음

STEP TWO

쇠고기미음
쇠고기·감자미음
쇠고기·단호박미음
쇠고기·오이미음
쇠고기·브로콜리미음
쇠고기·양배추미음
쇠고기·청경채미음
브로콜리·감자미음

STEP ONE

초기 이유식 1단계(10배 미음/생후 만 4~5개월)를 소개합니다

재료는 이렇게 준비했어요!

용희는 이렇게 먹었어요!

SUN	MON	TUE	WED	THU	FRI	SAT
				1 쌀미음	2	3
4 감자미음	5	6	7 고구마미음	8	9	10 단호박미음
11	12	13 애호박미음	14	15	16 오이미음	17
18	19 브로콜리미음	20	21	22 콜리플라워미음	23	24
25 양배추미음	26	27	28 청경채미음	29	30	

초기 이유식 1단계 이렇게 했어요!

아기가 세상에 태어나 가장 먼저 시작하는 음식이 이유식이지요. 엄마 젖이나 분유만 먹던 아기에게 이유식은 새로운 출발이자 도전이 아닐까 생각해요. 이유식의 가장 큰 목적은 다양한 음식을 맛보면서 어른처럼 고형식을 먹을 수 있도록 훈련하는 거예요. 모든 자연 식품에는 알레르기 반응을 일으키는 요소가 있는데, 이때 아기에게 이상 반응이 있는지 살펴보는 게 중요해요.

보통 이유식의 순서는 가장 부족해지기 쉬운 영양소인 철분 보충을 위해서 쌀미음-고기-야채 순서로 진행하는 것이 좋다고 하는데 이유식 시기가 이를 때는 아기의 소화가 걱정 되서 야채를 활용한 이유식으로 시작했어요.

이유식은 하루에 몇 번, 얼마나 먹여야 할까? 어른처럼 하루 세 번 먹여야 하는 건가, 아니면 아기가 달라고 할 때마다 주는 건가? 이유식을 준비하면서 가장 궁금한 부분이었어요. 전문가 선생님께 여쭤봤더니, 대개 초기 이유식은 하루에 1회, 1회 30~60g의 양이 적당하고, 모유나 분유는 600~1000ml를 먹이라고 하시더군요. 아기가 이유식을 잘 먹는다고 한꺼번에 많은 양을 주면 영양 불균형이 생길 수 있으니 정해진 시간에 정해진 양을 먹여야 한다고 하셨어요. 그런데 용희는 이유식을 어찌나 잘 먹는지 하루에 한 번으로는 부족했어요. 그래서 양을 늘리는 대신 횟수를 늘려 이유식 초기부터 두 번씩 먹였어요. 그런 이유 때문에 책에서 소개하는 이유식 재료분량은 2~3회 분량인데, 혹시 용희처럼 이유식을 아주 잘 먹는 아기들을 위한 것이기도 하지만 또 다른 이유도 있어요. 초기 이유식은 아기마다 먹는 양이 다르기 때문에 아주 적게 먹거나, 낯선 재료를 거부하는 바람에 이유식을 버려야 하는 경우가 많은데, 이럴 때 여유 있게 만들어 놓으면 한번쯤 다시 시도해 볼 수 있으니 좋은 것 같아요. 아기가 하루에 한 번 잘 먹는다면 냉장보관을 했다가 다음 날 먹여도 되고요. 한 가지 더! 가능하면 이유식을 먹이는 시간은 아이의 컨디션이 가장 좋은 시간에 먹이는 것이 좋대요. 용희의 이유식 시간은 오전 10시와 오후 6시 즈음. 그때 컨디션이 가장 좋아 보여서 매일 그 시간에 맞춰 먹이려고 노력했어요.

+ POINT

초기 이유식 1단계

이유식 비율
불린 쌀 : 물 = 1 : 10(10배 미음)

이유식 형태
묽은 스프 정도의 질감

이유식 횟수
1일 1~2회

이유식 섭취량
1회 30~60g

총 수유량
1일 600~1000㎖

초기 이유식(생후 만 4~5개월) 시작 시기

- ☐ 만 4개월 이전에는 모유나 분유, 물 이외의 음식은 소화시키기 어렵기 때문에 장기능이 발달한 생후 만 4개월 이후(150일 무렵)에 이유식을 시작하는 것이 좋아요.
- ☐ 입에 액체 이외의 것이 들어올 때 밀어내는 반사 작용이 사라지고, 목과 머리를 잘 가누어 앉아서 먹기가 가능한 '신체 신호'가 있어야 해요.

초기 이유식(생후 만 4~5개월) 섭취 특징

- ☐ 모유 묽기의 유동식(10배 미음)으로 시작하다가 점차 7~8배 죽으로 진행하세요.
- ☐ 기본 섭취량만큼 먹지 않는다고 너무 속상해하지 마세요. 초기 이유식은 먹는 연습을 하는 기간이니 아이의 컨디션이 좋은 시간에 먹일 수 있도록 해주세요.
- ☐ 처음에는 ¼작은 술(아기 숟가락 1~2회 정도의 양)로 시작하다가 잘 먹으면 양을 늘리고, 횟수도 1회에서 2회로 늘려보세요.
- ☐ 이유식 초기에는 이유식을 먹인 후 곧바로 모유(분유) 수유를 해서 부족한 양을 채워주고, 이후 이유식의 양이 충분히 늘면 수유량을 늘리거나 수유와 이유식을 따로 진행하세요.
- ☐ 첫 이유식 재료는 알레르기 위험이 낮고 소화가 잘 되며, 맛과 향이 자극적이지 않은 '쌀'이 가장 좋아요.
- ☐ 3~7일 간격으로 재료를 한 가지 첨가하면서 이상 반응이 있는지 살펴보세요.
- ☐ 이유식을 섭취한 후 1~2시간 안에 3~4회 이상 피부 발진, 가려움증, 설사, 구토, 호흡 곤란, 고열, 목과 혀 등 입안이 붓는 증상이 나타나면 이유식을 중단하고 전문의에게 문의하세요.

쌀미음

밥이나 죽은 해 봤지만 '미음'은 처음이라 쌀과 물의 양을 조절하는 게 쉽지 않더라고요. 만드는 양이 워낙 적어서 물이 조금만 적거나 많아도 표시가 나요. 미음을 끓일 때는 꼭 전자저울을 사용해서 양을 정확히 맞췄어요.
용희의 첫 미음은 쌀미음. 불린 쌀과 물의 양을 1:10으로 잡고 묽게 만들어 주었어요. 젖이나 분유만 먹던 아기에게 갑자기 되직한 미음을 먹이면 변비가 생길 수 있대요. 그래서 처음에는 묽게, 그다음은 1:8, 그다음은 1:6으로 조금씩 되직하게 만들었어요.

재료 준비

※ 초기 이유식 재료는 2~3회 분량입니다.

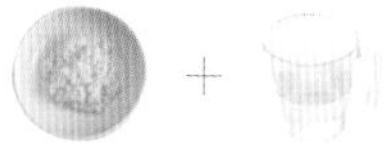

불린 쌀 40g 물 400ml

1

깨끗이 씻은 쌀을 물에 담가 30분간 불려 주세요.

2

불린 쌀과 물 ⅓을 넣고 믹서에 곱게 갈아 주세요.

3

곱게 간 쌀을 냄비에 쏟으세요.

4

나머지 물을 믹서에 부어 남은 쌀가루를 헹군 다음 냄비에 따르세요.

5

센 불에서 저어 가며 끓이다가 끓기 시작하면 약한 불로 줄이세요.

6

찰기가 생기면서 미음이 투명해지면 불을 끄세요.

7

알맞게 식으면 체에 거르세요.

8

한 끼 먹을 분량만큼 나눠 담고 바로 냉장보관하세요.

TIP

요즘은 불린 쌀 대신 쌀가루와 흰 밥으로 이유식을 간편하게 만들기도 해요. 동일한 칼로리로 10배 미음을 할 때 쌀 형태별 비율은 **쌀가루 : 불린 쌀 : 흰밥 = 0.5 : 1 : 2**입니다. 불린 쌀 10g 기준으로 아래 공식을 참조해주세요.

쌀가루 5g	=	불린 쌀 10g	=	흰밥 20g
물 100㎖ (쌀가루 분량의 20배)		물 100㎖ (불린 쌀 분량의 10배)		물 100㎖ (흰밥 분량의 5배)

하지만 쌀과 함께 들어가는 다른 재료에도 수분이 있고 또 졸이면서 끓이기 때문에 쌀과 물의 양 비율은 너무 신경 쓰지 않아도 돼요. 초기 이유식은 섭취 양 보다는 묽은 스프 질감의 조리 형태로 만들고, 아기가 서서히 젖병을 떼고 '먹는 연습'을 하는 것이 중요한 기간이라는 점을 꼭 기억해주세요!

Potato

감자미음

소화가 잘되는 감자미음을 초기 이유식으로 선택해 보았어요. 비타민 C는 열에 약해서 조리할 때 쉽게 파괴되는데, 감자에 있는 비타민 C는 열에 쉽게 파괴되지 않기 때문에 조리해서 먹어도 좋아요. 또 성장에 필요한 필수아미노산인 '라이신'이 고기류와 맞먹을 정도로 많이 들어 있대요. 또한 변비를 해결하는 효과가 있으며, 몸이 따뜻해지는 효능이 있어 아기가 추위를 덜 타도록 도와준다고 해요.

재료 준비

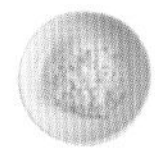

불린 쌀 30g 감자 10g 물 400ml

1
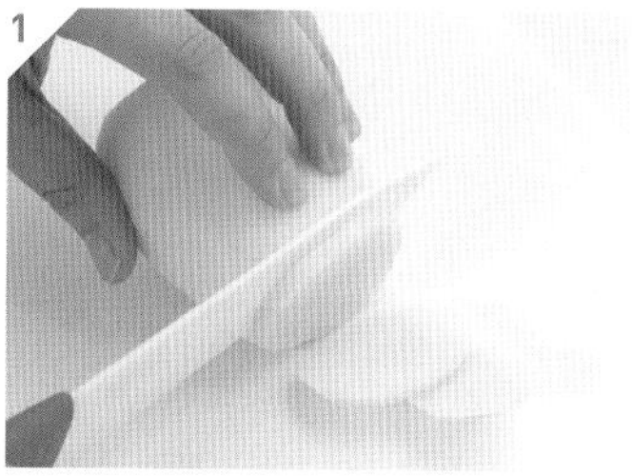
감자는 껍질을 벗기고 납작하게 썰어 주세요.

2

감자를 냄비에 넣고 찐 다음 한김 식혀 주세요.

3
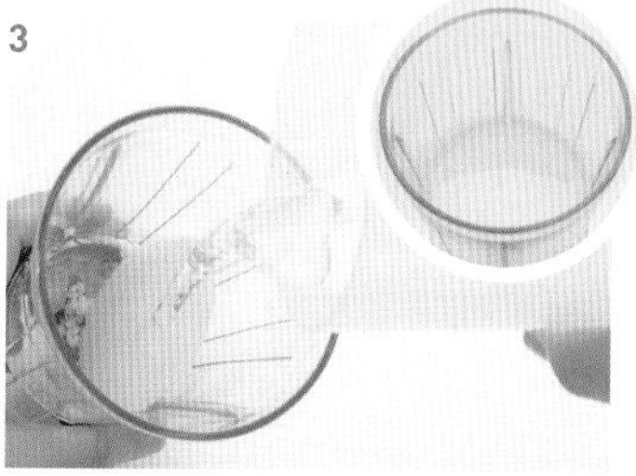
불린 쌀과 찐 감자, 물 ⅓을 믹서에 넣고 갈아 주세요.

4

밑바닥이 두꺼운 냄비에 ③을 쏟은 뒤 나머지 물을 믹서에 부어 헹군 다음 냄비에 따르세요.

5

센 불에서 저어 가며 끓이다가 끓기 시작하면 약한 불로 줄이세요.

6

찰기가 생기고 미음이 투명해지면 불을 끄세요.

7

알맞게 식으면 체에 거르세요.

8

한 끼 먹을 분량만큼 나눠 담고 바로 냉장보관하세요.

TIP

감자는 순하고 영양이 많은 채소지만 감자 싹에는 '솔라닌(Solanine)'이라는 독성 물질이 들어 있어서 식중독을 일으키기 쉬워요. 감자를 손질할 때는 싹이 났는지 골고루 살펴보고, 싹이 있을 때는 칼끝으로 도려내어 완전히 제거해야 해요.

Sweet Potato

고구마미음

고구마는 초기 이유식에 부담 없이 사용할 수 있는 재료이며, 변비와 알레르기가 심한 아기에게 좋다고 해요. 고구마에 들어 있는 많은 영양소 중에 비타민 A는 아기의 눈과 피부를 건강하게 만들어 준대요. 고구마의 달달하고 고소한 맛 때문인지 대부분의 아기들이 잘 먹어요. 사실 고구마는 깨끗이 씻어서 껍질째 다 먹는 게 좋지만, 껍질은 소화가 잘되지 않아서 아기 이유식을 만들 때는 껍질을 벗기고 만들었답니다.

재료 준비

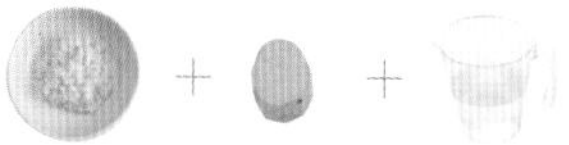

불린 쌀 30g 고구마 10g 물 400ml

1

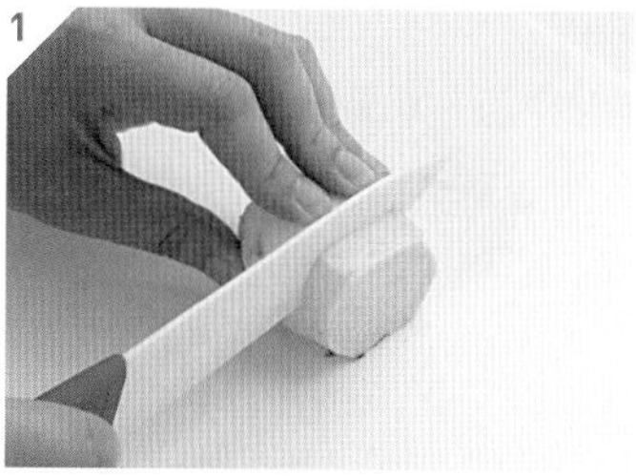

고구마는 껍질을 벗겨 납작하게 썰어 주세요.

2

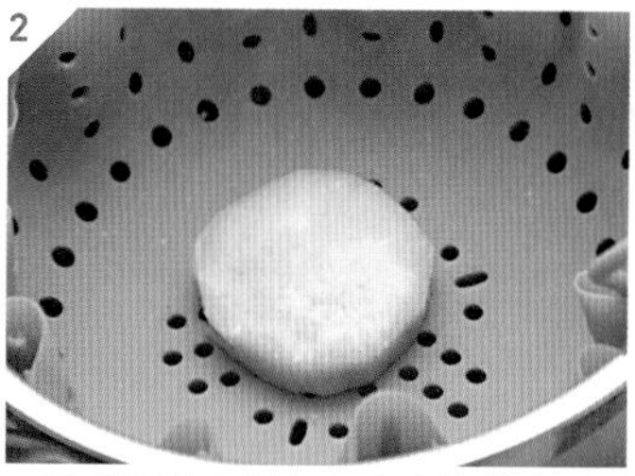

고구마를 냄비에 넣고 찐 다음 한김 식히세요.

3

불린 쌀과 찐 고구마, 물 ⅓을 믹서에 넣고 갈아 주세요.

4

밑바닥이 두꺼운 냄비에 ③을 쏟은 뒤 나머지 물을 믹서에 부어 헹군 다음 냄비에 따르세요.

5

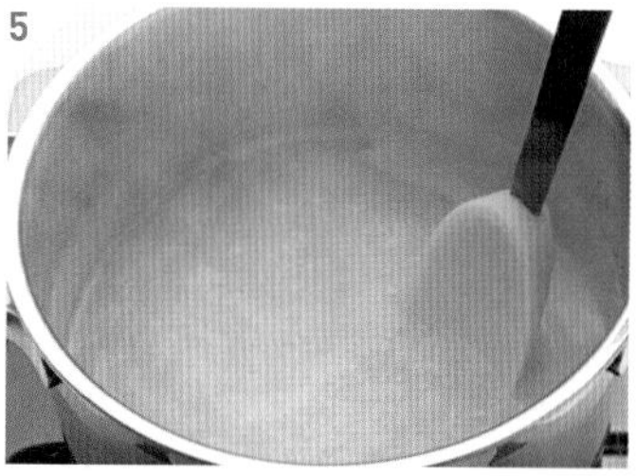

센 불에서 저어 가며 끓이다가 끓기 시작하면 약한 불로 줄이세요.

6

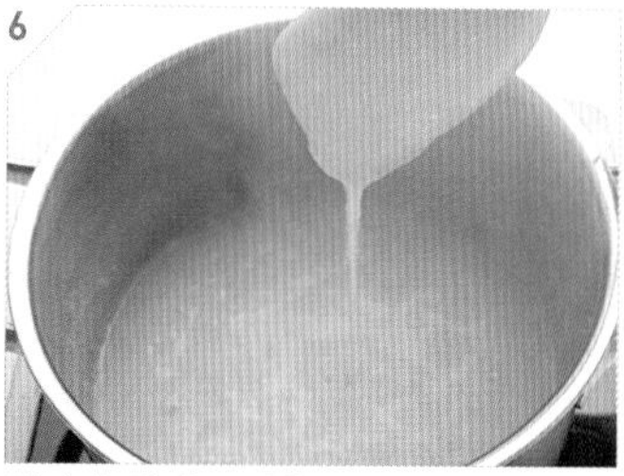

찰기가 생기고 미음이 투명해지면 불을 끄세요.

7

알맞게 식으면 체에 거르세요.

8

한 끼 먹을 분량만큼 나눠 담고 바로 냉장보관하세요.

Sweet Pumpkin

단호박미음

단호박은 위장을 튼튼하게 하고 몸을 따뜻하게 해 주기 때문에 초기 이유식에서 빼놓을 수 없는 대표 채소예요. 아기에게 필요한 영양이 골고루 들어 있어서 좋고, 소화력이 약한 아기들이 쉽게 소화·흡수할 수 있어서 좋고, 더군다나 면역력을 높여 주는 대표 식품이라고 하니 꼭 한번 만들어 보세요. 달달한 맛이 입에 잘 맞는지 용희에게도 인기 최고였답니다.

재료 준비

불린 쌀 30g 단호박 10g 물 400ml

1

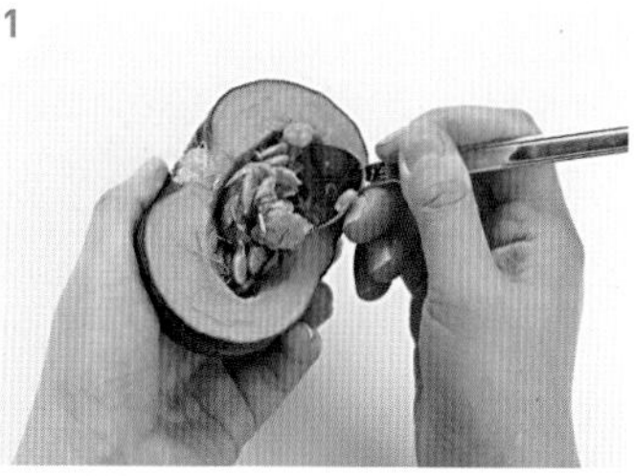

단호박을 반으로 잘라 숟가락으로 씨를 긁어내고 껍질을 벗기세요.

2

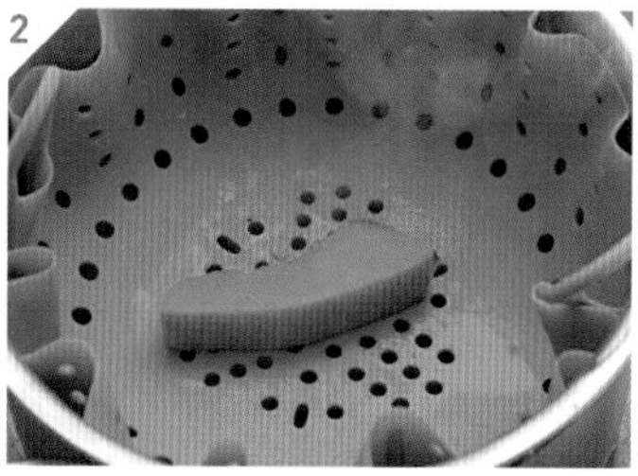

단호박을 냄비에 찐 다음 한김 식히세요.

3

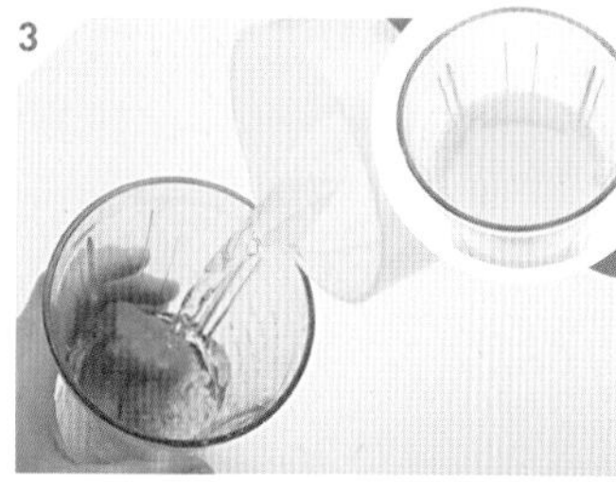

불린 쌀과 찐 단호박, 물 $\frac{1}{3}$을 믹서에 넣고 갈아 주세요.

4

밑바닥이 두꺼운 냄비에 ③을 쏟은 뒤 나머지 물을 믹서에 부어 헹군 다음 냄비에 따르세요.

5

센 불에서 저어 가며 끓이다가 끓기 시작하면 약한 불로 줄이세요.

6

찰기가 생기고 미음이 투명해지면 불을 끄세요.

7

알맞게 식으면 체에 거르세요.

8

한 끼 먹을 분량만큼 나눠 담고 바로 냉장보관하세요.

TIP

단호박을 전자레인지에 2~3분 돌리면 반으로 자르거나 껍질 벗기기가 한결 수월해져요. 단호박 자체가 여간 단단한 게 아니라 손질하기 힘들고 손질 과정도 복잡하지만, 마음먹고 한 통 손질해서 냉동실에 넣어 두면 한동안 손질 걱정은 안 해도 됩니다(단호박 손질하는 법 p.37 참조).

Young Pumpkin

애호박미음

영양소가 풍부한 애호박은 부드럽고 소화·흡수가 잘되기 때문에 아기나 노약자들이 먹기에 부담이 없는 채소예요. 특히 애호박에 들어 있는 레시틴은 면역력을 높이는 데 도움을 주고, 엽산은 두뇌 발달에 좋다고 해요. 애호박의 향이 부드러워서 아기들도 부담 없이 잘 먹을 수 있는 이유식이에요.

재료 준비

불린 쌀 30g　애호박 10g　물 400ml

1

애호박 껍질을 돌려깎기로 깎고 씨를 빼 주세요.

2

손질한 애호박을 냄비에 찐 다음 한김 식히세요.

3

불린 쌀과 찐 애호박, 물 ⅓을 믹서에 넣고 갈아 주세요.

4

밑바닥이 두꺼운 냄비에 ③을 쏟은 뒤 나머지 물을 믹서에 부어 헹군 다음 냄비에 따르세요.

5

센 불에서 저어 가며 끓이다가 끓기 시작하면 약한 불로 줄이세요.

6

찰기가 생기고 미음이 투명해지면 불을 끄세요.

7

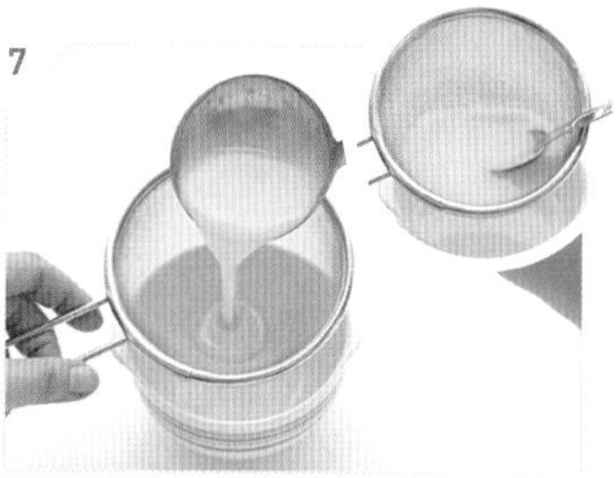

알맞게 식으면 체에 거르세요.

8

한 끼 먹을 분량만큼 나눠 담고 바로 냉장보관하세요.

TIP

애호박 껍질은 섬유질이 많아서 소화가 잘 안 되고, 씨에는 알레르기를 일으킬 수 있는 성분이 있대요. 그러니까 이유식 초기에는 껍질과 씨를 제거하고 사용하세요. 씨는 과도 같은 작은 칼로 도려내거나 쿠키 틀로 찍어서 빼내면 편해요.

W
Happy Meal
TUVWXYZA

Cucumber

오이미음

제철과 상관없이 쉽게 구할 수 있는 오이는 무기질과 비타민C가 풍부해요. 알레르기가 우려되는 껍질과 씨는 완전히 제거한 다음 뜨거운 물에 살짝 데쳐서 사용했어요. 초기 이유식에서 알레르기 사항을 확실하게 점검해야 하니 통과 의례라고 생각했지요. 오이의 양이 많지 않아서 그런지 맛과 향이 강하지 않고 먹였을 때 다행히 알레르기 반응도 없었어요.

재료 준비

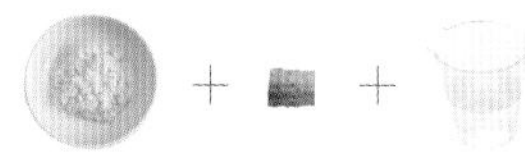

불린 쌀 40g　오이 10g　물 400ml

1

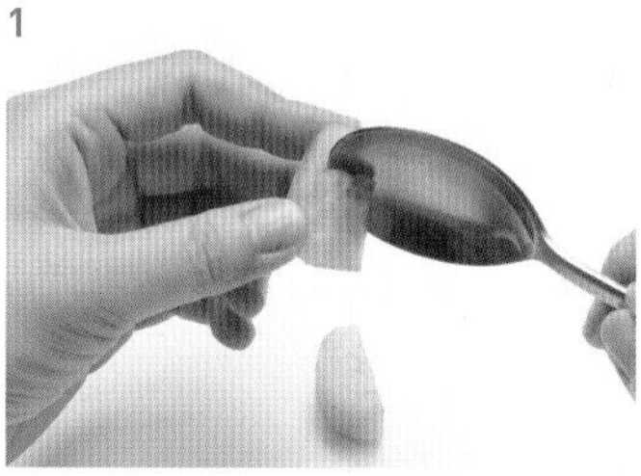

오이는 껍질을 벗기고 씨를 빼세요.

2

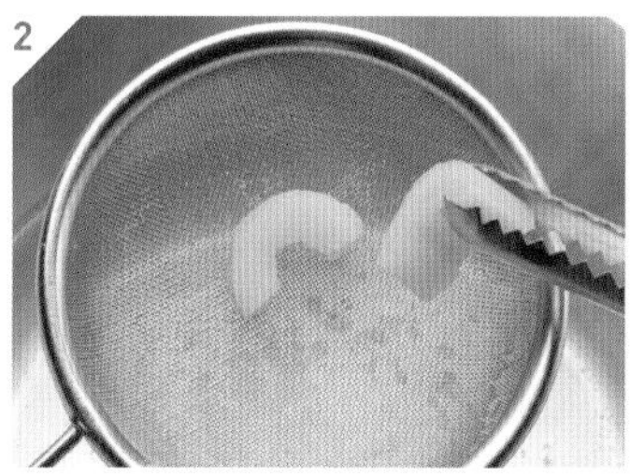

손질한 오이를 끓는 물에 살짝 데치고 체에 받쳐서 물기를 빼세요.

3

불린 쌀, 데친 오이, 물 ⅓을 믹서에 넣고 갈아 주세요.

4

밑바닥이 두꺼운 냄비에 ③을 쏟은 뒤 나머지 물을 믹서에 부어 헹군 다음 냄비에 따르세요.

5

센 불에서 저어 가며 끓이다가 끓기 시작하면 약한 불로 줄이세요.

6

찰기가 생기고 미음이 투명해지면 불을 끄세요.

7

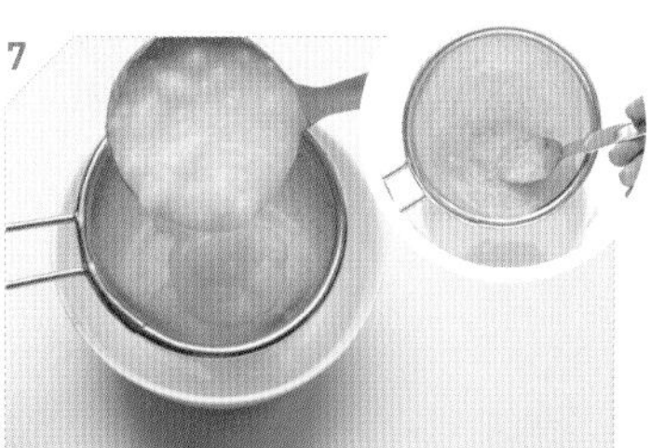

알맞게 식으면 체에 거르세요.

8

한 끼 먹을 분량만큼 나눠 담고 바로 냉장보관하세요.

Broccoli

브로콜리미음

브로콜리에는 비타민 C가 레몬보다 두 배나 많고 각종 비타민과 칼슘, 칼륨, 인, 철분이 풍부하며 두뇌 발달에 좋은 엽산도 많이 들어 있답니다. 생후 6개월부터는 철분이 부족하기 쉬우므로 브로콜리는 초기 이유식에 아주 좋은 재료예요. 브로콜리 줄기는 섬유소가 많아서 아기가 소화하기 힘드니까 줄기는 잘라 버리고 꽃송이만 사용하세요. 만약 브로콜리 향 때문에 아기가 잘 안 먹는다면 브로콜리 양을 조금 더 줄여도 괜찮아요.

재료 준비

불린 쌀 40g　브로콜리 10g　물 400ml

1

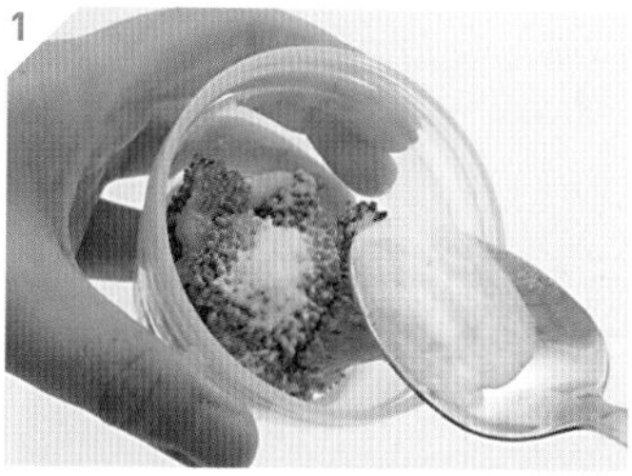

꽃송이만 자른 브로콜리를 뚜껑이 있는 통에 넣고 베이킹소다(또는 식초) 2스푼을 뿌려 주세요.

2

브로콜리가 잠기도록 물을 부은 다음 뚜껑을 닫고 살살 흔드세요.

3

브로콜리를 꺼내서 흐르는 물에 깨끗이 헹구세요.

4

손질한 브로콜리를 살짝 데치고 체에 밭쳐서 물기를 빼세요.

5

불린 쌀과 브로콜리, 물 $\frac{1}{3}$을 믹서에 넣고 갈아 주세요.

6

밑바닥이 두꺼운 냄비에 ⑤를 쏟은 뒤 나머지 물을 믹서에 부어 헹군 다음 냄비에 따르세요.

7

센 불에서 저어 가며 끓이다가 끓기 시작하면 약한 불로 줄이세요.

8

찰기가 생기고 미음이 투명해지면 불을 끄세요.

9

알맞게 식으면 체에 거르세요.

10

한 끼 먹을 분량만큼 나눠 담고 바로 냉장보관하세요.

Cauliflower

콜리플라워미음

이름도, 모양도 비슷한 브로콜리와 콜리플라워. 하지만 콜리플라워는 색이 우윳빛이고, 삶았을 때 브로콜리보다 부드러워요. 흔히 '비타민의 보고'로 알려져 있는데, 특히 비타민 C가 많아서 콜리플라워 100g만 먹으면 하루 권장량으로 충분하다고 해요. 풍부한 비타민 덕분에 감기 예방 효과가 있고 바이러스에 대한 저항력도 높아지지요. 또 식이섬유가 풍부하여 변비가 있는 아이의 배변 활동을 도와줘요. 이유식을 시작할 즈음, 입이 짧아 잘 안 먹는 아기 중에 철분 부족 증상이 보이는 경우가 있는데 콜리플라워에는 철분이 많이 들어 있어서 빈혈 예방에 도움이 된다고 해요.

재료 준비

불린 쌀 40g 콜리플라워 10g 물 400ml

1

꽃송이만 자른 콜리플라워를 뚜껑이 있는 통에 넣고 베이킹소다(또는 식초) 2스푼을 뿌려 주세요.

2

콜리플라워가 잠기도록 물을 부은 다음 뚜껑을 닫고 30초 정도 살살 흔드세요.

3

콜리플라워를 꺼내서 흐르는 물에 깨끗이 헹구세요.

4

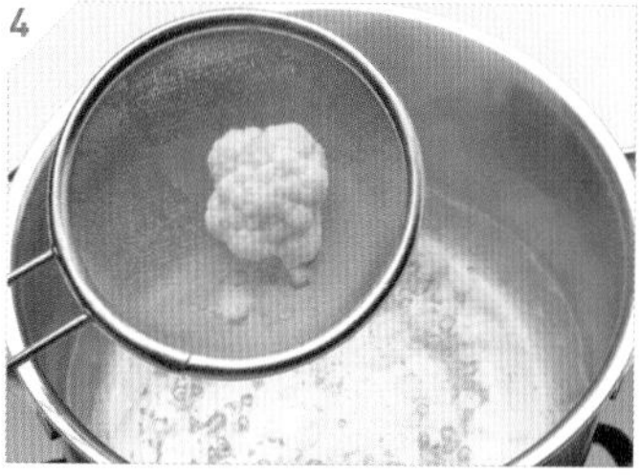

손질한 콜리플라워를 끓는 물에 살짝 데치고 체에 밭쳐서 물기를 빼세요.

5

불린 쌀과 데친 콜리플라워, 물 ⅓을 믹서에 넣고 갈아 주세요.

6

밑바닥이 두꺼운 냄비에 ⑤를 쏟은 뒤 나머지 물을 믹서에 부어 헹군 다음 냄비에 따르세요.

7

센 불에서 저어 가며 끓이다가 끓기 시작하면 약한 불로 줄이세요.

8

찰기가 생기고 미음이 투명해지면 불을 끄세요.

9

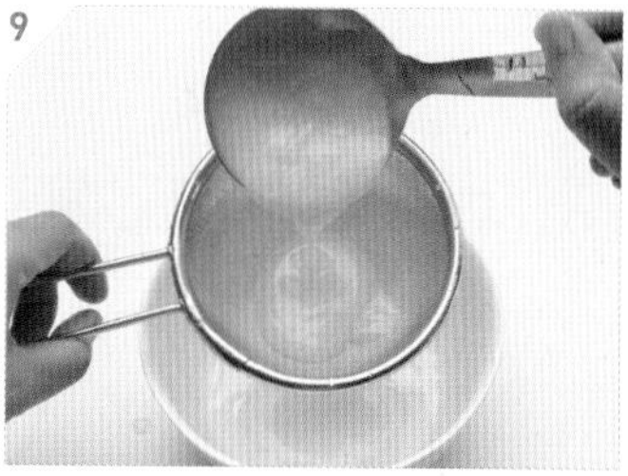

알맞게 식으면 체에 거르세요.

10

한 끼 먹을 분량만큼 나눠 담고 바로 냉장 보관하세요.

TIP

콜리플라워는 생으로 먹으면 떫은맛이 많이 나는데 물에 데치면 떫은맛도 줄어들고 독특한 향도 날아간답니다.

Cabbage

양배추미음

양배추는 3대 장수 식품으로 손꼽힐 만큼 영양이 풍부하고 몸에 이로운 성분이 많이 들어 있어요. 비타민 B, C는 물론 비타민 U와 필수아미노산인 라이신이 풍부해서 양배추를 꾸준히 먹으면 면역력이 높아지고 위장 기능이 튼튼해진대요. 또 이유식 초기에는 아기에게 변비가 생기기 쉬운데, 양배추에는 섬유질이 많아서 변비 예방 효과가 있답니다. 사시사철 언제든 손쉽게 구할 수 있는 데다 값도 저렴하고 각종 영양도 많은 양배추로 위와 장이 튼튼해지는 양배추미음을 만들어 보았어요.

재료 준비

불린 쌀 40g 양배추 잎 10g 물 400ml

1

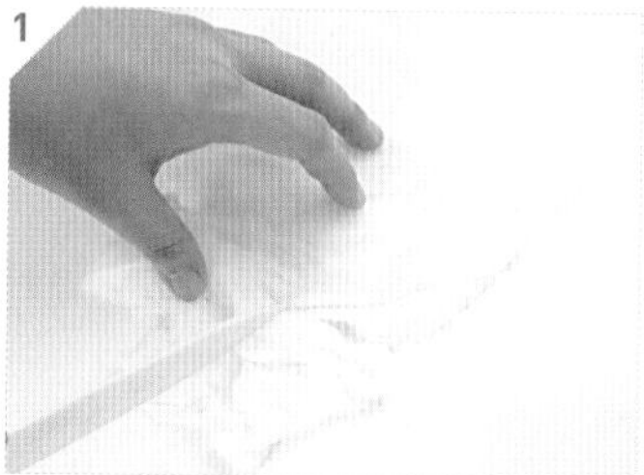

양배추의 잎 부분만 잘라 주세요.

2

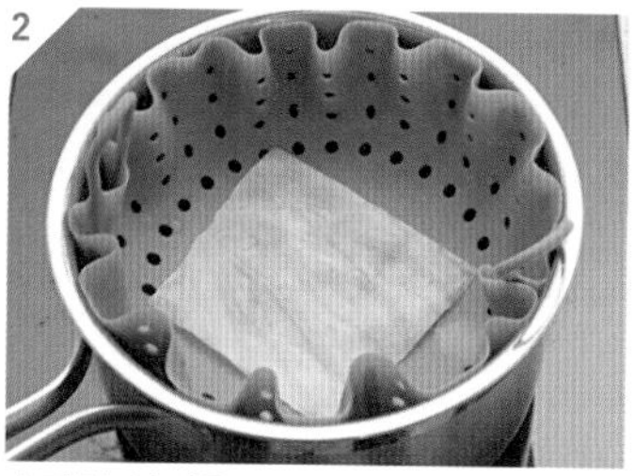

손질한 양배추 잎을 냄비에 넣고 찐 다음 한김 식히세요.

3

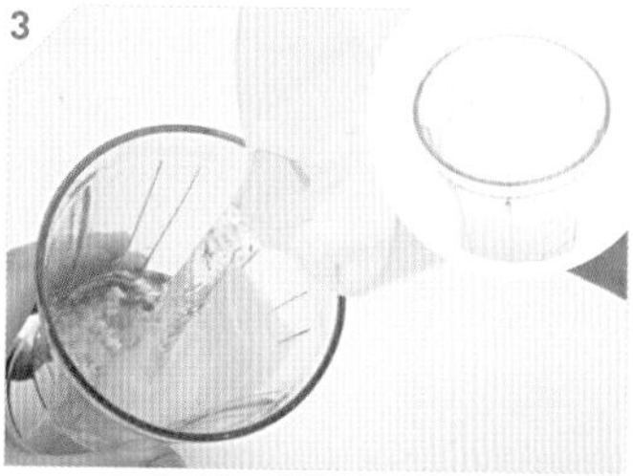

불린 쌀과 찐 양배추, 물 ⅓을 믹서에 넣고 갈아 주세요.

4

밑바닥이 두꺼운 냄비에 ③을 쏟은 뒤 나머지 물을 믹서에 부어 헹군 다음 냄비에 따르세요.

5

센 불에서 저어 가며 끓이다가 끓기 시작하면 약한 불로 줄이세요.

6

찰기가 생기고 미음이 투명해지면 불을 끄세요.

7

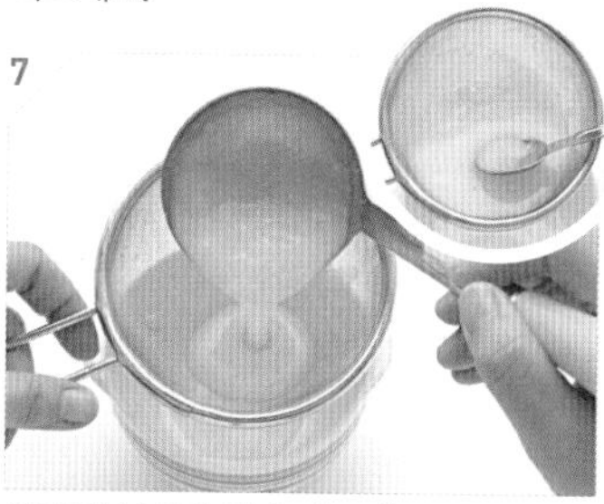

알맞게 식으면 체에 거르세요.

8

한 끼 먹을 분량만큼 나눠 담고 바로 냉장보관하세요.

TIP

양배추 줄기는 섬유소가 많아서 질기기 때문에 이유식은 잎 부분만 잘라서 만들었어요. 양배추는 날것으로 사용하지 않고 반드시 한 번 찐 다음에 사용해야 좋지 않은 향이 날아가고 맛도 더 순해져요. 실온에 보관하면 양배추의 영양이 많이 파괴되니까 반드시 냉장보관해야 합니다(양배추 보관하는 법 p.48 참조).

Bokchoy

청경채미음

청경채는 칼슘이 풍부해서 이와 뼈 발육에 도움이 되며 칼륨, 비타민 A, 비타민 C도 많이 들어 있어요. 또한 면역력을 높여 주고 위장 기능 강화, 변비 치료에도 효과가 좋다고 해요. 우리는 대개 쌈채소로 먹지만 원산지인 중국에서는 볶음이나 무침, 소스 등에 다양하게 활용하는 약방의 감초 같은 채소랍니다.
이유식은 아기에게 다양한 맛을 알려 주는 게 중요한데, 청경채는 향이 강해 아기가 거부감을 가질 수 있으니 초기에는 잎사귀 부분으로 조금만 사용하는 게 좋아요.

재료 준비

불린 쌀 40g　청경채 잎 10g　물 400ml

1 청경채를 한 장 한 장 떼어 씻은 뒤 잎사귀 부분만 V자로 자르세요.

2 손질한 청경채를 끓는 물에 살짝 데치세요.

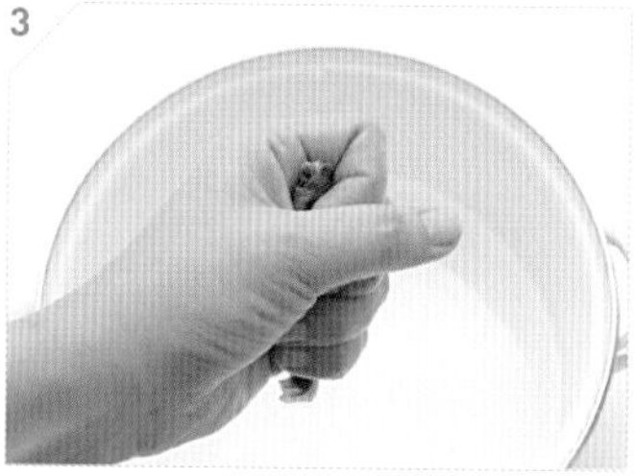

3 데친 청경채를 찬물에 헹궈서 물기를 꼭 짜세요.

4 불린 쌀과 데친 청경채, 물 ⅓을 믹서에 넣고 갈아 주세요.

5 밑바닥이 두꺼운 냄비에 ④를 쏟은 뒤 나머지 물을 믹서에 부어 헹군 다음 냄비에 따르세요.

6 센 불에서 저어 가며 끓이다가 끓기 시작하면 약한 불로 줄이세요.

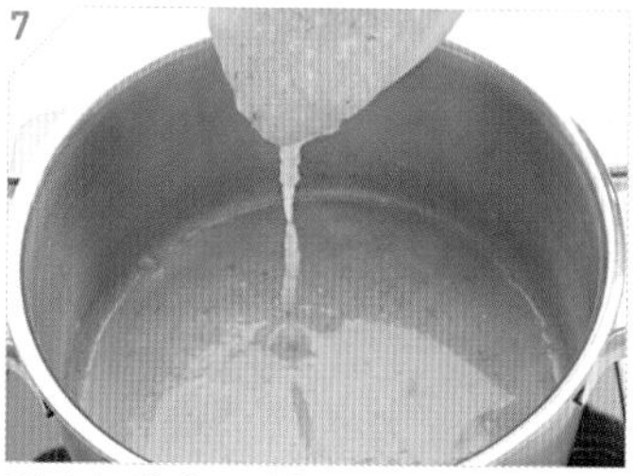

7 찰기가 생기고 미음이 투명해지면 불을 끄세요.

8 알맞게 식으면 체에 거르세요.

9 한 끼 먹을 분량만큼 나눠 담고 바로 냉장보관하세요.

TIP

청경채의 향이 강해서 아기가 안 먹으려 할 경우 달콤한 맛이 나는 단호박, 고구마 등을 섞어 주면 잘 먹어요.

STEP TWO

초기 이유식 2단계(8배 미음/생후 만 5~6개월)를 소개합니다

재료는 이렇게 준비했어요!

용희는 이렇게 먹었어요!

SUN	MON	TUE	WED	THU	FRI	SAT
				1 쇠고기미음	2	3
4 쇠고기·감자미음	5	6	7 쇠고기·단호박미음	8	9	10 쇠고기·오이미음
11	12	13 양배추·단호박미음	14	15	16 쇠고기·애호박미음	17
18	19 쇠고기·브로콜리미음	20	21	22 쇠고기·양배추미음	23	24
25 쇠고기·청경채미음	26	27	28 브로콜리·감자미음	29	30	

초기 이유식 2단계 이렇게 했어요!

한 달 정도 10배 미음을 먹은 용희는 금세 몸무게가 훌쩍 늘었어요. 처음에는 흘리는 게 반 먹는 게 반인 듯 싶었는데 갈수록 넙죽넙죽 잘 먹더라고요. 한 숟가락을 꿀떡 삼킨 뒤 바로 다음 숟가락이 안 들어오면 그새를 못 참아 떼쓰고……. 역시 아빠 엄마를 닮아 용희도 식성 하나는 둘째가라면 서러울 정도. 다른 아기들은 이유식을 안 먹으려고 해서 엄마 애간장을 태운다는데, 용희는 뭐든 잘 먹어 주니 고맙고 그저 예쁘더라고요.

초기 이유식 2단계, 즉 이유식을 시작한 지 두 달째부터는 8배 미음을 시작했어요. 초기 1단계보다 물의 양을 조금 줄이고 재료를 두 가지로 늘렸지요. 가장 큰 변화는 고기를 사용한 거예요. 아기는 엄마한테서 필요한 영양분을 받고 태어나지만 6개월 즈음부터는 엄마에게 받은 철분이 부족하여 빈혈에 걸리기 쉽대요. 알레르기 요소가 적고 철분을 보충하기에 가장 좋은 게 쇠고기라고 해서, 쇠고기미음을 시작으로 다양한 이유식에 쇠고기를 섞어 미음을 만들었어요. 예전에는 이유식 후기 때나 쇠고기를 썼다는데, 요즘은 초기 8배 미음부터 사용하는 게 좋다고 하더군요. 처음에는 기름기 없는 사태를 썼다가 퍽퍽하기에 조금 더 부드러운 안심으로 바꿔 주니 용희가 더 잘 먹더라고요. 초기 이유식 2단계도 오전 10시와 오후 6시, 하루에 2회를 기본으로 먹였어요.

+ POINT

초기 이유식 2단계

- **이유식 비율** 불린 쌀 : 물 = 1 : 8(8배 미음)
- **이유식 형태** 묽은 스프 정도의 질감
- **이유식 횟수** 1일 1~2회
- **이유식 섭취량** 1회 50~80g
- **총 수유량** 1일 600~1000㎖

초기 이유식(생후 만 5~6개월) 섭취 특징

- ☐ 생후 만 5~6개월 때 첫 이유식을 시작한다면 쌀미음을 먼저 시작 후 반드시 철분 공급을 위한 쇠고기나 닭고기가 들어간 이유식을 섭취해야 돼요.
- ☐ 고기 사용 시 소화 흡수가 잘 되도록 기름기 없는 부위를 사용하는 게 좋아요.
- ☐ 초기 이유식 후반에 질감을 점차적으로 되직하게 주면 다음 단계인 중기 이유식을 자연스럽게 받아들일 수 있어요.

쇠고기미음

Beef

쇠고기는 대표적인 단백질 식품이지요. 아기가 태어난 지 6개월 즈음이면 엄마 몸에서 받은 철분이 부족해지기 때문에 빈혈에 걸릴 수 있다고 해요. 붉은 살코기인 쇠고기에는 필수아미노산과 철분이 많이 들어 있어서 빈혈 예방에 도움이 되며 아기의 성장에도 꼭 필요하지요. 몸이 약하게 태어난 용희에게 언제쯤 고기를 먹일 수 있을까 벼르고 있었는데 드디어 고기를 먹이게 돼서 좋았어요. 용희도 기다렸다는 듯이 잘 먹어 줘서 참 고마웠답니다.

재료 준비

불린 쌀 45g + 쇠고기 안심 15g + 물 360ml

1

쇠고기는 찬물에 1시간 이상 담가 핏물을 빼고 푹 삶아 주세요.

2

삶은 쇠고기를 1cm 크기로 듬성듬성 썰어 주세요.

3

불린 쌀과 쇠고기, 물 ⅓을 믹서에 넣고 갈아 주세요.

4

밑바닥이 두꺼운 냄비에 ③을 쏟아 부은 뒤 나머지 물을 믹서에 부어 헹군 다음 냄비에 따르세요.

5

센 불에서 저어 가며 끓이다가 끓기 시작하면 약한 불로 줄이세요.

6

찰기가 생기고 미음이 투명해지면 불을 끄세요.

7

알맞게 식으면 체에 거르세요.

8

한 끼 먹을 분량만큼 나눠 담고 바로 냉장보관하세요.

TIP

쇠고기를 삶으면 수용성 영양소가 물에 우러나므로, 쇠고기 삶은 물은 버리지 말고 육수로 사용하세요.

Beef & Potato

쇠고기·감자미음

재료를 한 가지 더 추가해서, 그간 아무 탈 없이 아기가 잘 먹은 재료를 두 가지씩 넣거나 그간 먹은 재료에다 새로운 재료를 하나 섞었어요. 그래야 탈이 났을 때 어떤 재료가 원인인지 알 수 있으니까요. 먼저 다른 재료들과 무난하게 어울리는 감자를 쇠고기와 같이 넣고 미음을 끓였어요. 쇠고기는 단백질이 풍부하고 다른 영양소도 많이 들어 있지만 비타민과 섬유소는 상대적으로 적다고 해요. 반면 감자는 비타민과 섬유소가 많은 식품이지요. 이 둘을 이용해 이유식을 만들면 부족한 영양소를 보완해 주어 영양 균형이 잘 맞아요.

재료 준비

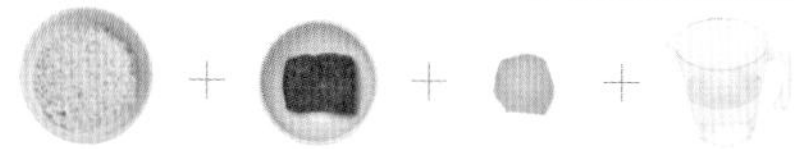

불린 쌀 45g 쇠고기 안심 15g 감자 10g 물 360ml

1

핏물을 뺀 쇠고기를 푹 삶아서 1cm 크기로 듬성듬성 썰어 주세요.

2

감자는 껍질을 벗기고 납작하게 썰어서 냄비에 넣고 찌세요.

3

불린 쌀과 쇠고기, 찐 감자, 물 ⅓을 믹서에 넣고 갈아 주세요.

4

밑바닥이 두꺼운 냄비에 ③을 쏟은 뒤 나머지 물을 믹서에 부어 헹군 다음 냄비에 따르세요.

5

센 불에서 저어 가며 끓이다가 끓기 시작하면 약한 불로 줄이세요.

6

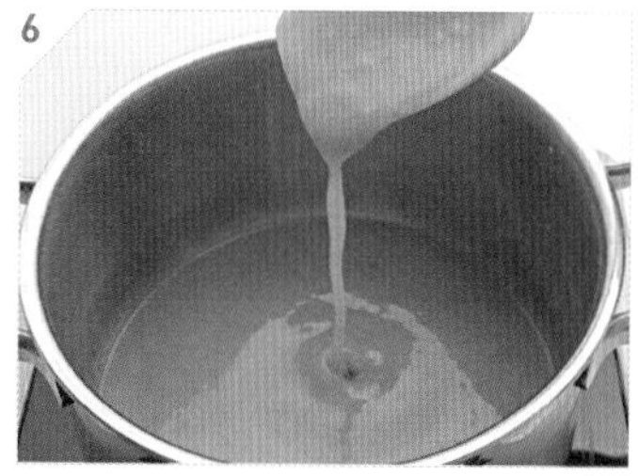

찰기가 생기고 미음이 투명해지면 불을 끄세요.

7

알맞게 식으면 체에 거르세요.

8

한 끼 먹을 분량만큼 나눠 담고 바로 냉장보관하세요.

Beef & Sweet Pumpkin

쇠고기·단호박미음

이유식으로 만드는 미음은 재료의 맛과 향을 그대로 전달하기 위해 다른 양념을 하지 않아요. 그래서 어른 입에는 맛없게 느껴지지만 아기는 그렇게 하나하나 재료 본연의 맛을 익혀 가지요. 간혹 단호박이나 고구마처럼 달달한 맛이 나는 재료를 넣기도 하는데, 어떻게 아는지 단맛이 나는 재료는 잘 받아먹더라고요.

재료 준비

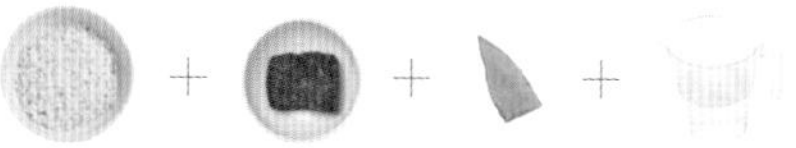

불린 쌀 45g + 쇠고기 안심 15g + 단호박 10g + 물 360ml

1 핏물을 뺀 쇠고기를 푹 삶아서 1cm 크기로 듬성듬성 썰어 주세요.

2 단호박은 반으로 잘라서 숟가락으로 씨를 긁어내고 껍질을 벗기세요.

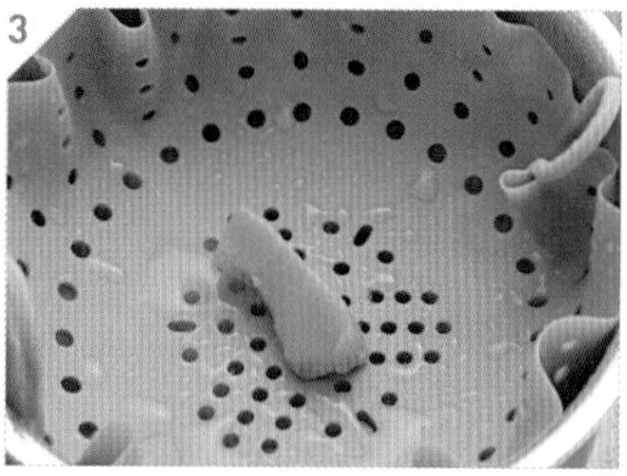

3 손질한 단호박을 냄비에 찐 다음 한김 식히세요.

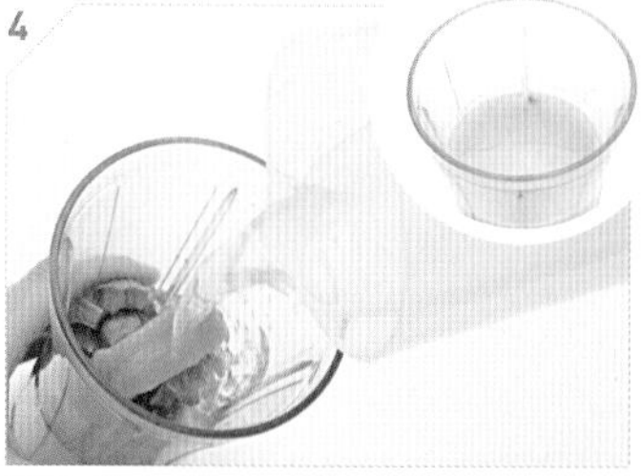

4 불린 쌀과 쇠고기, 찐 단호박, 물 ⅓을 믹서에 넣고 갈아 주세요.

5 밑바닥이 두꺼운 냄비에 ④를 쏟은 뒤 나머지 물을 믹서에 부어 헹군 다음 냄비에 따르세요.

6 센 불에서 저어 가며 끓이다가 끓기 시작하면 약한 불로 줄이세요.

7 찰기가 생기고 미음이 투명해지면 불을 끄세요.

8 알맞게 식으면 체에 거르세요.

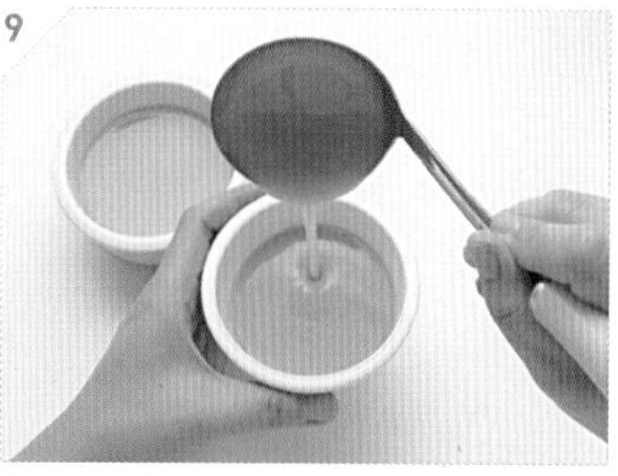

9 한 끼 먹을 분량만큼 나눠 담고 바로 냉장보관하세요.

Beef & Cucumber

쇠고기·오이미음

비타민 B와 C가 풍부하고 면역력을 높이는 효과가 있는 오이, 단백질과 철분이 듬뿍 들어 있는 쇠고기로 향긋하고 담백한 미음을 만들었어요. 이유식 초기에 오이미음, 쇠고기미음 모두 탈 없이 잘 먹어준 용희였기에 알레르기 걱정 없이 먹였어요. 색이 그다지 맛있어 보이지는 않지만 맛은 괜찮은지, 이번에도 용희는 입맛을 다셔 가며 단숨에 한 그릇 뚝딱 비웠어요.

재료 준비

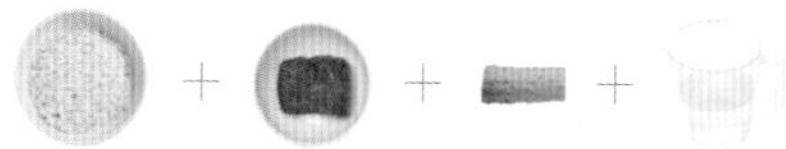

불린 쌀 45g 쇠고기 안심 15g 오이 20g 물 360ml

1

핏물을 뺀 쇠고기를 푹 삶아서 1cm 크기로 듬성듬성 썰어 주세요.

2

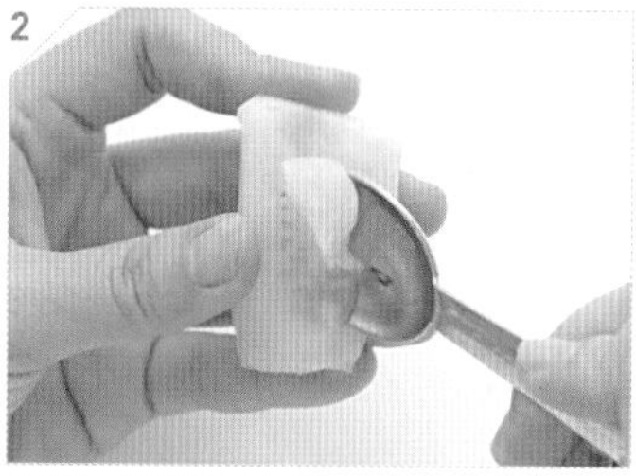

오이는 껍질을 벗기고 씨를 빼세요.

3

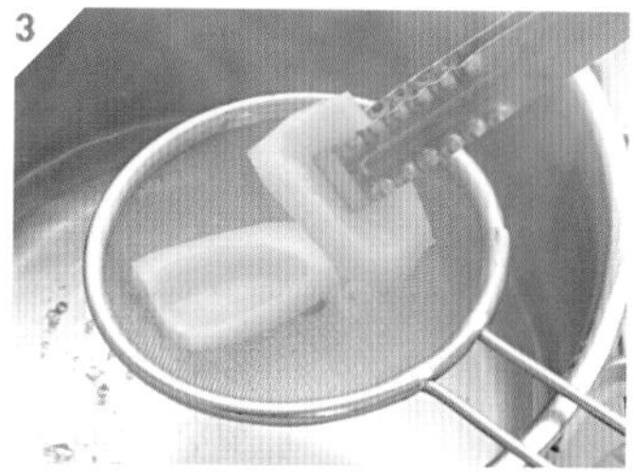

손질한 오이를 끓는 물에 데쳐서 물기를 빼세요.

4

불린 쌀, 삶은 쇠고기, 데친 오이, 물 ⅓을 믹서에 넣고 갈아 주세요.

5

밑바닥이 두꺼운 냄비에 ④를 쏟은 뒤 나머지 물을 믹서에 부어 헹군 다음 냄비에 따르세요.

6

센 불에서 저어 가며 끓이다가 끓기 시작하면 약한 불로 줄이세요.

7

찰기가 생기고 미음이 투명해지면 불을 끄세요.

8

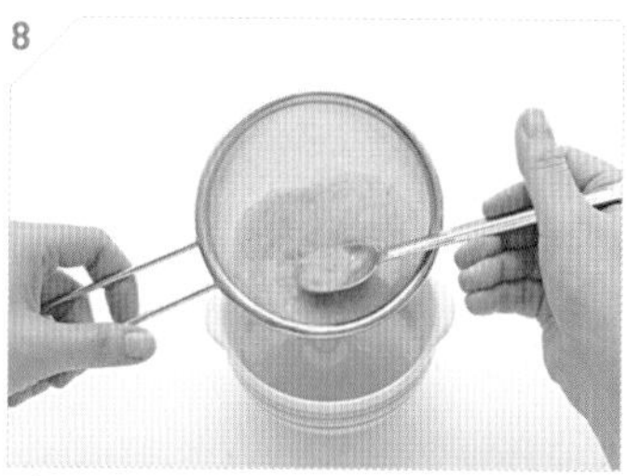

알맞게 식으면 체에 거르세요.

9

한 끼 먹을 분량만큼 나눠 담고 바로 냉장보관하세요.

Cabbage & Sweet Pumpkin

양배추·단호박미음

양배추도 단호박도 한 개를 사면 양이 많기 때문에 보관이 중요하더라고요. 특히 양배추는 양배추쌈으로 먹고 양배추즙으로 먹고 해도 줄어들지 않기에 손질하는 즉시 냉동실에 보관했어요. 단호박이 너무 달아서 용희가 다른 이유식을 안 먹으려고 하면 어떡하나 걱정했는데, 양배추를 갈아서 섞어 주었더니 단맛이 조절되었어요. 양배추와 단호박의 맛이 의외로 잘 어울렸어요.

재료 준비

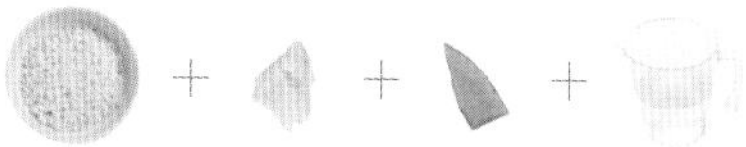

불린 쌀 45g　양배추 30g　단호박 10g　물 360ml

1

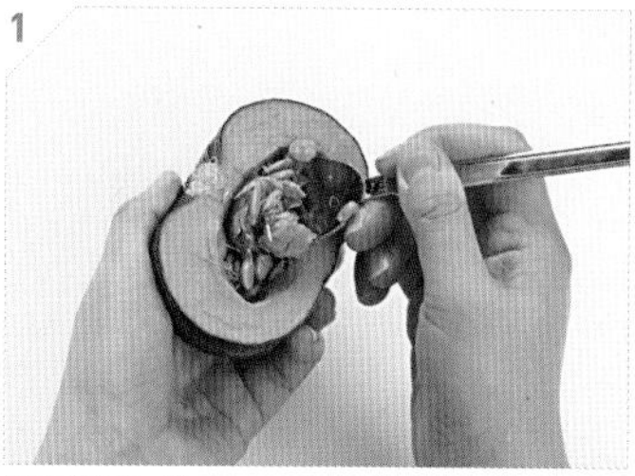

단호박은 반으로 잘라서 숟가락으로 씨를 긁어내고 껍질을 벗기세요.

2

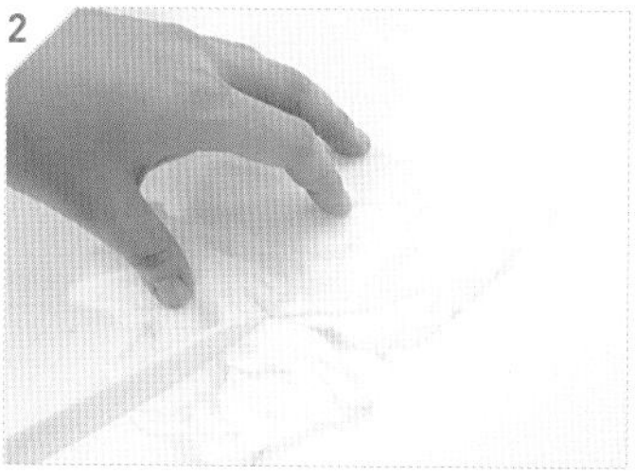

양배추는 잎 부분만 잘라 주세요.

3

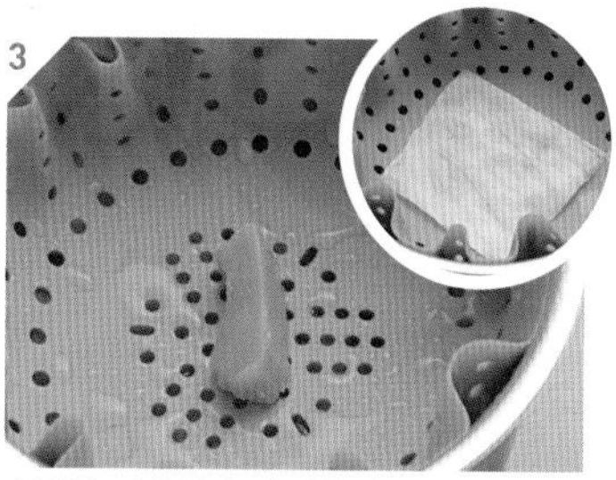

손질한 단호박과 양배추의 잎 부분만 쪄서 한김 식히세요.

4

불린 쌀, 찐 단호박과 양배추, 물 ⅓을 믹서에 넣고 갈아 주세요.

5

밑바닥이 두꺼운 냄비에 ④를 쏟은 뒤 나머지 물을 믹서에 부어 헹군 다음 냄비에 따르세요.

6

센 불에서 저어 가며 끓이다가 끓기 시작하면 약한 불로 줄이세요.

7

찰기가 생기고 미음이 투명해지면 불을 끄세요.

8

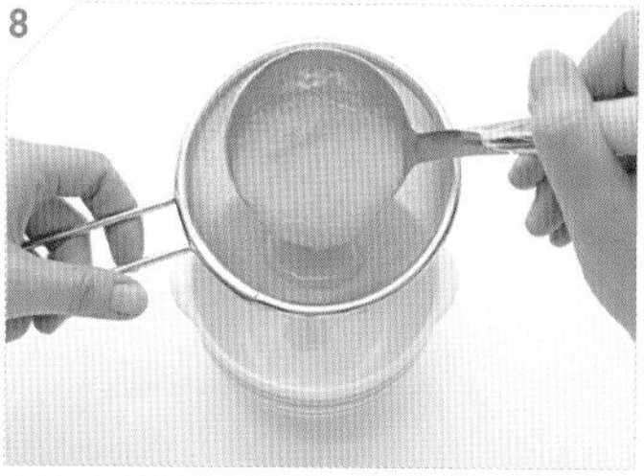

알맞게 식으면 체에 거르세요.

9

한 끼 먹을 분량만큼 나눠 담고 바로 냉장보관하세요.

Beef & Young Pumpkin

쇠고기·애호박미음

보통 생후 6개월부터 철분이 필요한 시기인데, 이때 철분이 부족해지면 성장에 문제가 생길 수 있으므로 쇠고기를 먹이기 시작했다면 거의 매일 먹이는 게 좋다고 해요. 쇠고기를 같이 넣어 주면 한 가지 채소만 먹일 때보다 아기가 더 잘 먹을 뿐만 아니라 영양도 풍부해진답니다.

재료 준비

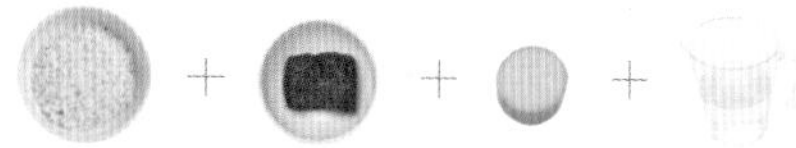

불린 쌀 45g + 쇠고기 안심 15g + 애호박 30g + 물 360ml

1

핏물을 뺀 쇠고기를 푹 삶아서 1cm 크기로 듬성듬성 썰어 주세요.

2

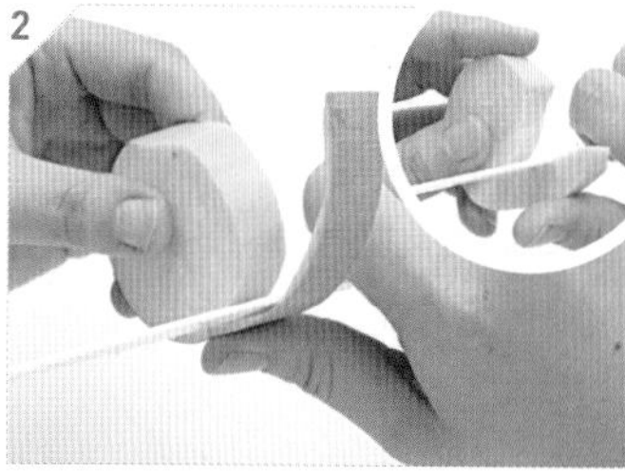

애호박은 껍질을 벗기고 씨를 빼세요.

3

손질한 애호박을 냄비에 찐 다음 한김 식히세요.

4

불린 쌀, 삶은 쇠고기, 찐 애호박, 물 ⅓을 믹서에 넣고 갈아 주세요.

5

밑바닥이 두꺼운 냄비에 ④를 쏟은 뒤 나머지 물을 믹서에 부어 헹군 다음 냄비에 따르세요.

6

센 불에서 저어 가며 끓이다가 끓기 시작하면 약한 불로 줄이세요.

7

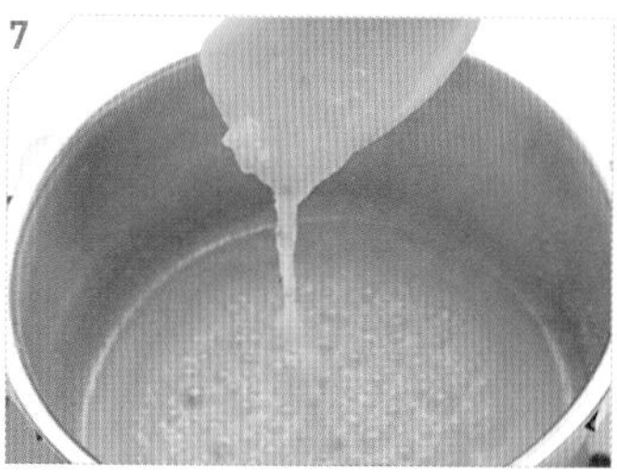

찰기가 생기고 미음이 투명해지면 불을 끄세요.

8

알맞게 식으면 체에 거르세요.

9

한 끼 먹을 분량만큼 나눠 담고 바로 냉장보관하세요.

Beef & Broccoli

쇠고기·브로콜리미음

처음에는 용희가 잘 먹은 재료 가운데 브로콜리와 쇠고기를 섞어 미음을 만들었어요. 각종 비타민과 무기질 덩어리인 브로콜리, 단백질과 철분 등이 풍부한 쇠고기는 최고의 음식 궁합을 자랑하지요.

재료 준비

불린 쌀 45g + 쇠고기 안심 15g + 브로콜리 20g + 물 360ml

1

핏물을 뺀 쇠고기를 푹 삶아서 1cm 크기로 듬성듬성 썰어 주세요.

2

브로콜리는 꽃송이만 따서 데친 다음 체에 밭쳐 물기를 빼세요.

3

불린 쌀, 삶은 쇠고기, 데친 브로콜리, 물 ⅓을 믹서에 넣고 갈아 주세요.

4

밑바닥이 두꺼운 냄비에 ③을 쏟은 뒤 나머지 물을 믹서에 부어 헹군 다음 냄비에 따르세요.

5

센 불에서 저어 가며 끓이다가 끓기 시작하면 약한 불로 줄이세요.

6

찰기가 생기고 미음이 투명해지면 불을 끄세요.

7

알맞게 식으면 체에 거르세요.

8

한 끼 먹을 분량만큼 나눠 담고 바로 냉장보관하세요.

TIP

브로콜리는 왁스 코팅이 돼 있기 때문에 베이킹소다로 깨끗이 닦는 게 좋아요(브로콜리 손질하는 법 p.42 참조).

Beef & Cabbage

쇠고기·양배추미음

아기의 위장은 소화력이 떨어지기 때문에 이유식을 만들 때 가장 먼저 생각하는 게 '소화가 잘될까?'였어요. 아무리 영양이 많은 재료라고 해도 소화가 어려우면 소용이 없잖아요. 그래서 아기가 잘 소화할 수 있도록 초기 이유식은 모든 재료를 믹서에 갈아 다시 한번 체에 거르는 등 알갱이를 없애려고 애썼지요. 양배추는 위장 기능이 튼튼해지는 채소로 알려져 있어요. 쇠고기와 양배추를 같이 넣고 이유식을 만들면 영양도 풍부하고 소화도 잘되지요.

재료 준비

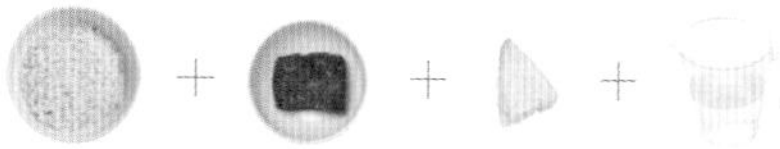

불린 쌀 45g + 쇠고기 안심 15g + 양배추 30g + 물 360ml

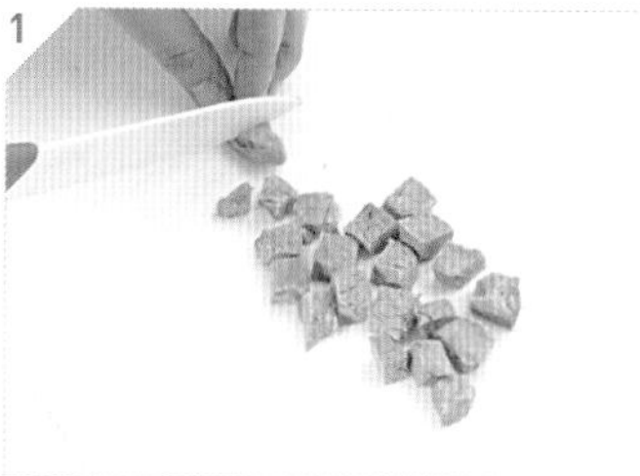

1 핏물을 뺀 쇠고기를 푹 삶아서 1cm 크기로 듬성듬성 썰어 주세요.

2 양배추는 잎 부분만 잘라서 끓는 물에 데치세요.

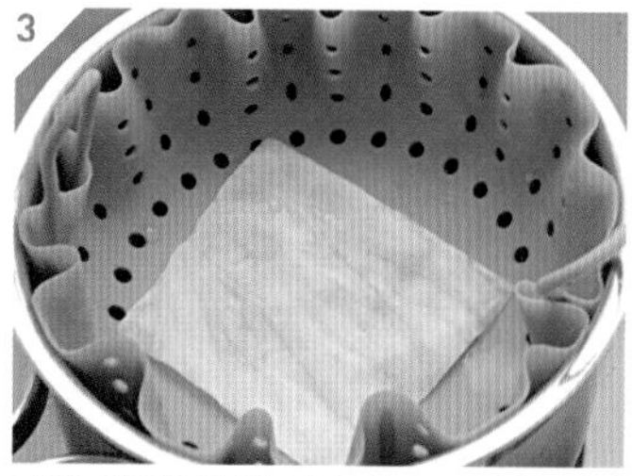

3 데친 양배추를 냄비에 넣고 찐 다음 한김 식히세요.

4 불린 쌀과 쇠고기, 찐 양배추, 물 ⅓을 믹서에 넣고 갈아 주세요.

5 밑바닥이 두꺼운 냄비에 ④를 쏟은 뒤 나머지 물을 믹서에 부어 헹군 다음 냄비에 따르세요.

6 센 불에서 저어 가며 끓이다가 끓기 시작하면 약한 불로 줄이세요.

7 찰기가 생기고 미음이 투명해지면 불을 끄세요.

8 알맞게 식으면 체에 거르세요.

9 한 끼 먹을 분량만큼 나눠 담고 바로 냉장보관하세요.

TIP

양배추를 찌면 강한 향이 날아가고 맛도 더 순해진대요. 또 실온에 보관하면 양배추의 영양이 많이 파괴되니까 반드시 냉장실에 보관해야 해요 (양배추 손질하는 법, 보관하는 법 p.48 참조).

Beef & Bokchoy

쇠고기·청경채미음

사실 아기는 맛과 향에 민감하기 때문에 어른들이 아무렇지 않게 먹는 재료도 자극으로 느낄 수 있어요. 이유식에 청경채를 넣었다가 아기가 먹지 않아 좌절한 분이 많더라고요. 하지만 포기하지 마세요. 쇠고기를 넣으면 청경채의 강한 향이 줄어들고 쇠고기의 고소한 맛이 더해져서 아기의 반응이 달라질 거예요. 어떻게 하면 아기가 맛있게 잘 먹을까? 그 방법을 연구하다 보면 다양한 이유식을 만들 수 있을 거예요.

재료 준비

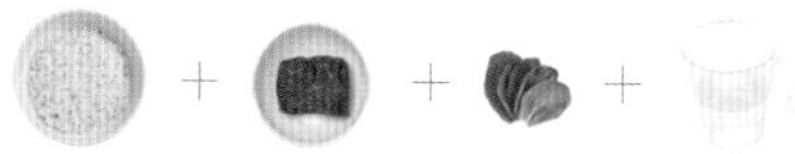

불린 쌀 45g 쇠고기 안심 15g 청경채 잎 30g 물 360ml

1 핏물을 뺀 쇠고기를 푹 삶아서 1cm 크기로 듬성듬성 썰어 주세요.

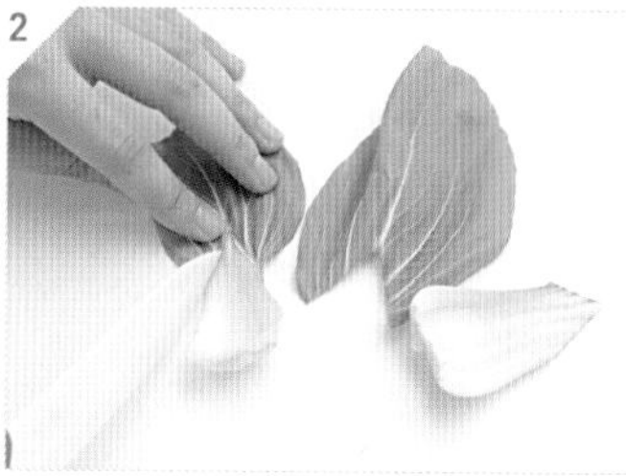

2 청경채는 한 장 한 장 떼어 씻은 뒤 잎사귀 부분만 자르세요.

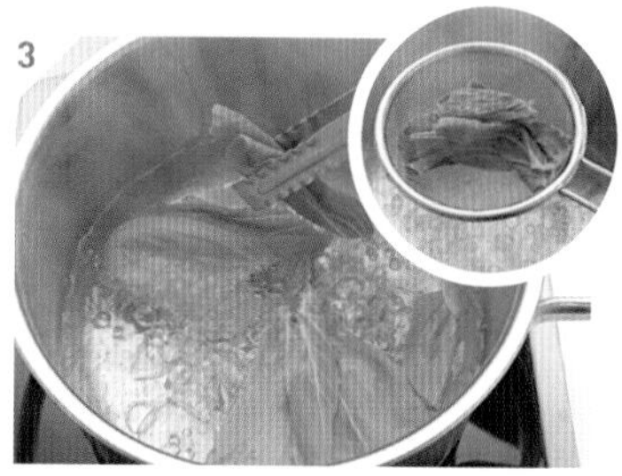

3 손질한 청경채를 끓는 물에 데치세요.

4 데친 청경채를 찬물에 헹궈서 물기를 꼭 짜세요.

5 불린 쌀과 쇠고기, 데친 청경채, 물 ⅓을 믹서에 넣고 갈아 주세요.

6 밑바닥이 두꺼운 냄비에 ⑤를 쏟은 뒤 나머지 물을 믹서에 부어 헹군 다음 냄비에 따르세요.

7 센 불에서 저어 가며 끓이다가 끓기 시작하면 약한 불로 줄이세요.

8 찰기가 생기고 미음이 투명해지면 불을 끄세요.

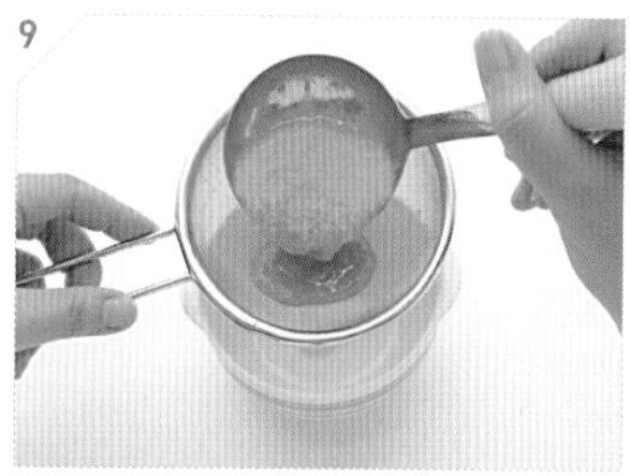

9 알맞게 식으면 체에 거르세요.

10 한 끼 먹을 분량만큼 나눠 담고 바로 냉장보관하세요.

Broccoli & Potato

브로콜리·감자미음

브로콜리와 감자는 비타민이 풍부하기 때문에 감기 기운이 있을 때 브로콜리·감자 미음을 만들어 먹이면 좋아요. 건강한 음식으로 면역력을 높여 주면 아기 스스로 병을 이기고 잔병치레도 적어요. 특히 감자는 소화가 잘되기 때문에 아파서 소화력이 떨어진 아기에게 부담 없이 먹일 수 있어요.

재료 준비

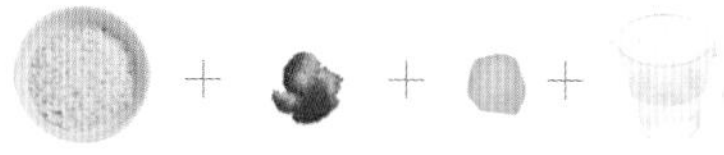

불린 쌀 45g 브로콜리 30g 감자 10g 물 360ml

1

브로콜리는 꽃송이만 따서 데친 다음 체에 밭쳐 물기를 빼세요.

2

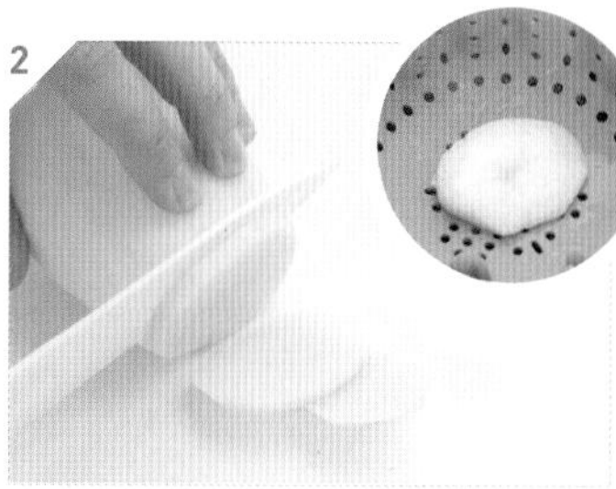

감자는 껍질을 벗기고 납작하게 썰어서 냄비에 넣고 찌세요.

3

불린 쌀, 데친 브로콜리와 찐 감자, 물 ⅓을 믹서에 넣고 갈아 주세요.

4

밑바닥이 두꺼운 냄비에 ③을 쏟은 뒤 나머지 물을 믹서에 부어 헹군 다음 냄비에 따르세요.

5

센 불에서 저어 가며 끓이다가 끓기 시작하면 약한 불로 줄이세요.

6

찰기가 생기고 미음이 투명해지면 불을 끄세요.

7

알맞게 식으면 체에 거르세요.

한 끼 먹을 분량만큼 나눠 담고 바로 냉장보관하세요.

ESSAY

병원

아기 땐 병원을 참 자주도 간다.

주사를 한 대 찌르면 "으앙!" 하면서, 아직 눈썹도 안 났는데 '여기가 눈썹 날 자리예요' 하며 그 자리만 빼놓고 나머지 얼굴이 새빨개지곤 한다. 그 모습이 어찌나 귀여운지 사진을 찍고 싶다고 했다가 간호사에게 주의를 들은 적도 있으니, 정말 철부지 엄마인 것 같다.

바로 앞 아기는 주사 맞고 나갈 때까지 울었는데 우리 애는 맞을 때 3초 잠깐 울고 그친 게 얼마나 기특하고 어른스러운지, 그걸 또 어머님께 전화해서 "어머님, 용희는 애앵 한 번 하더니 안겨서 자요." 하고 얼마나 자랑했는지 모른다.

한번은 이런 적도 있다.

4개월 되었을 때 주사를 맞으러 갔는데 대기 시간이 좀 길어졌다. 애가 발가락을 빨기에 하고 싶은 대로 놔두고 기다렸다. 그때 한 아기 엄마가 다가오더니 "어머, 몇 개월이에요?" 하고 물었다. 그러곤 "우리 애랑 똑같네. 근데 벌써 발가락을 빨아요? 대단하다!" 하면서 부러운 듯 지켜보는 것이다.

아아, 이런 것도 부러운 일이었나?

난 그날, 일하고 있는 남편한테 전화해서 "울 애가 발가락 빠는 것을 부럽다고 했다.", 어머님께 전화해서 "우리 애가 천재예요." 하며 또 얼마나 난리를 쳤던가.

엄마가 되면 다 똑같아지나 보다.

ESSAY

첫 기차

차가 밀릴까 봐 일찌감치 KTX 티켓을 끊었다.

용희와 함께 처음 맞는 추석 그리고 첫 기차 여행. 과연 우리는 시댁이 있는 대전까지 무사히 도착할 수 있을까?

추석 당일. 서울역에 도착하자마자 궁금해지는 것이 생겼다. 남편이 아기를 안고 아내가 짐을 드는 것이 좋을까? 아내가 아기를 안고 남편이 짐을 드는 것이 좋을까? 아기를 데리고 온 사람들을 둘러보기 시작했다. 이게 무게로 따져야 하는 건지 그림으로 따져야 하는 건지 아무리 봐도 도통 감을 잡을 수 없었는데, 결국 우리가 내린 결론은 아기가 좀 무겁긴 하지만 내가 애를 안고 남편이 선물과 짐을 드는 것이었다.

드디어 기차를 향해 걷기 시작했고 난 용희의 귀에다 속삭였다.

"울지 말고 기분 좋게 가 보자. 칙칙폭폭. 신난다아!"

차편을 확인하고 우리 칸에 올랐는데 먼저 올라간 남편이 화들짝 놀란다.

"우와, 여기 분위기 진짜 좋다!"

'응? 분위기가 좋다고? 기차를 처음 타는 것도 아니면서 그게 무슨 말이래?'

하고 뒤따라 기차에 오른 나는 피식 웃음을 터뜨리고 말았다.

기차 안에 아기들이 가득했던 것이다. 벌써부터 울음을 터뜨린 고마운 아기도 있었다.

남편이 총각 시절 기차로 출장 갈 때 혹시라도 옆자리에 아기가 타서 징징대

ESSAY

면 '아니, 왜 아기를 데리고 탔을까'라는 절대 공감할 수 없는 답답함이 있었다고 한다.

하.지.만. 이제는 기차 안에 아기가 많은 걸 보고 분위기 좋다고 하는 남편. 나 역시 마음이 탁 놓이는 게 시댁 가는 길이 이렇게 즐거울 수가 없었다. 기차 안에서 누가 우는지, 이 냄새의 주인이 누구인지 궁금해하는 승객은 아무도 없었다. 아, 아니지. 그 안에 우리 남편 총각 때 같은 분이 있었을지도 모르겠다. 얼마나 힘들었을까? 하지만 죄송하다는 말은 아끼겠다. 빨리 결혼해서 아기 낳아 보시라는 말로 대신해야지.

그나저나 올 추석 기차도 분위기가 좋기를 기도해 본다.

Part. 2

중기 이유식

죽

생후 만 7~9개월

쇠고기·양배추죽
쇠고기·브로콜리죽
쇠고기·아욱죽
쇠고기·청경채죽
쇠고기·콜리플라워죽
쇠고기·감자·양송이버섯죽
쇠고기·애호박·당근죽
쇠고기·표고버섯·아욱죽
쇠고기·새송이버섯·시금치죽
쇠고기·표고버섯·애호박죽
쇠고기·단호박·브로콜리죽
닭안심·양배추죽
닭안심·단호박·당근죽
닭안심·콜리플라워·배추죽
닭안심·표고버섯·양배추죽
닭안심·당근·연두부죽
대구살·양배추·애호박죽
대구살·무·표고버섯죽
대구살·차조·청경채·양파죽
대구살·양송이버섯·미역죽

중기 이유식(6배 죽/생후 만 7~9개월)을 소개합니다

재료는 이렇게 준비했어요!

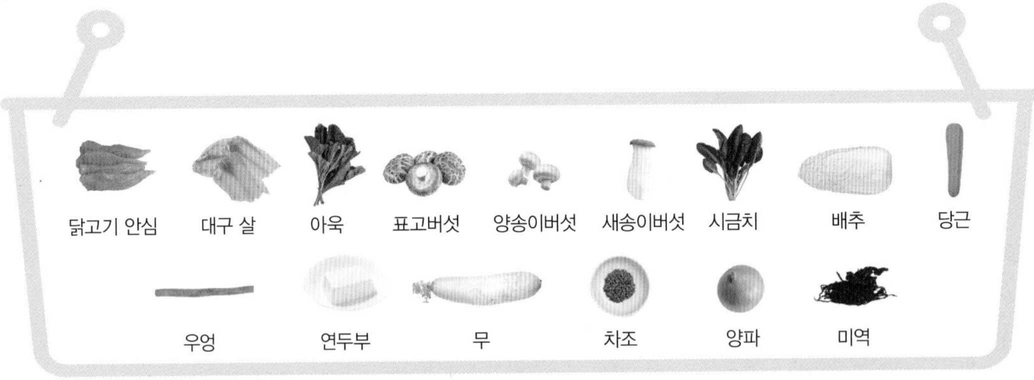

※ 중기 이유식부터는 새로 추가되는 재료만 명시했습니다.

용희는 이렇게 먹었어요!

SUN	MON	TUE	WED	THU	FRI	SAT
				1 쇠고기·양배추죽 쇠고기·단호박·브로콜리죽	2	3
4 쇠고기·브로콜리죽 닭안심·양배추죽	5	6	7 쇠고기·아욱죽 닭안심·단호박·당근죽	8	9	10 쇠고기·청경채죽 닭안심·콜리플라워·배추죽
11	12	13 쇠고기·콜리플라워죽 닭안심·표고버섯·양배추죽	14	15	16 쇠고기·감자·양송이버섯죽 닭안심·당근·연두부죽	17
18	19 쇠고기·애호박·당근죽 대구살·양배추·애호박죽	20	21	22 쇠고기·표고버섯·아욱죽 대구살·무·표고버섯죽	23	24
25 쇠고기·새송이버섯·시금치죽 대구살·차조·청경채·양파죽	26	27	28 쇠고기·표고버섯·애호박죽 대구살·양송이버섯·미역죽	29	30	

중기 이유식 이렇게 했어요!

중기부터는 미음이 아니라 죽을 먹일 수 있어요. 초기에 미음을 먹이면서 '도대체 이 정도 가지고 기별이나 갈까?' 싶었는데, 6배 죽은 제법 밥 모양이 나지요. 재료는 믹서에 가는 게 아니라 절구에 으깨거나 칼로 잘게 다지는 정도로 손질했고요. 용희의 아래 잇몸에서 앞니가 나기 시작했기 때문이지요.

먹이는 횟수와 양은 아기마다 다르겠지만 용희는 아침에 한 번, 저녁에 한 번 그리고 중간에 간식을 한 번 먹였어요. 물론 초기 이유식도 하루에 두 번 이유식을 먹였지만 중기에는 먹이는 양이 더 많아졌지요. 이즈음 용희는 아기가 평균으로 먹는 양보다 항상 최고 양을 먹은 것 같아요. 보통 레시피 양에 따라 이유식의 양을 맞추는데, 사실은 아기의 양에 레시피를 맞추는 게 맞지 않나 싶어요. 레시피는 기초 분량이니 아기가 많이 먹는다면 재료의 양을 비율에 맞춰 늘리면 되지요.

중기 이유식은 3인분을 기준으로 만들었어요. 두 가지 이유식을 3인분으로 만들어 놓으면 하루에 두 번씩 사흘 동안 먹일 수 있거든요. 아기가 먹을 때마다 한 끼씩 만들려면 손이 너무 많이 가는 데다 냄비와 주걱 등에 붙어서 버려지는 양도 많으니 아깝잖아요. 대신 만들어 놓은 이유식은 밀폐용기에 1인분씩 담아서 반드시 냉장 보관을 해야 해요. 겨울이라고 해도 실내 온도를 믿을 수 없으니까요. 냉장실에 넣어 두면 사흘은 충분히 보관할 수 있으니 안심하세요.

용희의 경우 중기에는 주로 쇠고기와 닭고기, 대구 살을 넣었어요. 먹는 양도 많고 잘 먹어서인지 용희는 다른 아이들보다 키도 크고 튼튼한 편이에요. 참, 쇠고기나 닭고기 삶은 물은 버리지 말고 죽 끓일 때 물 대신 사용하면 좀 더 많은 영양을 섭취할 수 있으니 잘 보관하세요.

+ POINT

중기 이유식

이유식 비율
불린 쌀 : 물 = 1 : 6(6배 죽)

이유식 형태
잇몸으로 으깰 수 있는 질감

이유식 횟수
1일 2~3회,
중기 후반부터 간식 섭취 가능

이유식 섭취량
1회 80~120g

총 수유량
1일 500~800㎖

중기 이유식 시작 시기

- ☐ 첫 이유식을 시작한지 1~2개월 정도 지나 아기가 이유식에 익숙해지면 중기 이유식을 시작해요.
- ☐ 생후 6개월이 지나면 뱃속에서 엄마로부터 받은 면역력이 급격히 떨어지면서 감기, 설사 등 잔병치레를 할 수 있으며 이때는 잘 먹던 이유식을 거부하기도 해요. 그러므로 아기의 컨디션을 고려해서 중기 이유식을 시작해야 해요.
- ☐ 두부처럼 부드러운 질감의 재료를 주었을 때 오물거리며 재료를 잘 으깨 넘긴다면 중기 이유식을 시작해도 돼요.

중기 이유식 섭취 특징

- ☐ 자리에 앉아서 스스로 규칙적으로 먹는 연습을 해야 해요. 돌아다니거나 장난치고, TV를 보면서 먹는 습관은 유아식까지 안 좋은 영향을 미쳐요.
- ☐ 생후 8~9개월 무렵에는 숟가락과 컵을 사용하도록 도와주세요. 아기가 좋아하는 음식을 컵에 담아서 주면, 아기는 새로운 도구인 '컵'에 관심을 가질 거예요.
- ☐ 아기마다 이유식을 먹는 횟수와 양에 차이가 많지만, 하루 2회 80~120g 정도가 평균이에요.
- ☐ 아기가 더 먹고 싶어한다면 하루 3회로 늘리고 먹기 싫어한다면 다시 횟수를 줄이는 방법으로 아기에게 적당한 양과 횟수를 맞춰가세요. 이런 방법으로, 생후 9개월쯤부터는 하루 3회, 정해진 시간에 규칙적으로 먹이고 양도 1회에 100g 정도가 적당해요.

SPECIAL TIP

육수 만들기

이유식 중기부터는 물 대신 육수나 채수를 이용할 수 있어요. 그때그때 만들려면 번거로우니까 한꺼번에 미리 만들어서 냉동실에 얼려 두었다가 필요할 때마다 하나씩 꺼내서 사용하세요. 이유식을 만들 때 가장 많이 사용하는 육수는 쇠고기 육수와 닭고기 육수이며, 각종 채소를 넣고 끓인 채수도 이유식의 맛과 영양을 높여 주는 비법이랍니다.
육수를 따로 만들기도 하지만, 이유식 재료로 사용하는 고기나 채소 삶은 물을 버리지 말고 그것을 이용해도 좋아요.

1. 쇠고기 육수 쇠고기 육수는 쇠고기를 넣은 이유식에 사용해요.

재료 준비 쇠고기(양지 또는 사태) 200g, 양파(중간 크기) 1개, 표고버섯 4~5개, 무 150g(반 토막 정도), 물 3000ml

1
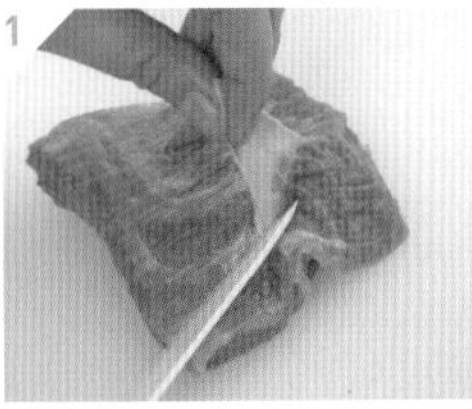
쇠고기는 기름기를 떼어 내고 찬물에 1시간 이상 담가서 핏물을 빼세요.

2

냄비에 물과 모든 재료를 넣고 센 불에서 끓이다가, 끓어오르면 불을 줄이고 1시간 정도 더 끓이세요.

3

육수가 우러나면 한김 식힌 뒤 육수만 체에 밭쳐 걸러서 냉장실에 넣어 두세요.

4

육수가 차가워지면서 기름이 뜨면 걷어 내고, 지퍼백에 한 번 먹을 분량씩 담아 냉동보관하세요.

TIP

육수나 채수는 지퍼백에 넣어 냉동하면 꺼내서 사용하기 쉬워요. 필요한 육수·채수를 냉동실에서 꺼낸 다음 지퍼백 중간에 열십자로 칼집을 넣고 사방으로 벌려서 찢으면 바로 사용할 수 있지요. 육수 만들 때 건져 낸 쇠고기와 닭고기는 잘게 찢거나 다져서 이유식에 넣으세요.

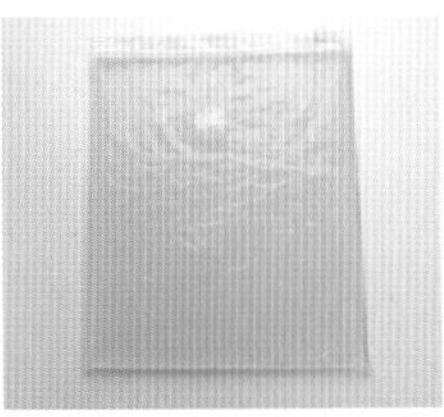

2. 닭고기 육수 닭고기 육수는 닭고기를 넣은 이유식에 사용하세요.

재료 준비 닭 다리 2개, 닭 안심 또는 닭 가슴살 200g, 양파(중간 크기) 1개, 파 1뿌리, 당근 ½개, 물 3000ml

1

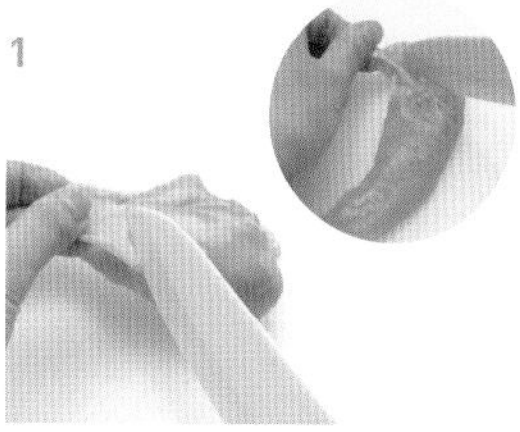

닭 다리는 껍질을 벗겨 기름기를 떼어 내고, 닭 안심 또는 닭 가슴살은 기름기와 힘줄을 떼어 내세요.

2

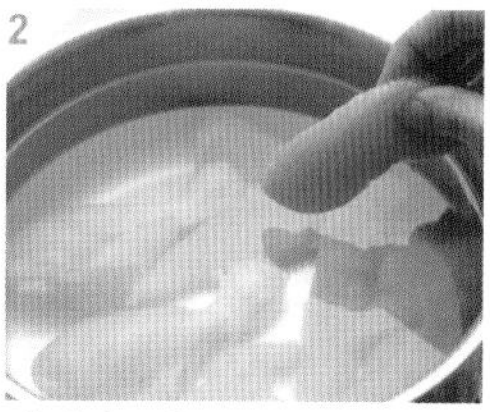

냄비에 물을 붓고 손질한 닭고기를 넣은 다음 센 불에서 끓이세요.

3

끓어오르기 시작하면 위에 뜨는 불순물을 건져 내고 채소를 넣은 다음 불을 약하게 줄이세요.

4

약한 불에서 1시간 정도 더 끓이세요.

5

육수가 우러나면 한김 식힌 뒤 육수만 체에 밭쳐 걸러서 냉장실에 넣어 두세요.

6

육수가 차가워지면서 기름이 뜨면 걷어 내고, 지퍼백에 한 번 먹을 분량씩 담아 냉동보관하세요.

3. 버섯 · 다시마 채수 버섯과 다시마로 만든 채수는 다양한 이유식에 사용할 수 있어요. 특히 아토피가 있는 아기의 이유식에는 채수를 사용하는 게 좋아요.

재료 준비

마른 표고버섯 10개 정도
다시마(5×5cm) 5장
무 100g
물 2500ml

1

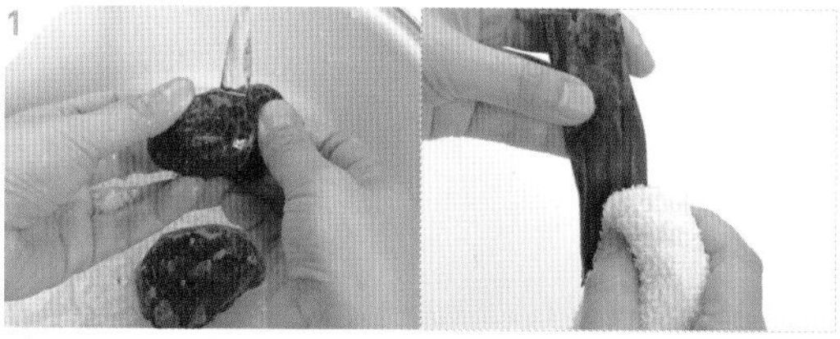

마른 표고버섯은 깨끗이 씻고, 다시마는 마른 행주로 잘 닦아 주세요.

2

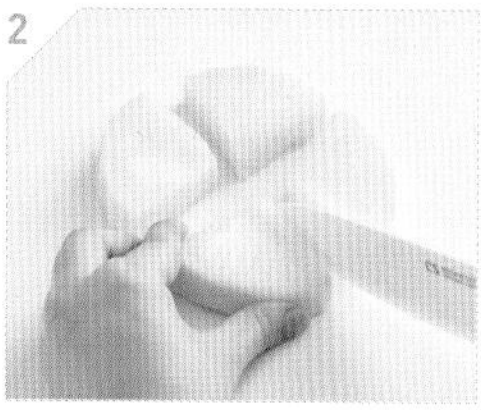

무는 껍질째 흐르는 물에 깨끗이 씻어 2~4등분해 주세요.

3

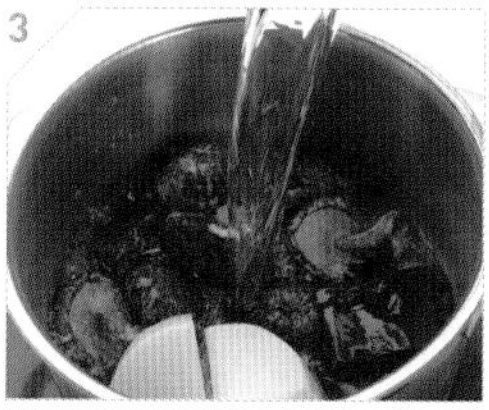

냄비에 모든 재료를 넣고 센 불에서 끓이다가, 끓어오르면 다시마를 건져 내고 불을 약하게 줄여서 30~40분 더 끓이세요.

4

육수가 우러나면 한김 식힌 뒤 육수만 체에 밭쳐 불순물을 거르세요.

5

지퍼백에 한 번 먹을 분량씩 담아 냉동보관하세요.

Beef & Cabbage

쇠고기·양배추죽

이유식 초기부터 쇠고기를 잘 먹으면서 효자 노릇을 톡톡히 한 용희. 어떤 재료든 쇠고기와 같이 넣어 주면 아주 잘 먹더라고요. 혹시 위장에 부담이 될까 봐 소화가 잘 되는 양배추와 쇠고기를 같이 넣고 죽을 만들었어요. 초기에 쇠고기·양배추미음을 먹어 봐서 그런지 자잘한 알갱이가 있는 쇠고기·양배추죽도 잘 먹었어요.

재료 준비

※ 중기 이유식 재료는 3회 분량입니다.

불린 쌀 75g 쇠고기 안심 30g 양배추 잎 30g 물(육수) 500ml

1

핏물을 뺀 쇠고기를 삶아서 한김 식히고 잘게 다지세요.

2

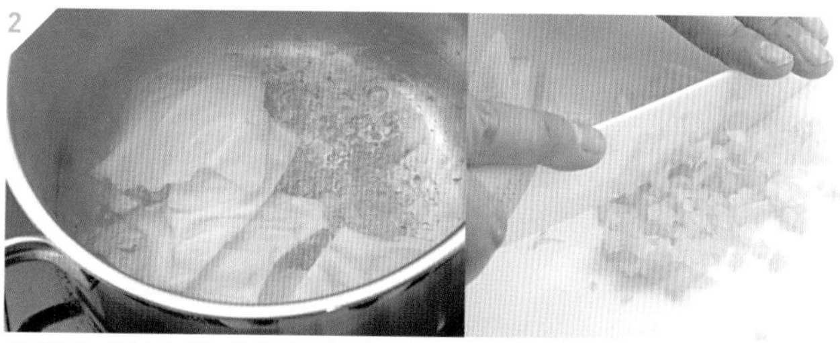

양배추는 잎 부분만 데쳐서 찬물에 헹구고 잘게 다지세요.

3

불린 쌀과 쇠고기를 절구에 넣고 함께 갈아 주세요.

4

③과 다진 양배추를 넣고 물(육수)을 부은 다음 센 불에서 저어 가며 끓이세요.

5

끓기 시작하면 약한 불로 줄인 뒤 밥알이 퍼지고 다른 재료가 충분히 익을 때까지 저어 가며 끓이다가 완성되면 불을 끄세요.

6

알맞게 식으면 한 끼 먹을 분량씩 담아서 바로 냉장보관하세요.

Beef & Broccoli

쇠고기·브로콜리죽

쇠고기를 넣은 이유식을 주면 더 맛있게 먹는 것은 물론 먹는 양도 많아졌지요. 그래서 용희가 잘 먹었던 브로콜리를 쇠고기와 같이 넣고 죽을 끓여 보았어요. 강한 브로콜리 향이 쇠고기의 고소하고 담백한 맛에 감춰지니까 순식간에 한 그릇을 뚝딱 비우더군요.

재료 준비

불린 쌀 75g　쇠고기 안심 30g　브로콜리 30g　물(육수) 500ml

1 핏물을 뺀 쇠고기를 삶아서 한김 식히고 잘게 다지세요.

2 손질한 브로콜리를 끓는 물에 데친 뒤 찬물에 헹구고 잘게 다지세요.

3 불린 쌀과 쇠고기를 절구에 넣고 함께 갈아 주세요.

4 ③과 다진 브로콜리를 넣고 물(육수)을 부은 다음 센 불에서 저어 가며 끓이세요.

5 끓기 시작하면 약한 불로 줄인 뒤 밥알이 퍼지고 다른 재료가 충분히 익을 때까지 저어 가며 끓이다가 완성되면 불을 끄세요.

6 알맞게 식으면 한 끼 먹을 분량씩 담아서 바로 냉장보관하세요.

Beef & Curled Mallow

쇠고기·아욱죽

아욱은 영양가가 아주 높다고 알려진 시금치보다 단백질은 두 배, 지방은 세 배, 칼슘은 두 배나 많다고 합니다. 특히 아기의 성장, 발육에 꼭 필요한 무기질과 칼슘이 풍부해서 장을 볼 때 빼놓지 않는 재료예요.

재료 준비

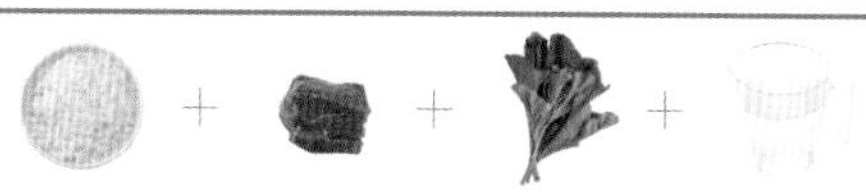

불린 쌀 75g + 쇠고기 안심 30g + 아욱 30g + 물(육수) 500ml

1

핏물을 뺀 쇠고기를 삶아서 한김 식히고 잘게 다지세요.

2

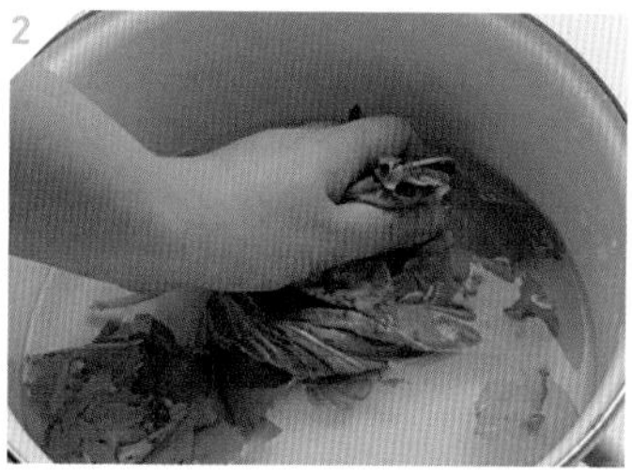

아욱은 잎만 잘라 주물주물 치대 가며 여러 번 물을 갈아 주세요.

3

끓는 물에 아욱 잎을 데쳐서 찬물에 헹군 다음 물기를 꼭 짜내고 잘게 다지세요.

4

불린 쌀과 쇠고기를 절구에 넣고 함께 갈아 주세요.

5

④와 다진 아욱을 넣고 물(육수)을 부은 다음 센 불에서 저어 가며 끓이세요.

6

끓기 시작하면 약한 불로 줄인 뒤 밥알이 퍼지고 다른 재료가 충분히 익을 때까지 저어 가며 끓이다가 완성되면 불을 끄세요.

7

알맞게 식으면 한 끼 먹을 분량씩 담아서 바로 냉장보관하세요.

TIP

아욱은 물에 살살 흔들어 씻는 게 아니라 주물주물 치대며 씻어야 쓴맛이 우러나고 풋내도 안 난다고 해요. 이유식뿐 아니라 아욱된장국을 끓일 때도 마찬가지랍니다. 또 물 대신 쌀뜨물을 부어서 치대면 맛이 더 부드러워져요(아욱 손질하는 법 p.46 참조).

Beef & Bokchoy

쇠고기·청경채죽

아기 이유식에서 영양 균형이 특히 중요한데, 아무리 영양이 풍부하다고 해도 어느 한 가지가 부족해서 균형이 깨지면 아기가 쉽게 병에 걸리고 성장에 문제가 생길 수 있다고 해요. 청경채에 많이 들어 있는 비타민 C가 쇠고기에 들어 있는 철분의 흡수율을 높여 준다고 하니 쇠고기·청경채죽은 영양 균형이 잘 맞는 이유식이에요.
용희는 이유식 초기에 이미 쇠고기와 청경채로 만든 미음을 먹어 본 덕분인지 쇠고기·청경채죽도 잘 먹었어요.

재료 준비

불린 쌀 75g 쇠고기 안심 30g 청경채 잎 30g 물(육수) 500ml

1 핏물을 뺀 쇠고기를 삶아서 한김 식히고 잘게 다지세요.

2 청경채는 한 장 한 장 떼어 씻은 뒤 잎사귀 부분만 잘라서 끓는 물에 데치세요.

3 데친 청경채를 찬물에 헹궈 물기를 꼭 짠 다음 다지세요.

4 불린 쌀과 쇠고기를 절구에 넣고 함께 갈아 주세요.

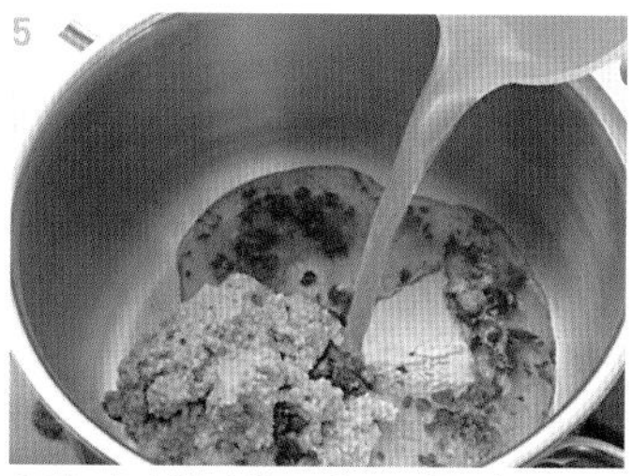

5 ④와 다진 청경채를 넣고 물(육수)을 부은 다음 센 불에서 저어 가며 끓이세요.

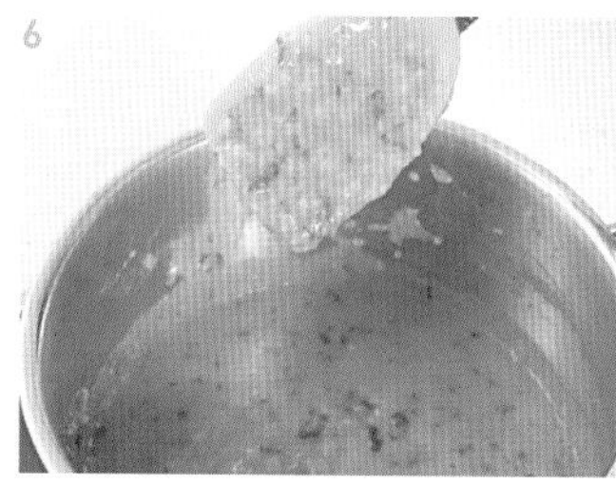

6 끓기 시작하면 약한 불로 줄인 뒤 밥알이 퍼지고 다른 재료가 충분히 익을 때까지 저어 가며 끓이다가 완성되면 불을 끄세요.

7 알맞게 식으면 한 끼 먹을 분량씩 담아서 바로 냉장보관하세요.

TIP

청경채는 잎만 사용하고 줄기는 육수를 내는 데 사용하세요. 잎과 줄기를 자를 때 V자 모양으로 자르면 효율적으로 먹을 수 있어요.

Beef & Cauliflower

쇠고기·콜리플라워죽

영양이 풍부하고 면역력을 높여 주는 '슈퍼푸드'의 대표 채소로 브로콜리와 콜리플라워를 손꼽지요. 콜리플라워는 몸속의 독소를 해독하고, 유해 물질을 배출하고, 저항력을 키우고, 두뇌 활동을 활발하게 하는 등 일일이 나열하기 힘들 만큼 다양한 효능을 갖고 있대요. 시중에서 구하기 쉬운 '슈퍼푸드' 콜리플라워로 아기에게 영양 만점 이유식을 먹여 보세요.

재료 준비

불린 쌀 75g 쇠고기 안심 30g 콜리플라워 30g 물(육수) 500ml

1

핏물을 뺀 쇠고기를 삶아서 한김 식히고 잘게 다지세요.

2

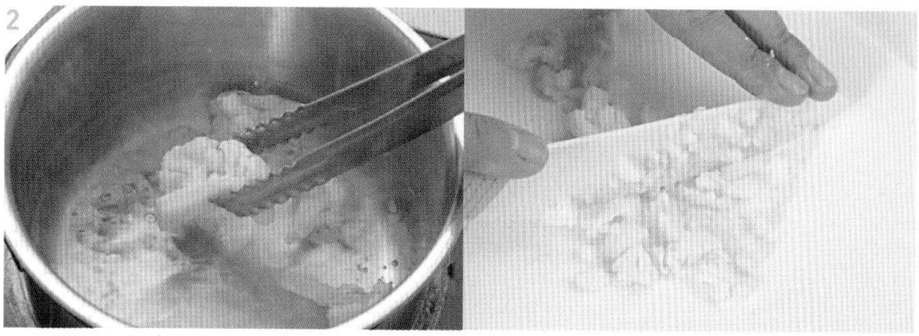

손질한 콜리플라워를 살짝 데쳐서 찬물에 헹구고 잘게 다지세요.

3

불린 쌀과 쇠고기를 절구에 넣고 함께 갈아 주세요.

4

③과 다진 콜리플라워에 물(육수)을 부은 다음 센 불에서 저어 가며 끓이세요.

5

끓기 시작하면 약한 불로 줄인 뒤 밥알이 퍼지고 다른 재료가 충분히 익을 때까지 저어 가며 끓이다가 완성되면 불을 끄세요.

6

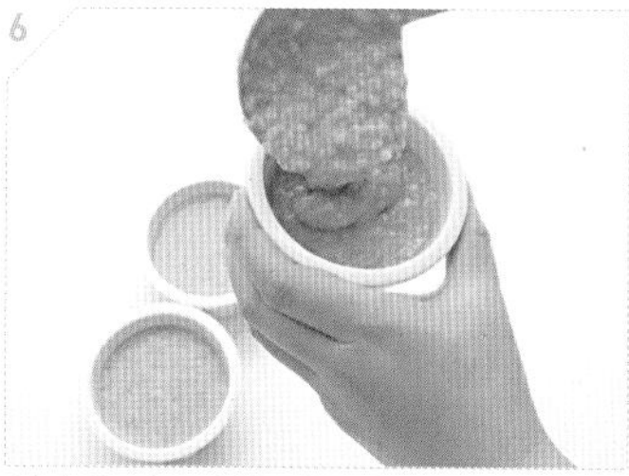

알맞게 식으면 한 끼 먹을 분량씩 담아서 바로 냉장보관하세요.

TIP

콜리플라워는 왁스 코팅이 된 상태에서 유통되기 때문에 베이킹소다를 이용해서 씻어야 왁스를 깨끗하게 제거할 수 있어요(콜리플라워 손질하는 법 p.57 참조).

Beef & Potato &
Button Mushroom

쇠고기·감자·양송이버섯죽

두 가지 재료로 이유식을 끓여도 아무 문제 없이 잘 먹어서 이번에는 재료를 한 가지 더 넣어 보기로 했어요. 그동안 먹인 재료에 새로운 재료를 한 가지씩 섞는 방식으로 재료를 선택했습니다. 그래야 알레르기 반응을 보일 때 어떤 재료가 원인인지 알 수 있으니까요. 또한 재료를 선택할 때는 영양 궁합이 잘 맞는지도 꼼꼼하게 따져 보았답니다. 양송이버섯은 전분의 소화 흡수를 돕는 재료로, 감자와 궁합이 잘 맞아요.

재료 준비

불린 쌀 75g 쇠고기 안심 30g 감자 15g 양송이버섯 30g 물(육수) 500ml

1

핏물을 뺀 쇠고기를 삶아서 한김 식히고 잘게 다지세요.

2

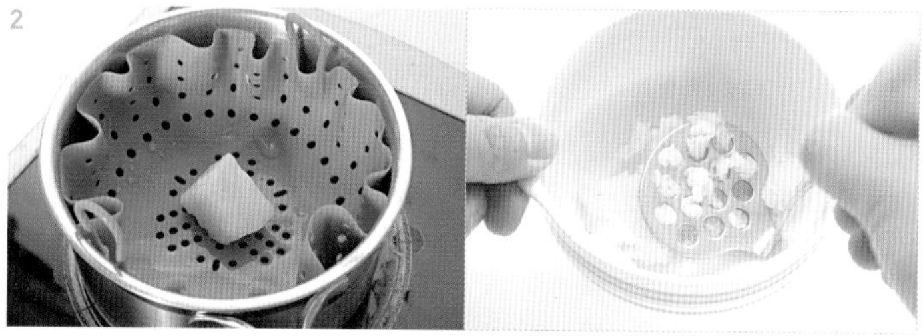

감자는 껍질을 벗기고 쪄서 으깨세요.

3

양송이버섯의 기둥은 비틀어 떼세요.

4

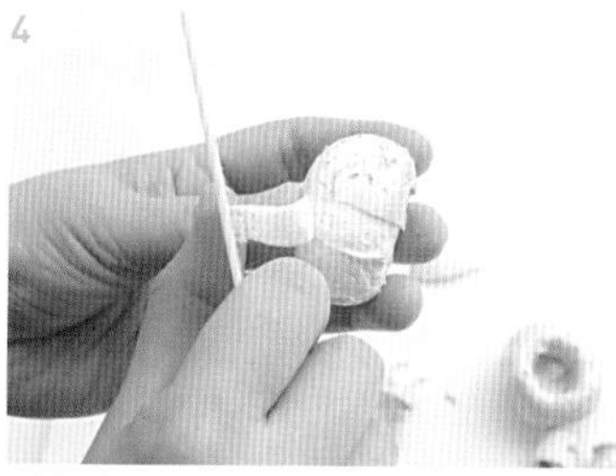

양송이버섯 갓의 껍질을 안쪽에서 바깥 방향으로 얇게 벗기세요.

5

흐르는 물에 재빨리 씻어서 잘게 다지세요.

6

불린 쌀과 쇠고기를 절구에 넣고 함께 갈아 주세요.

7

⑥과 으깬 감자, 다진 양송이버섯을 넣고 물(육수)을 부은 다음 센 불에서 저어 가며 끓이세요.

8

끓기 시작하면 약한 불로 줄인 뒤 밥알이 퍼지고 다른 재료가 충분히 익을 때까지 저어 가며 끓이다가 완성되면 불을 끄세요.

9

알맞게 식으면 한 끼 먹을 분량씩 담아서 바로 냉장보관하세요.

TIP

양송이버섯은 나무나 키트가 아닌 흙에서 키우기 때문에 버섯 기둥에 흙이나 기타 불순물이 묻었기 쉬우니 기둥은 떼어 내고 갓만 사용하세요(양송이버섯 손질하는 법 p.49 참조).

Beef & Young Pumpkin & Carrot

쇠고기·애호박·당근죽

당근이 눈 건강에 좋다는 건 예전부터 알고 있었는데요, 철분이 많아서 빈혈을 예방하고 면역력을 강화하기 때문에 기침이 잦은 아이에게 먹이면 좋다고 해요. 어떤 음식이든 먹음직스러워 보이게 색감을 살려 주는 당근을 아이의 이유식에도 사용해 보세요. 퓌레나 주스로 만들어 간식으로 먹여도 좋아요.

재료 준비

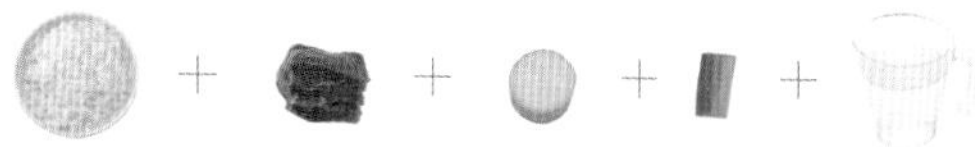

불린 쌀 75g　쇠고기 안심 30g　애호박 22g　당근 22g　물(육수) 500ml

1 핏물을 뺀 쇠고기를 삶아서 한김 식히고 잘게 다지세요.

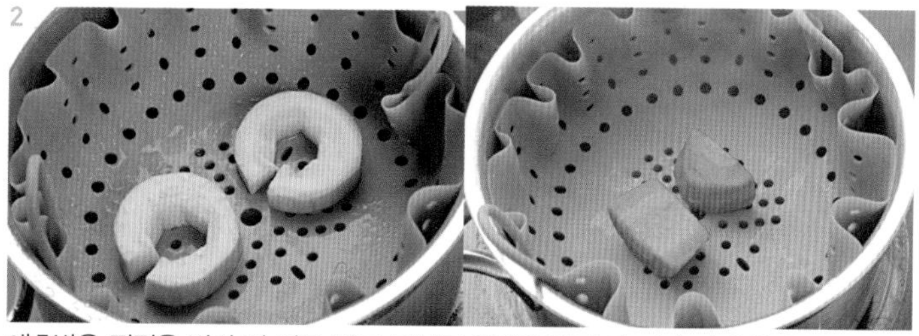

2 애호박은 껍질을 벗긴 뒤 씨를 빼고, 당근도 껍질을 벗긴 뒤 같이 쪄서 한김 식히세요.

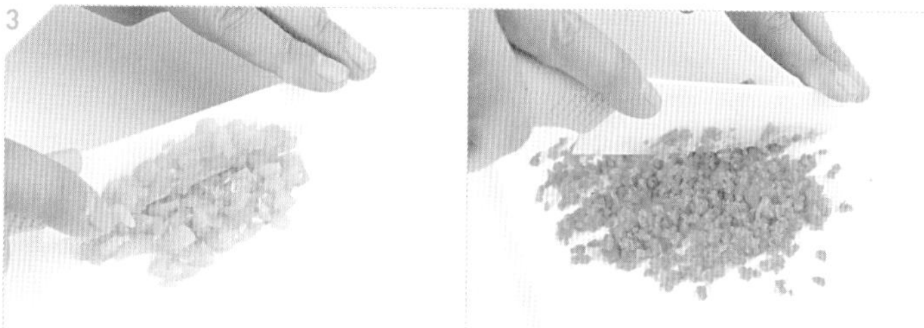

3 찐 애호박과 당근을 잘게 다지세요.

4 불린 쌀과 쇠고기를 절구에 넣고 함께 갈아 주세요.

5 ④와 다진 애호박, 당근에 물(육수)을 부은 다음 센 불에서 저어 가며 끓이세요.

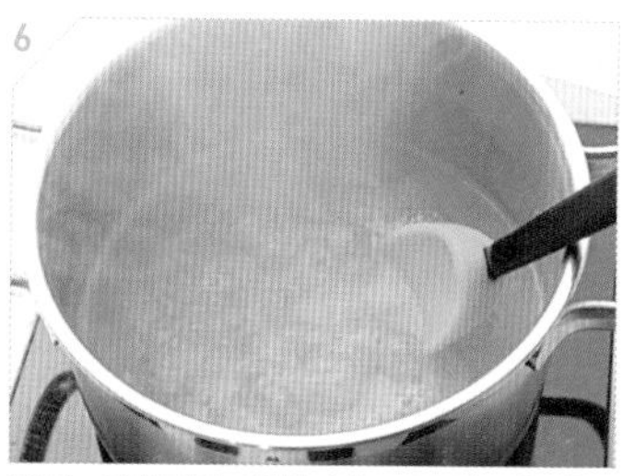

6 끓기 시작하면 약한 불로 줄인 뒤 밥알이 퍼지고 다른 재료가 충분히 익을 때까지 저어 가며 끓이다가 완성되면 불을 끄세요.

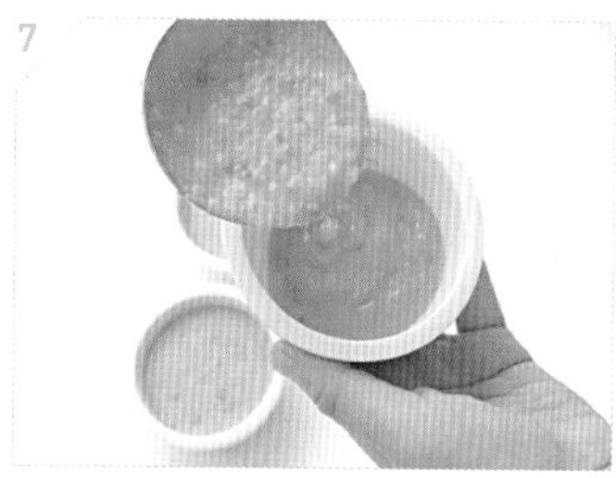

7 알맞게 식으면 한 끼 먹을 분량씩 담아서 바로 냉장보관하세요.

TIP

중기부터 먹이는 당근은 수확한 이후부터 질산염이 증가하는데, 질산염은 빈혈을 일으키는 원인이 된다고 해요. 그러므로 당근은 싱싱한 것을 골라야 합니다. 오래된 것은 안 먹느니만 못해요. 당근을 오래 보관할 때는 냉동실에 보관하세요(당근 고르는 법, 보관하는 법 p.38 참조).

Beef & Shiitake Mushroom
& Curled Mallow

쇠고기·표고버섯·아욱죽

표고버섯은 단백질을 비롯해 칼슘, 인, 철분, 각종 비타민, 식이섬유, 엽산 등 영양소가 풍부해서 성장과 발육에 큰 도움을 준다고 합니다. 혈관 건강과 뼈 건강에도 관여한다니 표고버섯을 잘 먹을 수 있도록 아기 때부터 입맛을 익히게 하려고 노력했어요. 다행히 표고버섯의 식감이 마음에 들었는지 한 그릇을 말끔히 비우더라고요.

재료 준비

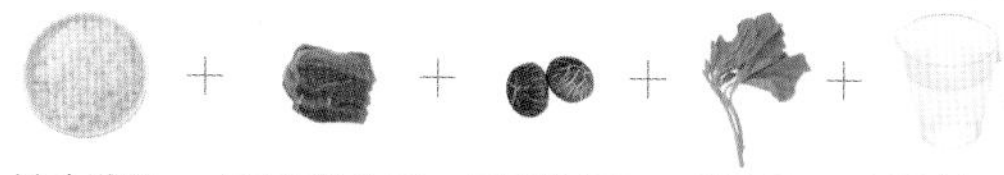

불린 쌀 70g 쇠고기 안심 30g 표고버섯 30g 아욱 15g 물(육수) 500ml

1 핏물을 뺀 쇠고기를 삶아서 한김 식히고 잘게 다지세요.

2 표고버섯은 갓 부분만 떼어 먼지와 잡티를 털어 주세요.

3 손질한 표고버섯을 흐르는 물에 재빨리 헹궈서 다지세요.

4 아욱도 잎만 잘라 주물주물 씻은 다음 뜨거운 물에 데쳐서 다지세요.

5 불린 쌀과 쇠고기를 절구에 넣고 함께 갈아 주세요.

6 ⑤와 다진 표고버섯, 아욱을 넣고 물(육수)을 부은 다음 센 불에서 저어 가며 끓이세요.

7 끓기 시작하면 약한 불로 줄인 뒤 밥알이 퍼지고 다른 재료가 충분히 익을 때까지 저어 가며 끓이다가 완성되면 불을 끄세요.

8 알맞게 식으면 한 끼 먹을 분량씩 담아서 바로 냉장보관하세요.

TIP

표고버섯의 기둥은 단단하고 질긴 데다가 향이 더 강하기 때문에 이유식에서는 부드러운 갓 부분을 사용하는 게 좋아요. 마른 표고버섯을 사용할 때는 표고버섯을 30분 이상 물에 불린 다음 기둥을 떼어 내고 체에 밭쳐 물기를 충분히 뺀 뒤 그 상태에서 무게를 재야 해요. 버섯은 생것보다 말렸을 때 영양이 더 좋아져요. 하지만 향도 강해지기 때문에 아기가 거부감을 가질 수 있으니 그럴 때는 생 표고버섯을 사용하세요.

Beef
& King Oyster Mushroom
& Spinach

쇠고기·새송이버섯·시금치죽

채소에 단백질이 풍부하다고 하면 쉽게 이해되지 않겠지만, 시금치는 단백질이 아주 많은 채소예요. 비타민 A와 C는 물론 칼슘도 많아서 성장과 발육에 도움이 되고 빈혈 예방 효과도 있다고 해요. 시금치를 비롯한 녹황색 채소와 버섯에는 엽산이 들어 있는데, 엽산은 두뇌 계발에 좋다고 하니 아기의 뇌 성장을 위해 녹황색 채소를 꼭 챙기세요.

재료 준비

불린 쌀 75g 쇠고기 안심 30g 새송이버섯 30g 시금치 15g 물(육수) 500ml

1

핏물을 뺀 쇠고기를 삶아서 한김 식히고 잘게 다지세요.

2

새송이버섯은 갓 부분만 찬물에 헹군 뒤 잘게 다지세요.

3

시금치는 데쳐서 찬물에 헹구세요.

4

데친 시금치의 뿌리를 잘라 내고 잘게 다지세요.

5

불린 쌀과 쇠고기를 절구에 넣고 함께 갈아 주세요.

6

⑤와 다진 새송이버섯, 시금치를 넣고 물(육수)을 부은 다음 센 불에서 저어 가며 끓이세요.

7

끓기 시작하면 약한 불로 줄인 뒤 밥알이 퍼지고 다른 재료가 충분히 익을 때까지 저어 가며 끓이다가 완성되면 불을 끄세요.

8

알맞게 식으면 한 끼 먹을 분량씩 담아서 바로 냉장보관하세요.

TIP

시금치에 들어 있는 수산은 결석의 원인이 될 수 있는데, 시금치를 뜨거운 물에 데치면 어느 정도 제거된다고 하니 시금치는 반드시 데쳐서 사용하세요. 그리고 데친 뒤에 뿌리를 잘라 내는데, 데치기 전에 잘라 내면 시금치의 좋은 영양소가 빠져나갈 수 있다고 해요.

Beef & Shiitake Mushroom & Young Pumpkin

쇠고기·표고버섯·애호박죽

표고버섯과 애호박은 둘 다 엽산이 많은 재료예요. 임신 중에 엄마도 엽산을 먹었을 텐데, 엽산은 뇌를 활성화하는 데 중요한 역할을 하지요. 이유식은 제철 재료를 이용하는 게 가장 좋고, 1년 내내 구하기 쉬운 재료를 활용하는 것도 좋아요. 특별한 재료를 구하려고 애쓰기보다 흔히 먹는 재료로 정성껏 만들어 보세요.

재료 준비

불린 쌀 75g + 쇠고기 안심 30g + 표고버섯 22g + 애호박 22g + 물(육수) 500ml

1

핏물을 뺀 쇠고기를 삶아서 한김 식히고 잘게 다지세요.

2

표고버섯은 갓 부분만 떼어 흐르는 물에 재빨리 헹구고 다지세요.

3

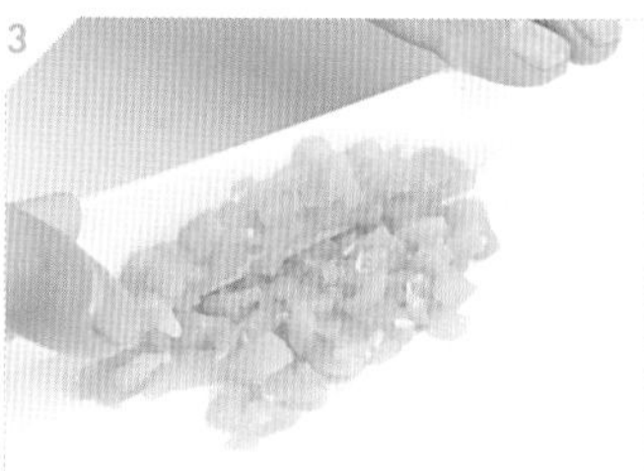

애호박은 껍질을 벗긴 뒤 씨를 빼고 찐 다음 잘게 다지세요.

4

불린 쌀과 쇠고기를 절구에 넣고 함께 갈아 주세요.

5

④와 다진 표고버섯, 애호박을 넣고 물(육수)을 부은 다음 센 불에서 저어 가며 끓이세요.

6

끓기 시작하면 약한 불로 줄인 뒤 밥알이 퍼지고 다른 재료가 충분히 익을 때까지 저어 가며 끓이다가 완성되면 불을 끄세요.

7

알맞게 식으면 한 끼 먹을 분량씩 담아서 바로 냉장보관하세요.

Beef & Sweet Pumpkin & Broccoli

쇠고기·단호박·브로콜리죽

향이 강한 재료는 아기들이 잘 안 먹으려고 해요. 그래서 달달한 맛이 나는 단호박이나 고구마를 넣어 향을 누그러뜨렸어요. 고소한 쇠고기까지 더하면 어떤 재료를 사용하든 잘 먹더라고요. 단호박과 브로콜리를 넣은 이유식은 부드러운 향은 물론 영양도 풍부해서 아기 성장에 아주 좋아요.

재료 준비

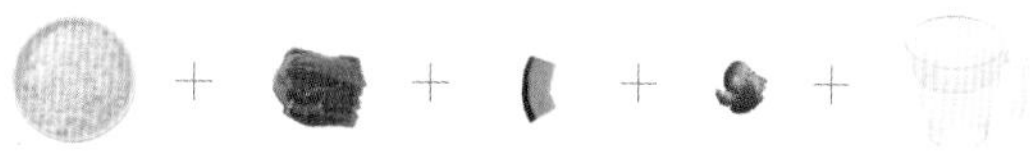

불린 쌀 75g + 쇠고기 안심 30g + 단호박 15g + 브로콜리 22g + 물(육수) 500ml

1

핏물을 뺀 쇠고기를 삶아서 한김 식히고 잘게 다지세요.

2

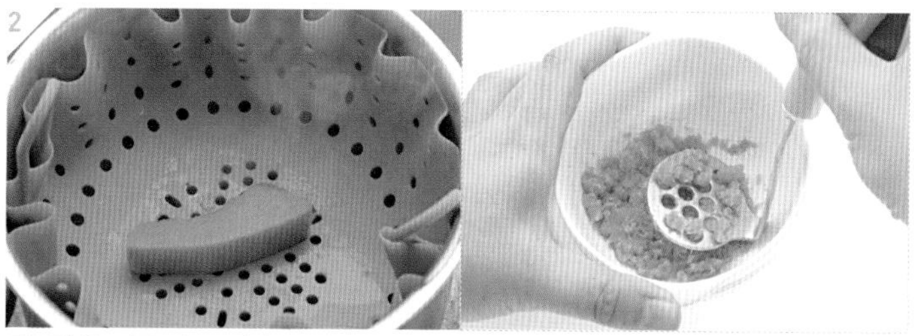

단호박은 씨를 빼고 껍질을 벗겨서 찐 뒤 으깨세요.

3

브로콜리는 꽃송이만 데쳐서 찬물에 헹구고 잘게 다지세요.

4

불린 쌀과 쇠고기를 절구에 넣고 함께 갈아 주세요.

5

④와 으깬 단호박, 다진 브로콜리를 넣고 물(육수)을 부은 다음 센 불에서 저어 가며 끓이세요.

6

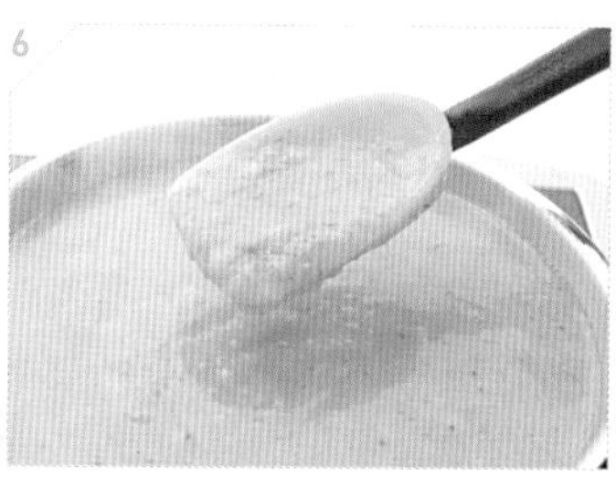

끓기 시작하면 약한 불로 줄인 뒤 밥알이 퍼지고 다른 재료가 충분히 익을 때까지 저어 가며 끓이다가 완성되면 불을 끄세요.

7

알맞게 식으면 한 끼 먹을 분량씩 담아서 바로 냉장보관하세요.

Chicken & Cabbage

닭안심·양배추죽

그동안 쇠고기만 먹이다가 닭고기로 바꿔 보았어요. 아기마다 다르겠지만 용희는 쇠고기보다 닭고기를 좋아하더라고요. 닭고기는 가슴살과 안심 중 어떤 부위를 사용하든 상관없는데, 이번에는 지방이 적고 부드러운 안심을 선택했어요. 닭가슴살과 안심을 번갈아 넣으면 아기가 조금 더 다양한 식감을 느낄 수 있을 것 같아요. 양배추는 수분과 섬유질이 많고 소화를 돕기 때문에 고기 요리와 아주 잘 어울려요.

재료 준비

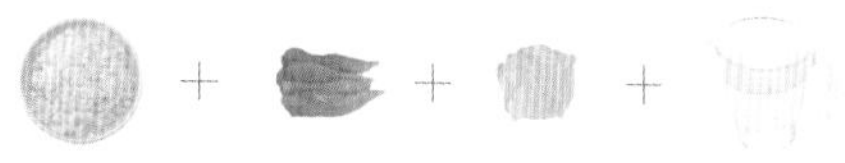

불린 쌀 75g 닭고기 안심 30g 양배추 잎 30g 물(육수) 500ml

1

지방과 힘줄을 제거한 닭고기를 삶아서 한김 식히고 잘게 다지세요.

2

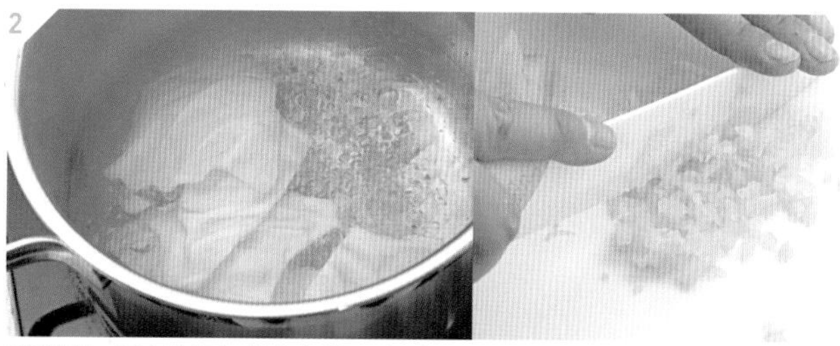

양배추는 잎 부분만 데쳐서 찬물에 헹구고 잘게 다지세요.

3

불린 쌀과 다진 닭고기를 절구에 넣고 함께 갈아 주세요.

4

③과 다진 양배추를 넣고 물(육수)을 부은 다음 센 불에서 저어 가며 끓이세요.

5

끓기 시작하면 약한 불로 줄인 뒤 밥알이 퍼지고 다른 재료가 충분히 익을 때까지 저어 가며 끓이다가 완성되면 불을 끄세요.

6

알맞게 식으면 한 끼 먹을 분량씩 담아서 바로 냉장보관하세요.

Chicken & Sweet Pumpkin & Carrot

닭안심·단호박·당근죽

부드러운 닭안심의 담백함과 단호박의 달달한 맛, 당근의 향기가 잘 어울리는 이유식이에요. 이유식에 닭안심을 넣을 때 혹시라도 비린내가 날까봐 조심스러울 수 있는데, 은은한 단호박과 당근의 향 덕분에 잡내가 사라져버렸어요. 단호박과 당근 모두 단단한 재료라 숟가락으로 눌렀을 때 쉽게 으깨질 정도로 푹 끓여서 주었더니 한그릇 뚝딱 맛있게 먹어 주었어요.

재료 준비

불린 쌀 75g + 닭고기 안심 30g + 단호박 15g + 당근 15g + 물(육수) 500ml

1

닭고기는 지방과 힘줄을 제거하세요.

2

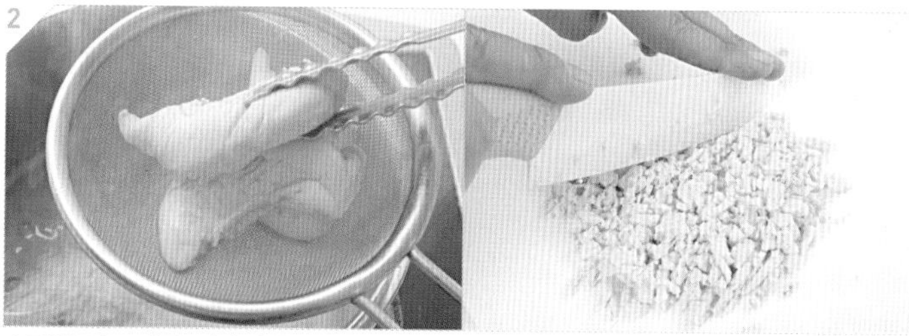

손질한 닭고기를 삶아서 한김 식히고 잘게 다지세요.

3

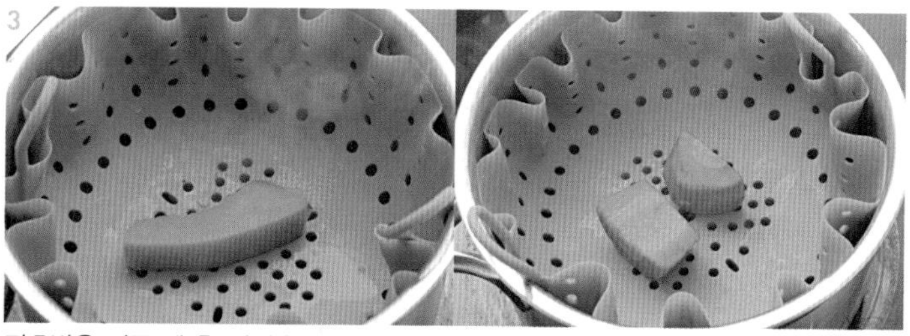

단호박은 씨를 뺀 후 껍질을 벗기고, 당근도 껍질을 벗긴 뒤 같이 쪄서 한김 식히세요.

4

단호박은 으깨고, 당근은 잘게 다지세요.

5

불린 쌀과 다진 닭고기를 절구에 넣고 함께 갈아 주세요.

6

⑤와 으깬 단호박, 다진 당근를 넣고 물(육수)을 부은 다음 센 불에서 저어 가며 끓이세요.

7

끓기 시작하면 약한 불로 줄인 뒤 밥알이 퍼지고 다른 재료가 충분히 익을 때까지 저어 가며 끓이다가 완성되면 불을 끄세요.

8

알맞게 식으면 한 끼 먹을 분량씩 담아서 바로 냉장보관하세요.

Chicken & Cauliflower
& Chinese Cabbage

닭안심·콜리플라워·배추죽

배추는 김치를 담가 먹거나 쌈으로도 먹지만, 삶으면 시원한 맛이 일품이라 국물을 낼 때도 자주 이용하지요. 소화가 잘되고 각종 영양이 풍부하며 다른 재료와도 잘 어울려요. 닭고기와 콜리플라워는 영양 궁합이 잘 맞고요. 세 가지 재료를 이용해 담백하고 고소한 이유식을 만들어 보았어요.

재료 준비

불린 쌀 75g 닭고기 안심 30g 콜리플라워 22g 배추 잎 22g 물(육수) 500ml

1 지방과 힘줄을 제거한 닭고기를 삶아서 한김 식히고 잘게 다지세요.

2 손질한 콜리플라워를 살짝 데쳐서 찬물에 헹군 뒤 잘게 다지세요.

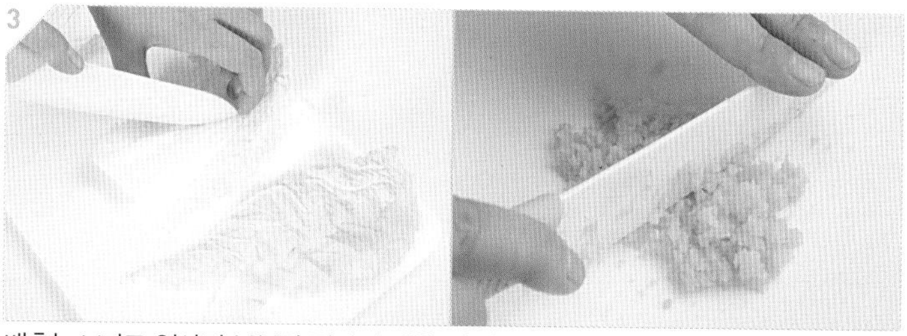

3 배추는 V자로 잎사귀 부분만 잘라서 데친 뒤 다지세요.

4 불린 쌀과 다진 닭고기를 절구에 넣고 함께 갈아 주세요.

5 ④와 다진 콜리플라워, 배추를 넣고 물(육수)을 부은 다음 센 불에서 저어 가며 끓이세요.

6 끓기 시작하면 약한 불로 줄인 뒤 밥알이 퍼지고 다른 재료가 충분히 익을 때까지 저어 가며 끓이다가 완성되면 불을 끄세요.

7 알맞게 식으면 한 끼 먹을 분량씩 담아서 바로 냉장보관하세요.

Chicken
& Shiitake Mushroom
& Cabbage

닭안심·표고버섯·양배추죽

찬 성질을 가지고 있는 닭고기나 돼지고기, 표고버섯은 궁합이 잘 맞는 재료로 알려져 있지요. 특히 표고버섯은 알칼리성 식품이라 몸이 산화되는 것을 막고 콜레스테롤 분해에도 탁월한 효과가 있어서 아이와 어른 모두에게 좋다고 해요.기에 소화를 돕는 양배추를 더하면 음식 궁합도 잘 맞고 소화도 잘 되는 죽이 완성되지요. 양배추는 끓이면 들큼한 맛이 나서 어디에 넣든 아기들이 잘 먹어요.

재료 준비

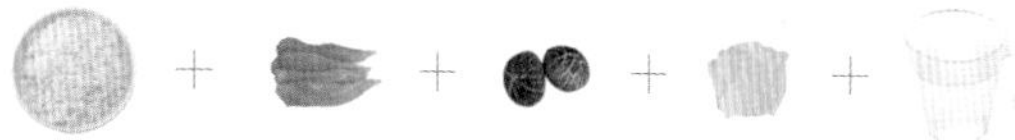

불린 쌀 75g　닭고기 안심 30g　표고버섯 15g　양배추 잎 15g　물(육수) 500ml

1 지방과 힘줄을 제거한 닭고기를 삶아서 한김 식히고 잘게 다지세요.

2 표고버섯은 갓 부분만 떼어 먼지와 잡티를 털어 주세요.

3 손질한 표고버섯을 흐르는 물에 재빨리 헹궈서 다지세요.

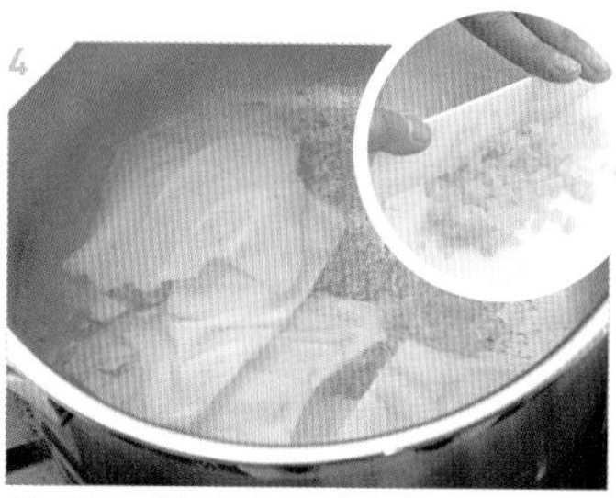

4 양배추는 잎 부분만 데쳐서 찬물에 헹구고 잘게 다지세요.

5 불린 쌀과 다진 닭고기를 절구에 넣고 함께 갈아 주세요.

6 ④와 다진 표고버섯, 양배추를 넣고 물(육수)을 부은 다음 센 불에서 저어 가며 끓이세요.

7 끓기 시작하면 약한 불로 줄인 뒤 밥알이 퍼지고 다른 재료가 충분히 익을 때까지 저어 가며 끓이다가 완성되면 불을 끄세요.

8 알맞게 식으면 한 끼 먹을 분량씩 담아서 바로 냉장보관하세요.

Chicken & Carrot
& Silken Bean Curd

닭안심·당근·연두부죽

닭고기 안심은 지방이 없고 담백하지만 닭다리살보다는 퍽퍽하다는 단점이 있는데, 연두부는 수분이 많으며 부드럽고 고소해서 안심의 단점을 보완하는 데 손색이 없어요. 마찬가지로 연두부는 식감이 거의 없어서 씹는 맛이 덜한데 닭고기 안심은 씹을수록 맛이 우러나오지요. 주황색 당근은 입맛을 돋우는 시각 효과가 있어서 아기가 아주 좋아하고요. 연두부가 냄비에 잘 들러붙으니 저어 가며 끓여 주세요.

재료 준비

불린 쌀 75g 닭고기 안심 30g 당근 22g 연두부 15g 물(육수) 500ml

1

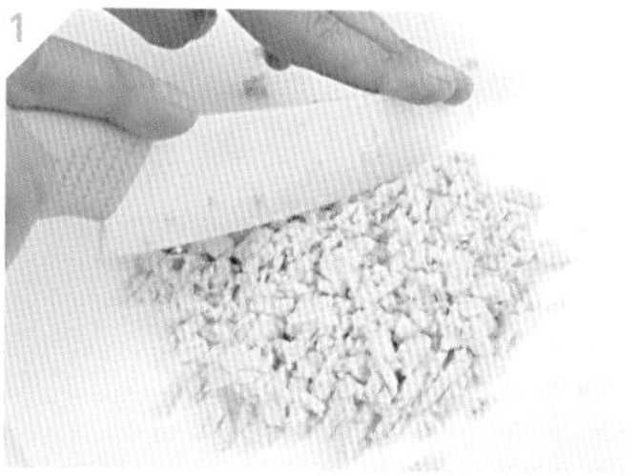

지방과 힘줄을 제거한 닭고기를 삶아서 한김 식히고 잘게 다지세요.

2

당근은 쪄서 잘게 다지세요.

3

연두부는 체에 밭쳐 물기를 빼세요.

4

불린 쌀과 다진 닭고기를 절구에 넣고 함께 갈아 주세요.

5

④와 다진 당근에 물(육수)을 부은 다음 센 불에서 저어 가며 끓이다가 끓기 시작하면 연두부를 넣고 약한 불로 줄이세요.

6

밥알이 퍼지고 다른 재료가 충분히 익을 때까지 저어 가며 끓이다가 완성되면 불을 끄세요.

7

알맞게 식으면 한 끼 먹을 분량씩 담아서 바로 냉장보관하세요.

Cod& Cabbage
& Young Pumpkin

대구살·양배추·애호박죽

대구는 이유식에서 가장 흔히 사용하는 흰살생선으로, 열량이 적고 단백질 함량이 많아서 아이의 성장은 물론 두뇌발달에도 좋아요. 몸의 저항력을 높여주는 비타민 A, 신경과 근육 활동에 필요한 비타민 B1이 많이 들어 있는 재료로도 손꼽히지요. 비린내가 살짝 걱정이었지만 비린내 또한 식품이 갖는 독특한 향이므로 경험해보는 게 좋을 것 같아서, 생선 이유식에 도전했어요.
삶으면 단맛이 나는 양배추, 무르고 씹기 쉬운 애호박은 대구와 잘 어울리는 재료로 맛과 식감을 살리는 데 한몫을 한답니다.

재료 준비

불린 쌀 75g + 대구 살 30g + 양배추 잎 15g + 애호박 15g + 물(채수) 500ml

1

대구살은 쪄서 잘게 다지세요.

2

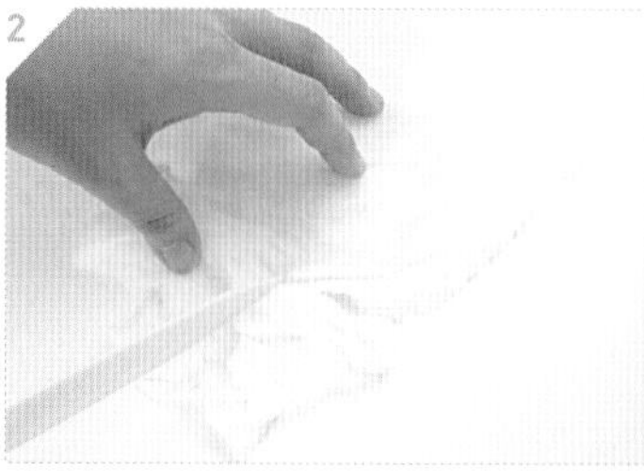

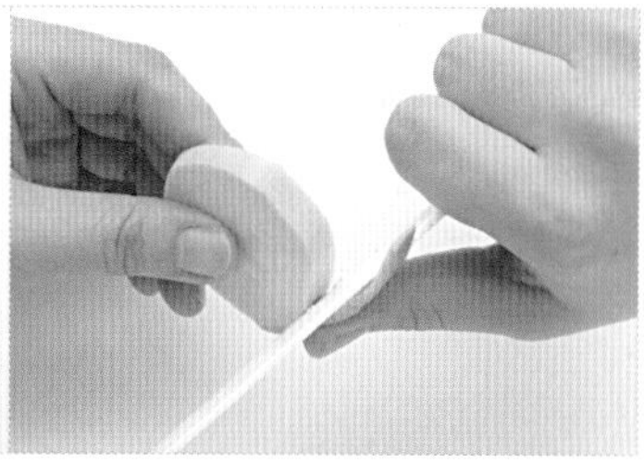

양배추는 잎 부분만 잘라서 준비하고, 애호박은 껍질을 벗긴 뒤 씨를 빼내세요.

3

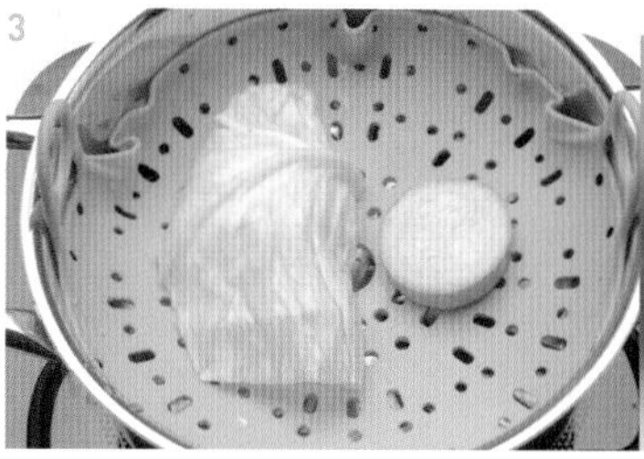

손질한 양배추 잎과 애호박을 찐 다음 한김 식히고, 잘게 다지세요.

4

불린 쌀과 다진 대구 살을 절구에 넣고 함께 갈아 주세요.

5

③과 ④를 냄비에 넣고 물(채수)을 부은 다음 센 불에서 저어 가며 끓이세요.

6

끓기 시작하면 약한 불로 줄인 뒤 밥알이 퍼지고 다른 재료가 충분히 익을 때까지 저어 가며 끓이다가 완성되면 불을 끄세요.

7

알맞게 식으면 한 끼 먹을 분량씩 담아서 바로 냉장 보관하세요.

Cod & White Radish
& Shiitake Mushroom

대구살·무·표고버섯죽

무는 비타민과 무기질 풍부하며, 특히 무에 들어 있는 소화효소인 옥시다아제는 소화를 도울 뿐만 아니라 해독 작용도 하기 때문에 생선이나 고기류 등과 잘 어울려요. 조리하면 단맛이 생기면서 시원한 맛이 더해져서 이유식의 맛을 풍부하게 해주지요. 또 섬유소가 풍부해서 장 활동이 좋지 않은 아기의 배변 활동에도 도움이 돼요.

재료 준비

불린 쌀 75g + 대구 살 30g + 무 15g + 표고버섯 15g + 물(채수) 500ml

1

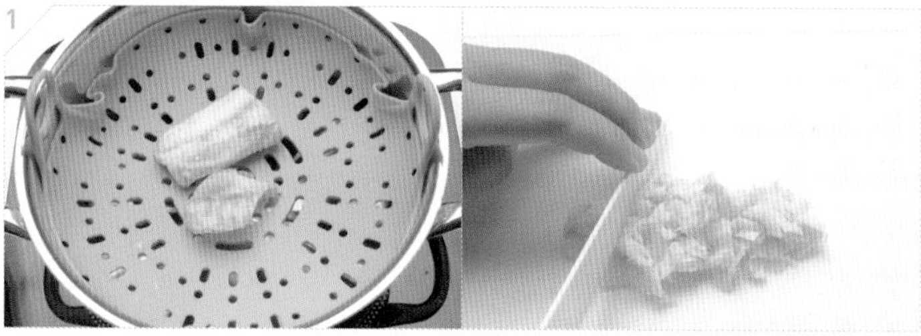

대구살은 쪄서 잘게 다지세요.

2

무는 껍질을 벗긴 뒤 잘게 다지세요.

3

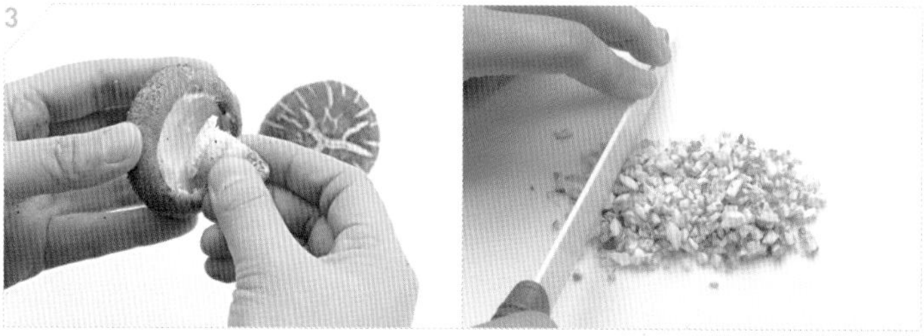

표고버섯은 갓 부분만 떼어 먼지와 잡티를 털고, 흐르는 물에 재빨리 헹궈서 다지세요.

4

불린 쌀과 다진 대구 살을 절구에 넣고 함께 갈아 주세요.

5

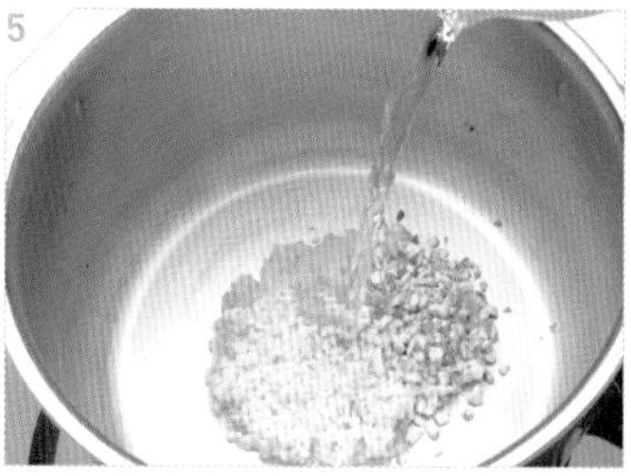

④와 다진 무, 표고버섯을 넣고 물(채수)을 부은 다음 센 불에서 저어 가며 끓이세요.

6

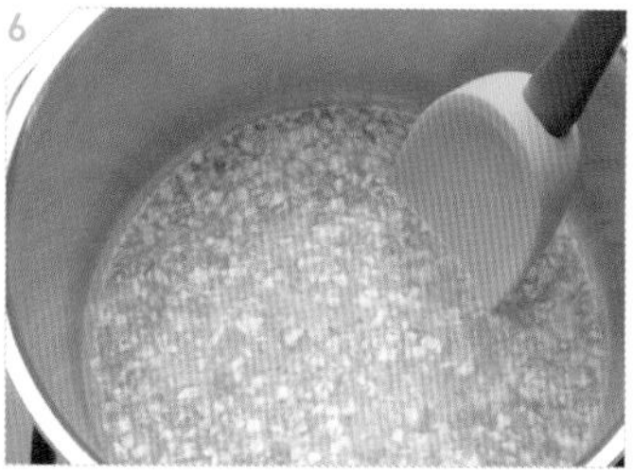

끓기 시작하면 약한 불로 줄인 뒤 밥알이 퍼지고 다른 재료가 충분히 익을 때까지 저어 가며 끓이다가 완성되면 불을 끄세요.

7

알맞게 식으면 한 끼 먹을 분량씩 담아서 바로 냉장 보관하세요.

TIP

표고버섯은 갓 부분만 사용하고, 단단한 기둥 부분은 육수를 우릴 때 사용하면 좋아요.

Cod & Glutinous Millet & Bokchoy & Onion

대구살·차조·청경채·양파죽

차조는 비타민과 무기질이 풍부해 쌀과 섞어 먹이면 쌀에 부족한 섬유질과 영양을 섭취할 수 있어서 좋아요. 예부터 차조는 아기가 토하거나 배탈이 났을 때 속을 가라앉히고 부드럽게 달래기 위해 사용했다고 해요.

아기가 어느 정도 이유식에 익숙해지기 시작하는 중기 이유식부터는 쌀과 찹쌀 이외에 곡식을 하나씩 첨가하면 이유식의 영양이 높아 진답니다.

재료 준비

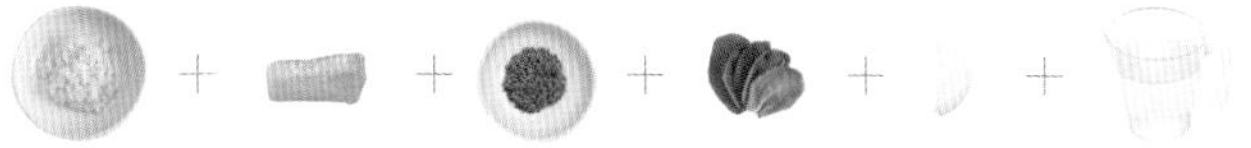

불린 쌀 75g + 대구 살 30g + 불린 차조 15g + 청경채 잎 15g + 양파 15g + 물(채수) 500ml

1

차조는 깨끗이 씻어서 2시간 이상 불렸다가 체에 밭쳐 물기를 빼세요.

2

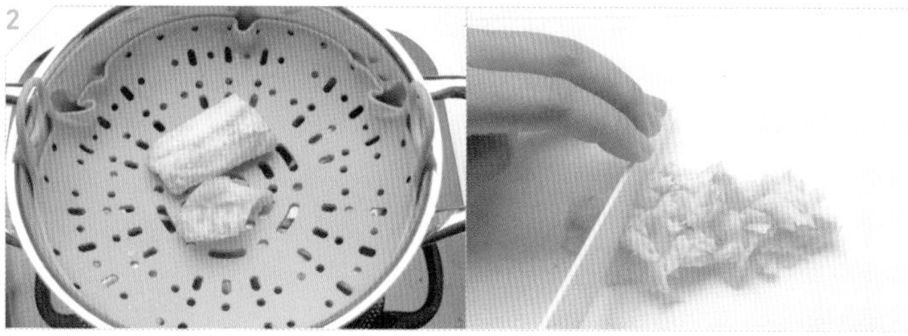

대구살은 쪄서 잘게 다지세요.

3

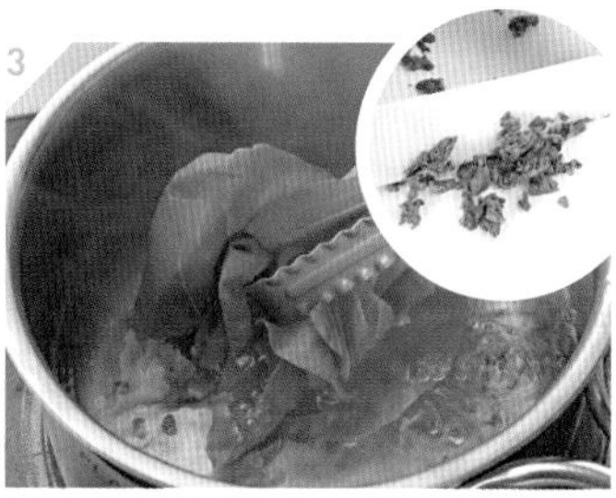

청경채는 잎 부분만 뜨거운 물에 데치고, 찬물에 헹궈 물기를 꼭 짠 다음 다지세요.

4

양파는 껍질을 벗겨 잘게 다지세요.

5

불린 쌀과 불린 차조, 다진 대구 살을 절구에 넣고 함께 갈아 주세요.

6

⑤와 다진 청경채, 양파를 넣고 물(채수)을 부은 다음 센 불에서 저어 가며 끓이세요.

7

끓기 시작하면 약한 불로 줄인 뒤 밥알이 퍼지고 다른 재료가 충분히 익을 때까지 저어 가며 끓이다가 완성되면 불을 끄세요.

8

알맞게 식으면 한 끼 먹을 분량씩 담아서 바로 냉장 보관하세요.

TIP

차조는 알갱이가 작아서 씻는 도중 물에 떠내려가는 양이 많아요. 차조를 고운 체에 넣고 흐르는 물에 살살 흔들어 가며 씻어야 버려지는 양도 적고 돌이나 잡티를 골라내기도 좋아요.

Cod & Button Mushroom & Brown Seaweed

대구살·양송이버섯·미역죽

아기를 낳은 뒤 산모가 가장 먼저 그리고 가장 많이 먹는 식품 가운데 하나가 미역이지요. 미역은 신진대사를 조절하는 무기질이 풍부하며 뼈와 이를 튼튼하게 해주는 칼슘 함량이 높고 식이섬유소가 풍부한 식품이에요. 모유 수유를 한 아기라면 미역이 아주 낯설게 느껴지지는 않을 거예요.

하지만 염분 함량이 많기 때문에 1시간 이상 충분히 불린 다음 흐르는 물에 여러 차례 비벼가며 헹군 후 사용했어요. 미역은 딱딱한 줄기를 제외하고 부드러운 잎 부분만 사용하는 게 좋아요.

재료 준비

불린 쌀 75g + 대구 살 30g + 양송이버섯 15g + 불린 미역 15g + 물(채수) 500ml

1

미역은 깨끗이 씻어서 2시간 이상 불렸다가 체에 밭쳐 물기를 빼고 잘게 다지세요.

2

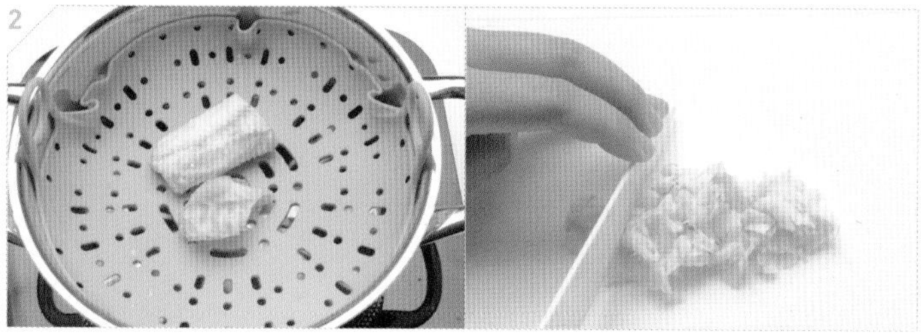

대구살은 쪄서 잘게 다지세요.

3

양송이버섯은 기둥을 비틀어 떼세요.

4

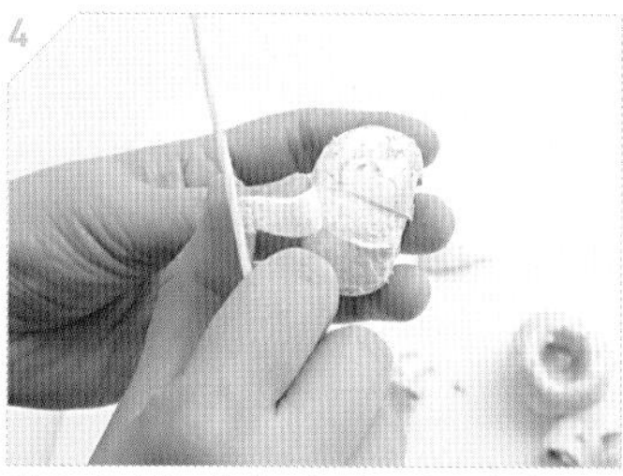

양송이버섯 갓의 껍질을 안쪽에서 바깥 방향으로 얇게 벗기세요.

5

흐르는 물에 재빨리 씻어서 잘게 다지세요.

6

불린 쌀과 다진 대구살을 절구에 넣고 함께 갈아 주세요.

7

④와 다진 미역, 양송이버섯을 넣고 물(채수)을 부은 다음 센 불에서 저어 가며 끓이세요.

8

끓기 시작하면 약한 불로 줄인 뒤 밥알이 퍼지고 다른 재료가 충분히 익을 때까지 저어 가며 끓이다가 완성되면 불을 끄세요.

9

알맞게 식으면 한 끼 먹을 분량씩 담아서 바로 냉장 보관하세요.

TIP

미역을 칼로 다지기 힘들면 가위로 잘게 자르거나 다지기 또는 핸드블렌더를 짧게 돌려서 분쇄해도 좋아요.

ESSAY

옹알이

옹알옹알 못 알아듣는 소리로 종알거리던 아기가 처음으로 또박또박 "엄마"를 말했다. 엄…마…? 아, 내가 엄마구나! 아, 내가 정말 엄마인가? 이런 기분이구나. 이제야 엄마라는 게 실감 나는 감격의 순간. 세상에서 가장 온화한 미소를 띠며 돌아본다.

"엥?"

그런데 용희가 빤히 바라보고 있는 사람은 내가 아니라 남편. 남편은 그때서야 아기의 시선을 느끼고서는 별 감흥 없이 "응? 나? 난 엄마가 아니라 아빠야. 아빠도 해 봐, 아빠!" 했다.

하지만 용희는 버튼을 잘못 누른 곰 인형처럼 계속 엄마 소리만 했다.

"엄마, 엄마, 엄마, 엄마……."

침대 위의 모빌을 보고도 엄마, 할머니가 놀러 오셔도 엄마, 조카들한테도 엄마…….

아, 이건 뭐지? 날 알아보고 '엄마'라고 한 게 아니라 그냥 '엄마'라는 말을 할 줄 알게 된 것뿐이구나.

세 달 정도 발전 없이 계속 '엄마'만 해대니 처음의 감격은 사그라진 지 오래고, '엄마'라고 부르는 소리에 일단 엄마든 아빠든 대답해 주기 익숙해졌을 무렵이었다. 한번은 예방 접종 때문에 병원에 가서 대기 순서를 기다리는데 다른 분들이 말을 걸어왔다.

"어머, 소유진 씨 아기구나. 몇 개월이에요?"

ESSAY

아기 엄마들이 다 그렇듯, 아기 얘기만 나오면 처음 만난 사람과도 십년지기 친구처럼 대화가 이어지는 법. 이런저런 질문과 대화가 오가는데 용희는 무릎에서 계속 '엄마' 소리를 종알종알…….

그런데 계속 아기가 '엄마, 엄마' 하니까 다들 "애가 엄마를 무지 좋아하네. 아기와 정말 잘 놀아 주나 봐요." 했다.

차마 "아뇨, 얘가 할 줄 아는 말이 엄마밖에 없어서요."라는 말은 못 하겠고, "아, 네!" 하며 미소 짓고 말았다. 아, 난 역시 연기자였던 것인가.

ESSAY

하루하루

"뒤집는다… 뒤집는다… 뒤집… 아, 오늘은 안 되겠다. 내일 다시 도전해 보자!"
지나고 보면 아무것도 아니지만 그 기간엔 하루하루 달라지는 아이의 몸짓 하나하나가 가장 큰 이야깃거리이고 자랑이다.
어느 순간 뒤집더니 곧 데굴데굴 굴러다니고, 갑자기 혼자 앉아서 웃고 있고, 또 일어나서는 땅에 발이 붙어 버린 것처럼 꼼짝을 못 하다가 한 발짝을 살살 떼기 시작한다.
그 모습이 귀여워서 이제 그만 컸으면 좋겠다고, 아이 있는 친구들에게 이야기하면 그런 건 아무것도 아니라고, 크면 클수록 더 예쁘다고 한다.

ESSAY

기저귀를 떼고 팬티를 입히면 바지 입고 걸어가는 뒤태가 그렇게 멋있다나.
아직 기저귀를 하고 있는 용희의 엉덩이를 괜히 한번 쳐다보게 된다.
또 벌써 아들이 여섯 살이 된 친구는 아이가 "내가 용감하게 엄마를 지켜 줄 거야."라고 말했다며 든든해서 눈물을 쏟았다고 한다.
나도 곧 그런 날이 올까 싶어 옆에 있는 용희에게 "용감하게 엄마 지켜 줄 거야?" 했더니 "폴리!"라고 외치며 장난감 바구니에서 파란 경찰차를 가지고 온다.
응, 그래, 말한 엄마가 미안해.
뒤태가 멋있는 것도 좋고 용감한 것도 좋지만 엄마는 뭐니 뭐니 해도 우리 아들이 아프지 않고 건강하게 자라 주는 게 최고야.
지켜 주는 건 엄마가 할게.

Part.3

후기 이유식 **무른밥**

생후 만 10~12개월

쇠고기·표고버섯·양배추무른밥
쇠고기·양송이버섯·적채무른밥
쇠고기·콩나물·시금치무른밥
쇠고기·검은콩·양송이버섯·브로콜리무른밥
쇠고기·연근·파프리카무른밥
쇠고기·두부·감자·당근무른밥
쇠고기·단호박·파프리카무른밥
쇠고기·잣무른밥
닭안심·양송이버섯·고구마무른밥
닭안심·완두콩·당근무른밥
닭안심·비트·단호박·양파무른밥
닭가슴살·표고버섯·애호박무른밥
닭가슴살·연두부·완두콩·당근무른밥
[illegible]·애호박·당근무른밥
[illegible]·두부·무·감자무른밥
[illegible]·애호박·당근무른밥
[illegible]·당근·양파무른밥
멸치·두부·브로콜리무른[illegible]
들깨·양송이버섯·표[illegible]
참깨·두부·양배추[illegible]

후기 이유식(생후 만 10~12개월)을 소개합니다

재료는 이렇게 준비했어요!

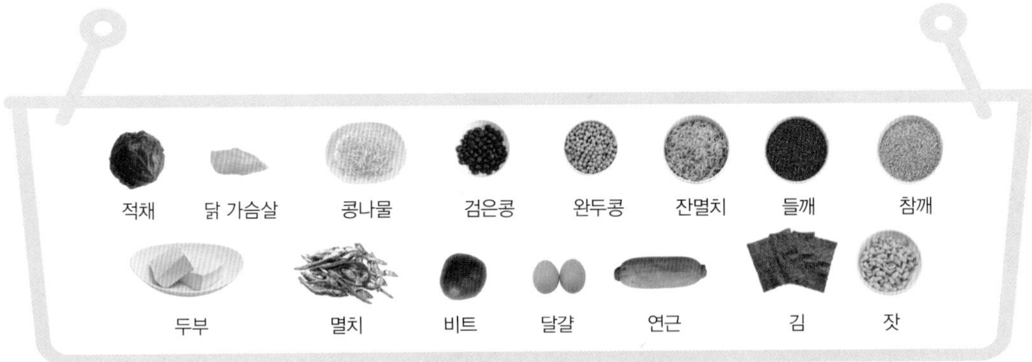

용희는 이렇게 먹었어요!

SUN	MON	TUE	WED	THU	FRI	SAT
				1 쇠고기·표고버섯·양배추무른밥 닭안심·비트·단호박·양파무른밥 참깨·두부·양배추무른밥	2	3
4 쇠고기·양송이버섯·적채무른밥 닭가슴살·표고버섯·애호박무른밥 새송이버섯·애호박·당근무른밥	5	6	7 쇠고기·콩나물·시금치무른밥 닭가슴살·연두부·완두콩·당근무른밥 닭가슴살·표고버섯·애호박무른밥	8	9	10 쇠고기·검은콩·양송이버섯·브로콜리무른밥 대구살·애호박·당근무른밥 쇠고기·잣무른밥
11	12	13 쇠고기·연근·파프리카무른밥 흰살생선·두부·무·감자무른밥 쇠고기·검은콩·양송이버섯·브로콜리무른밥	14	15	16 쇠고기·두부·감자·당근무른밥 새송이버섯·애호박·당근무른밥 쇠고기·양송이버섯·적채무른밥	17
18	19 쇠고기·단호박·파프리카무른밥 잔멸치·김·당근·양파무른밥 쇠고기·두부·감자·당근무른밥	20	21	22 쇠고기·잣무른밥 멸치·두부·브로콜리무른밥 닭안심·완두콩·당근무른밥	23	24
25 닭안심·양송이버섯·고구마무른밥 들깨·양송이버섯·표고버섯무른밥 대구살·애호박·당근무른밥	26	27	28 닭안심·완두콩·당근무른밥 참깨·두부·양배추무른밥 멸치·두부·브로콜리무른밥	29	30	

후기 이유식 이렇게 했어요!

이유식을 시작할 때만 해도 알레르기가 있을까 봐 가슴이 조마조마했는데, 후기쯤 접어드니까 알레르기 반응에 신경이 덜 쓰이더군요. 그런데 후기에는 먹이는 횟수나 양이 많아지는 만큼 알레르기 반응을 더 신경 써서 살펴야 해요. 한꺼번에 새로운 재료를 두세 가지씩 섞지 말고 한 가지만 섞어야 알레르기 반응을 제대로 확인할 수 있어요. 후기 이유식은 3~5가지 재료를 사용했습니다. 그동안 사용한 재료에 새로운 재료 한 가지를 추가했어요.

후기 이유식도 중기처럼 3인분을 기준으로 만들었어요. 아기가 붙잡고 일어서거나 걸음마를 시작할 때라서 활동량이 부쩍 많아지는 만큼 단백질과 비타민은 물론 탄수화물까지 영양소를 골고루 섭취할 수 있도록 이유식에 더욱 신경 써야 해요.

그런데 아기는 사물에 호기심을 갖고 이리저리 움직이느라 먹는 것보다 노는 데 집중하는 경우가 많아요. 결국 아기는 이리저리 돌아다니고 엄마는 이유식을 들고 따라다니기 쉽죠. 하지만 건강한 식습관을 위해 밥은 의자에 앉아 한자리에서 먹는 게 좋다고 하기에 용희도 꼭 한자리에 앉아 먹는 습관을 들였답니다.

+ POINT

후기 이유식

이유식 비율 불린 쌀 : 물 = 1 : 4(4배 무른밥) / 2배 진밥 : 물 = 1 : 2(4배 무른밥)
이유식 형태 약간 큰 알갱이가 있는 무른밥 형태
이유식 횟수 1일 이유식 3회, 간식 2회 제공
이유식 섭취량 1회 120~150g
총 수유량 1일 500~600㎖

후기 이유식 섭취 시기

- ☐ 아기가 아랫니도 나고 잇몸도 단단해지면서 이와 잇몸으로 무른밥 질감의 음식물을 씹어 넘길 수 있는 시기며, 이유식 먹는 양이 많아지면서 이유식과 모유(분유)의 칼로리 섭취 비율이 5:5로 거의 비슷해져요.
- ☐ 이유식 직후, 수유를 통해 추가적인 칼로리 섭취를 하지 않아도 되므로 이유식과 수유를 따로 할 수 있으며 밤중에는 수유를 끊을 수 있게 돼요.

후기 이유식 섭취 특징

- ☐ 매일 탄수화물(무른밥), 단백질(고기, 생선 등), 채소 등이 골고루 섞인 균형잡힌 영양 이유식을 먹여요.
- ☐ 바나나 으깬 정도의 무른 질감에서 삶은 호박고구마 정도의 질감이면 좋아요. 빵이나 떡 등은 질감이 무르다 하더라도 질식의 위험이 있으므로 주의하세요.
- ☐ 1회 100g(아기 밥공기로 한 그릇 정도)이 적당하고, 잘 먹는다면 150g 정도까지 먹여도 괜찮아요. 아기가 먹는 양에 따라 조절이 가능해요.
- ☐ 하루 3회 아침, 점심, 저녁으로 정해진 시간에 규칙적으로 먹도록 하며, 시간과 장소도 일정하게 정해 놓고 식사예절을 지키며 먹는 연습이 꾸준히 필요해요.
- ☐ 음식에 대한 기호가 생겨나므로, 핑거푸드 등을 활용하여 스스로 먹을 수 있도록 도와주고, 잘 안 먹는 음식이 있다면 반복 경험을 통해 먹을 수 있도록 해야 해요.

TIP

초기와 중기 이유식은 불린 쌀로 만들었지만, 후기부터는 2배 진밥을 이용해서 4배 무른밥을 만들어요. 후기에 들어서면서 재료 가짓수가 많아져 손질하는 시간이 늘어나는데, 진밥을 사용하면 쌀을 불리거나 가는 시간이 줄어들어서 조금 수월하거든요. '그럼 2배 진밥을 따로 지어야 하나?' 하고 염려하지 마세요. 어른 밥 지을 때 2배 진밥을 같이 지을 수 있거든요.

2배 진밥 만들기

1. 쌀을 씻어서 밥솥에 안치세요.
2. 쌀을 한쪽으로 몰아서 높낮이가 다르게 하세요.
3. 밥솥 뚜껑을 닫고 평상시처럼 밥을 하세요.

짜잔! 이렇게 하면 쌀 높이가 낮은 쪽은 2배 진밥이 되고 높은 쪽은 보통 밥이 됩니다. 4배 진밥을 만들 때 보통 밥은 쌀알이 단단해서 잘 퍼지지 않으니 꼭 2배 진밥으로 만드세요.

Beef
& Shiitake Mushroom
& Cabbage

쇠고기·표고버섯·양배추무른밥

이유기 후기쯤 되면 새로운 재료를 사용해서 이유식을 만들기보다는 이미 먹어봤던 재료를 다양하게 조합해서 만드는 데 주력하게 되더라고요. 아직까지 소금이나 간장을 사용하지 않지만 재료가 갖고 있는 맛과 향을 느끼면서 질감을 익힐 수가 있지요. 후기 이유식 첫 번째로, 쇠고기와 양배추 그리고 부드럽게 씹히는 표고버섯을 넣고 무른밥을 만들었어요. 특히 표고버섯은 씹는 연습을 하기에 더없이 좋은 재료예요.

재료 준비

※ 후기 이유식 재료는 3회 분량입니다.

진밥 150g + 쇠고기 안심 60g + 표고버섯 30g + 양배추 30g + 물(육수) 240ml

1

핏물을 뺀 쇠고기를 삶아서 한김 식히고 잘게 다지세요.

2

표고버섯은 갓 부분만 떼어 내서 흐르는 물에 헹군 뒤 잘게 다지세요.

3

양배추는 잎 부분만 데쳐서 찬물에 헹구고 잘게 다지세요.

4

다진 표고버섯과 양배추, 쇠고기, 진밥을 넣고 물(육수)을 부은 다음 센 불에서 저어 가며 끓이세요.

5

끓기 시작하면 약한 불로 줄인 뒤 밥알이 퍼지고 다른 재료가 충분히 익을 때까지 저어 가며 끓이다가 완성되면 불을 끄세요.

6

알맞게 식으면 한 끼 먹을 분량씩 담아서 바로 냉장보관하세요.

Beef & Button Mushroom & Red Cabbage

쇠고기·양송이버섯·적채무른밥

컬러푸드 열풍이 불면서 보라색 채소에 대한 관심이 높아졌지요. 오디, 블루베리, 아로니아 등의 과일부터 가지, 자색 고구마, 자색 양파, 적채까지 가격도 저렴하고 영양도 풍부해서 이런저런 요리에서 다양하게 이용하는 것을 볼 수 있습니다. 적채는 흔히 보라색 양배추라고도 하는데, 부드러운 양송이버섯과 맛이 잘 어울리더라고요.

재료 준비

진밥 150g + 쇠고기 안심 60g + 양송이버섯 30g + 적채 30g + 물(육수) 240ml

1

핏물을 뺀 쇠고기를 삶아서 한김 식히고 잘게 다지세요.

2

양송이버섯은 갓 부분만 손질해서 잘게 다지세요.

3

적채는 잎 부분만 데쳐서 찬물에 헹구고 잘게 다지세요.

4

다진 양송이버섯과 적채, 쇠고기, 진밥을 넣고 물(육수)을 부은 다음 센 불에서 저어 가며 끓이세요.

5

끓기 시작하면 약한 불로 줄인 뒤 밥알이 퍼지고 다른 재료가 충분히 익을 때까지 저어 가며 끓이다가 완성되면 불을 끄세요.

6

알맞게 식으면 한 끼 먹을 분량씩 담아서 바로 냉장보관하세요.

Beef &
Bean Sprouts & Spinach

쇠고기·콩나물·시금치무른밥

아기에게 새로운 음식이 '도전'인 것처럼, 엄마에게는 새로운 재료를 이용해 이유식을 만드는 일이 '도전'이지요. 이 도전의 성공 여부는 아기가 얼마나 잘 먹느냐가 결정할 텐데요, 아기의 반응에 따라 엄마도 웃었다 속상했다 기분이 달라진답니다.
이번에는 콩나물을 이용한 이유식에 도전해 봤어요. 후기 이유식 때는 씹는 연습을 잘해야 뇌 발달에도 좋고 나중에 음식을 꼭꼭 씹어 먹는 습관을 기를 수 있는데, 콩나물 줄기는 부드러우면서도 아삭한 식감이 씹는 연습을 하기에 안성맞춤이었어요.

재료 준비

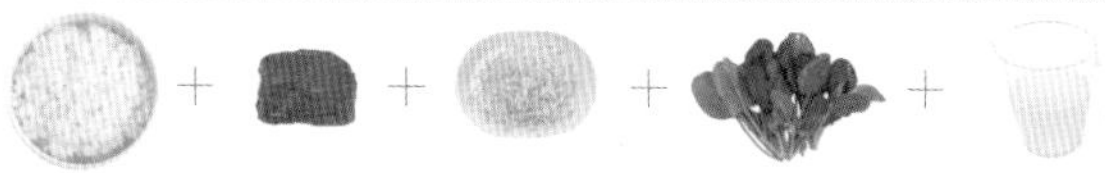

진밥 150g + 쇠고기 안심 60g + 콩나물 30g + 시금치 30g + 물(육수) 240ml

1

핏물을 뺀 쇠고기를 삶아서 한김 식히고 잘게 다지세요.

2

콩나물은 줄기만 데쳐서 잘게 다지세요.

3

손질한 시금치는 데쳐서 찬물에 헹구고 잘게 다지세요.

4

다진 시금치와 콩나물, 쇠고기, 진밥을 넣고 물(육수)을 부은 다음 센 불에서 저어 가며 끓이세요.

5

끓기 시작하면 약한 불로 줄인 뒤 밥알이 퍼지고 다른 재료가 충분히 익을 때까지 저어 가며 끓이다가 완성되면 불을 끄세요.

6

알맞게 식으면 한 끼 먹을 분량씩 담아서 바로 냉장보관하세요.

TIP

콩나물 대가리는 떼고 사용하는 게 좋아요. 섬유소가 많아서 아기가 소화를 잘 못 시킬 수도 있거든요(콩나물 손질하는 법 p.58 참조). 또 채소 중에 오래 보관하면 안 되는 것들이 있는데, 그중 하나가 시금치예요. 시금치는 시간이 지날수록 수산의 함량이 늘어나서 오히려 건강을 해칠 수 있어요(시금치 고르는 법, 보관하는 법 p.45 참조).

Beef & Black Soybean
& Button Mushroom
& Broccoli

쇠고기·검은콩·양송이버섯·브로콜리 무른밥

콩에 영양이 풍부한 것은 잘 알지만 알레르기를 일으키는 요소도 많기 때문에 후기에 접어들어 사용해 봤어요. '밭에서 나는 쇠고기'라고 불릴 만큼 담백하고 영양이 많은 콩. 그중에서도 아기의 시력 증진에 좋다는 서리태(검은콩)를 사용했어요. 콩을 삶을 때 거품이 일어나는데, 이때 삶은 물을 버리고 새 물을 받아서 다시 한번 삶으면 배탈이 나거나 할 일은 없다고 해요. 블랙푸드의 대표 주자인 검은콩으로 영양 만점 이유식 만들기에 도전해 보세요.

재료 준비

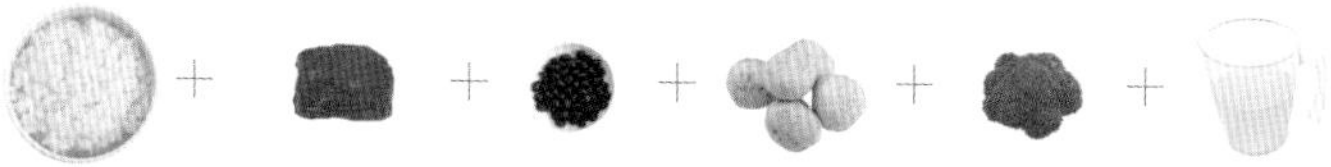

진밥 130g + 쇠고기 안심 60g + 검은콩 20g + 양송이버섯 30g + 브로콜리 30g + 물(육수) 240ml

1

핏물을 뺀 쇠고기를 삶아서 한김 식히고 잘게 다지세요.

2

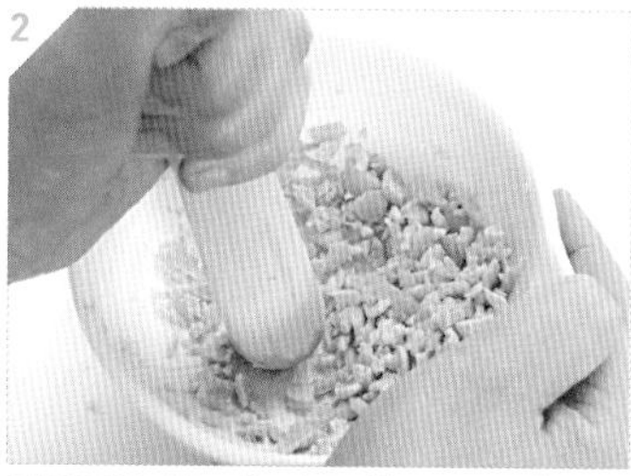

검은콩은 찬물에 하룻밤(6~10시간) 불린 뒤 껍질을 벗겨 내고 삶아서 으깨세요.

3

양송이버섯은 갓 부분만 손질해서 잘게 다지세요.

4

브로콜리는 꽃송이만 잘라 베이킹소다로 깨끗이 씻은 뒤 쪄서 다지세요.

5

다진 양송이버섯과 브로콜리, 으깬 검은콩, 다진 쇠고기, 진밥에 물(육수)을 부은 다음 센 불에서 저어 가며 끓이세요.

6

끓기 시작하면 약한 불로 줄인 뒤 밥알이 퍼지고 다른 재료가 충분히 익을 때까지 저어 가며 끓이다가 완성되면 불을 끄세요.

7

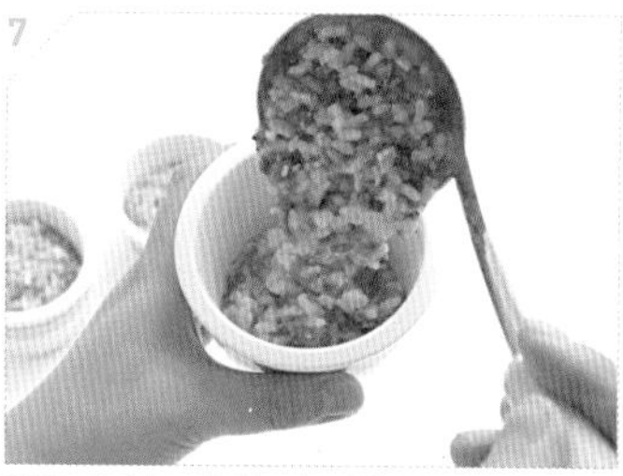

알맞게 식으면 한 끼 먹을 분량씩 담아서 바로 냉장보관하세요.

TIP

콩을 삶을 때, 한번 끓어오르면 그 물을 버린 뒤 새 물을 받아서 다시 한번 끓이세요. 그러면 콩 속에 든 사포닌 성분이 많이 제거되기 때문에 배탈이 나지 않아요. 사포닌은 인삼이나 팥 등에도 많이 들어 있는 유익한 성분인데, 장이 약한 아기에게는 설사를 일으킬 수 있어요.

Beef &
Lotus Root & Paprika

쇠고기·연근·파프리카무른밥

파프리카는 영양이 아주 많은 채소로 알려져 있지만 향 때문에 꺼리는 사람이 많은 편이지요. 아기 때부터 먹는 습관을 들이면 커서도 잘 먹는다고 하니 색색가지 파프리카로 이유식을 만들어 보세요. 연근은 사각사각 씹히는 맛이 일품이지만 아기가 먹기에는 질기고 단단하므로 푹 삶아서 사용하는 게 좋아요.

재료 준비

진밥 150g 쇠고기 안심 60g 연근 30g 파프리카 20g 물(육수) 240ml

1

핏물을 뺀 쇠고기를 삶아서 한김 식히고 잘게 다지세요.

2

연근은 껍질을 벗기고 얇게 썰어 주세요.

3

갈변과 아린 맛을 제거하기 위해 끓는 물에 식초 한 숟가락을 넣고 연근을 푹 삶으세요.

4

삶은 연근을 찬물에 헹궈 잘게 다지세요.

5

파프리카는 꼭지와 씨를 제거하고 껍질을 벗겨서 잘게 다지세요.

6

다진 연근과 파프리카, 쇠고기, 진밥을 넣고 물(육수)을 부은 다음 센 불에서 저어 가며 끓이세요.

7

끓기 시작하면 약한 불로 줄인 뒤 밥알이 퍼지고 다른 재료가 충분히 익을 때까지 저어 가며 끓이다가 완성되면 불을 끄세요.

8

알맞게 식으면 한 끼 먹을 분량씩 담아서 바로 냉장보관하세요.

TIP

파프리카는 영양이 풍부한 반면 껍질이 질겨서 식감이 좋지 않아요. 이 유식을 만들 때는 껍질을 벗겨서 사용하세요(파프리카 껍질 벗기는 법 p.59 참조).

Beef & Bean Curd & Potato & Carrot

쇠고기·두부·감자·당근무른밥

감자와 당근은 비타민이 풍부하기로 이름난 채소이고, 두부와 쇠고기는 대표 단백질 식품이지요. 흔하게 구할 수 있는 재료인 데다 손질도 쉬워서 마땅히 재료를 준비하지 못했을 때 후딱후딱 만들기 좋은 이유식이에요. 당근 대신 무를 넣어도 달달하고 맛있는 이유식이 완성된답니다.

재료 준비

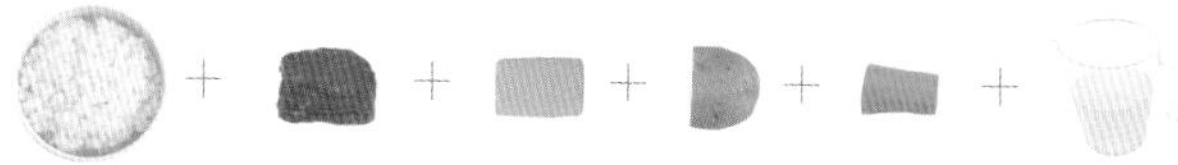

진밥 120g + 쇠고기 안심 60g + 두부 50g + 감자 30g + 당근 30g + 물(육수) 240ml

1

핏물을 뺀 쇠고기를 삶아서 한김 식히고 잘게 다지세요.

2

두부는 삶아서 손으로 물기를 짜내며 으깨세요.

3

감자와 당근은 껍질을 벗기고 잘게 다지세요.

4

다진 감자와 당근, 으깬 두부, 다진 쇠고기, 진밥을 넣고 물(육수)을 부은 다음 센 불에서 저어 가며 끓이세요.

5

끓기 시작하면 약한 불로 줄인 뒤 밥알이 퍼지고 다른 재료가 충분히 익을 때까지 저어 가며 끓이다가 완성되면 불을 끄세요.

6

알맞게 식으면 한 끼 먹을 분량씩 담아서 바로 냉장보관하세요.

Beef & Sweet Pumpkin & Paprika

쇠고기·단호박·파프리카무른밥

요즘은 단호박의 종류도 다양해졌더라고요. 밤이나 고구마보다 달고 맛있어서 인기도 높고요. 맛있는 단호박과 영양 덩어리인 파프리카를 넣으면 그 자체만으로 영양식이 완성된답니다. 단호박의 향과 쇠고기의 고소한 맛이 파프리카의 강한 향을 잡아 주기 때문에 맛도 조화를 잘 이루지요.

재료 준비

진밥 150g + 쇠고기 안심 60g + 단호박 50g + 파프리카 30g + 물(육수) 240ml

1 핏물을 뺀 쇠고기를 삶아서 한김 식히고 잘게 다지세요.

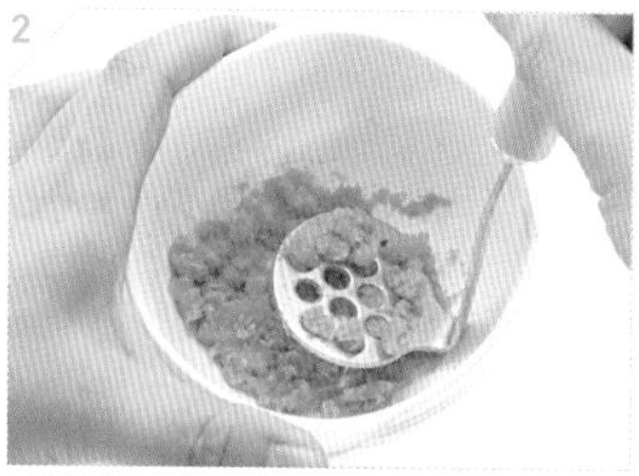

2 단호박은 씨를 빼고 껍질을 벗겨서 찐 뒤 으깨세요.

3 파프리카는 꼭지와 씨를 제거하고 껍질을 벗겨서 잘게 다지세요.

4 으깬 단호박, 다진 파프리카와 쇠고기, 진밥을 넣고 물(육수)을 부은 다음 센 불에서 저어 가며 끓이세요.

5 끓기 시작하면 약한 불로 줄인 뒤 밥알이 퍼지고 다른 재료가 충분히 익을 때까지 저어 가며 끓이다가 완성되면 불을 끄세요.

6 알맞게 식으면 한 끼 먹을 분량씩 담아서 바로 냉장보관하세요.

Beef & Pine Nut

쇠고기·잣무른밥

견과류를 먹으면 세포가 건강해지기 때문에 하루에 한 줌 정도 먹으면 좋다고 해요. 하지만 지방이 많아서 견과류를 처음 먹는 아기는 알레르기 반응과 더불어 소화에 문제가 생길 수 있어요. 너무 많이 먹으면 비만의 원인이 되기도 하고요. 그래서 첫 견과류로 잣을 선택하고 다른 재료는 한 가지만 넣어서 만들어 보았어요.

재료 준비

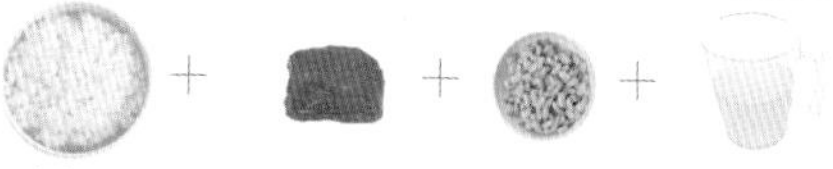

진밥 150g + 쇠고기 안심 60g + 잣 20g + 물(육수) 240ml

1

쇠고기는 잘게 다지세요.

2

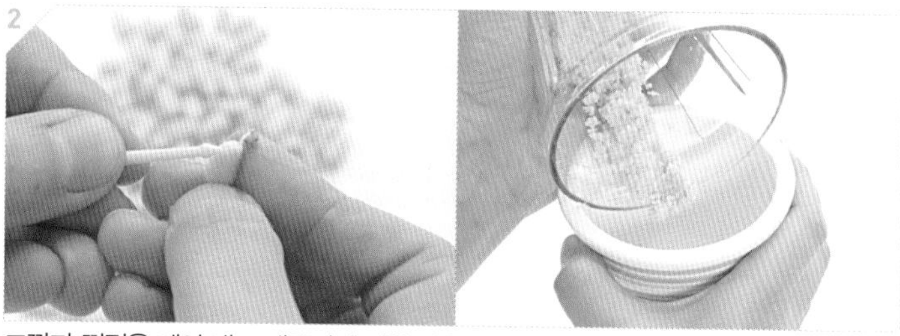

고깔과 껍질을 떼어 내고 깨끗이 손질한 잣을 믹서에 곱게 갈아 주세요.

3

냄비에 쇠고기와 물 두세 숟가락을 넣고 달달 볶아 주세요.

4

쇠고기가 익으면 갈아 놓은 잣과 진밥을 넣고 물(육수)을 부은 다음 센 불에서 저어 가며 끓이세요.

5

끓기 시작하면 약한 불로 줄인 뒤 밥알이 퍼지고 다른 재료가 충분히 익을 때까지 저어 가며 끓이다가 완성되면 불을 끄세요.

6

알맞게 식으면 한 끼 먹을 분량씩 담아서 바로 냉장보관하세요.

TIP

잣은 딱딱한 겉껍데기만 벗긴 황잣과 속껍질까지 벗긴 백잣이 있어요. 황잣을 구입했다면 먼저 물에 불려 껍질을 벗겨 내야 해요(잣 손질하는 법 p.63 참조).

Chicken&
& Button Mushroom
& Sweet Potato

닭안심·양송이버섯·고구마무른밥

단백질과 각종 비타민 그리고 소화를 돕는 효소가 많아서 아기의 위장이 편안해지는 양송이버섯과 섬유소가 많아 배변을 돕는 고구마, 육질이 부드럽고 단백질이 풍부한 닭고기의 영양이 조화를 이루는 이유식이에요. 한 가지 재료에 부족한 영양을 다른 재료가 보충해 주기 때문에 무엇보다 든든한 이유식이지요.

재료 준비

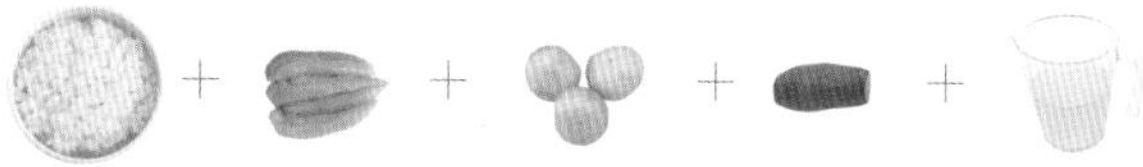

진밥 150g + 닭고기 안심 60g + 양송이버섯 30g + 고구마 30g + 물(육수) 240ml

1

지방과 힘줄을 제거한 닭고기를 삶아서 한김 식히고 잘게 다지세요.

2

손질한 양송이버섯을 흐르는 물에 헹궈서 잘게 다지세요.

3

고구마는 껍질을 벗기고 푹 쪄서 썰어 주세요.

4

찐 고구마와 다진 양송이버섯, 닭고기, 진밥을 넣고 물(육수)을 부은 다음 센 불에서 저어 가며 끓이세요.

5

끓기 시작하면 약한 불로 줄인 뒤 밥알이 퍼지고 다른 재료가 충분히 익을 때까지 저어 가며 끓이다가 완성되면 불을 끄세요.

6

알맞게 식으면 한 끼 먹을 분량씩 담아서 바로 냉장보관하세요.

Chicken & Pea & Carrot

닭안심·완두콩·당근무른밥

완두콩은 다른 콩과 달리 말려 두고 먹지 않고 4~6월 제철에 나오는 생콩만 먹는답니다. 신선한 완두콩이 눈에 띈다면 이유식에 넣어 보세요. 아기도 완두콩의 고소하고 담백한 맛을 좋아할 거예요. 완두콩은 시력 향상에도 도움이 되고 뼈 건강에도 좋다니 맛과 건강을 다 챙길 수 있지요.

재료 준비

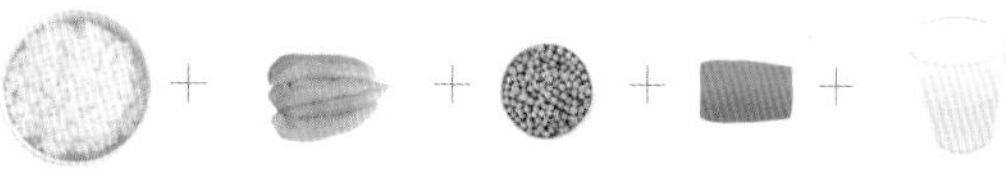

진밥 150g + 닭고기 안심 60g + 완두콩 20g + 당근 30g + 물(육수) 240ml

1

지방과 힘줄을 제거한 닭고기를 삶아서 한김 식히고 잘게 다지세요.

2

완두콩은 삶아서 껍질을 벗기고 으깨세요.

3

당근은 쪄서 잘게 다지세요.

4

으깬 완두콩, 다진 당근, 닭고기, 진밥을 넣고 물(육수)을 부은 다음 센 불에서 저어 가며 끓이세요.

5

끓기 시작하면 약한 불로 줄인 뒤 밥알이 퍼지고 다른 재료가 충분히 익을 때까지 저어 가며 끓이다가 완성되면 불을 끄세요.

6

알맞게 식으면 한 끼 먹을 분량씩 담아서 바로 냉장보관하세요.

Chicken & Beet & Sweet Pumpkin & Onion

닭안심·비트·단호박·양파무른밥

비트의 가장 큰 효능은 빈혈 예방과 면역력 강화라고 할 수 있어요. 첫돌 이전의 아기는 철분이 부족하여 빈혈에 걸리기 쉬우므로 이유식을 통해 따로 공급해 줘야 건강과 성장에 문제가 없어요. 삶아 먹어도, 그냥 먹어도 영양이 풍부한 양파와 달달한 단호박, 담백하고 고소한 닭고기 안심은 입이 짧은 아기도 잘 먹는 이유식 재료예요.

재료 준비

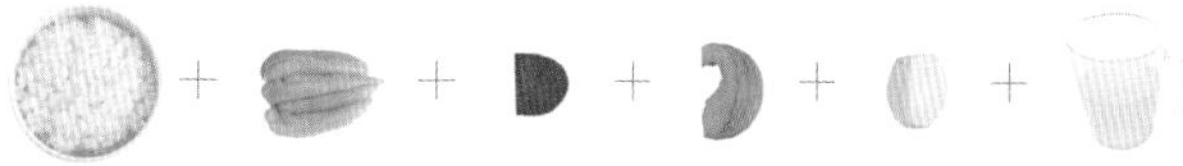

진밥 150g + 닭고기 안심 60g + 비트 20g + 단호박 30g + 양파 30g + 물(육수) 240ml

1

닭고기는 지방과 힘줄을 제거한 뒤 삶아서 한김 식히고 잘게 다지세요.

2

비트는 껍질을 벗기세요.

3

단호박도 씨를 빼고 껍질을 벗기세요.

4

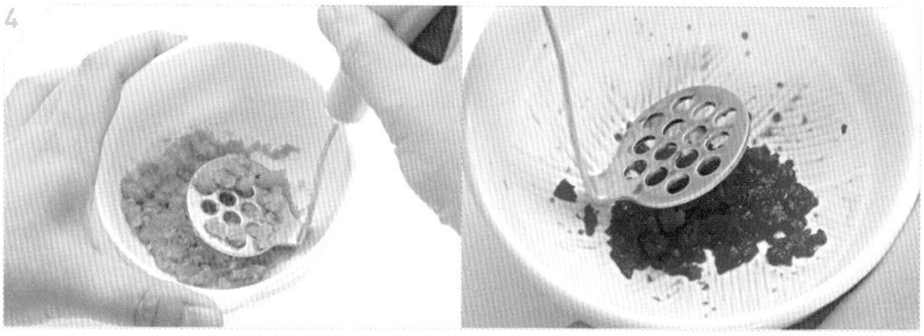

손질한 단호박과 비트를 푹 찐 뒤 으깨 주세요.

5

양파는 잘게 다지세요.

6

으깬 단호박과 비트, 다진 양파와 닭고기, 진밥을 넣고 물(육수)을 부은 다음 센 불에서 저어 가며 끓이세요.

7

끓기 시작하면 약한 불로 줄인 뒤 밥알이 퍼지고 다른 재료가 충분히 익을 때까지 저어 가며 끓이다가 완성되면 불을 끄세요.

8

알맞게 식으면 한 끼 먹을 분량씩 담아서 바로 냉장보관하세요.

TIP

비트를 맨손으로 손질했다가는 붉은 물이 손에 배어 고생할 거예요. 껍질 벗긴 비트는 잠깐만 잡고 있어도 색이 진하게 배거든요(비트 손질하는 법 p.43 참조).

Chicken & Shiitake Mushroom & Young Pumpkin

닭가슴살·표고버섯·애호박무른밥

이유식에 사용하는 닭고기는 지방이 적고 소화가 잘되는 가슴살과 안심이에요. 용희는 닭고기를 처음 맛본 순간부터 닭고기 마니아가 되었답니다. 표고버섯은 칼슘이 많아 뼈 건강에 좋을 뿐 아니라 철분이 풍부해서 모유를 먹는 아기에게 부족하기 쉬운 철분을 보충하는 데 그만이랍니다.

재료 준비

진밥 150g + 닭 가슴살 60g + 표고버섯 30g + 애호박 30g + 물(육수) 240ml

1

지방과 힘줄을 제거한 닭고기를 삶아서 한김 식히고 잘게 다지세요.

2

표고버섯은 갓 부분만 떼어 내서 흐르는 물에 헹군 뒤 잘게 다지세요.

3

애호박은 씨를 빼고 살짝 찌세요.

4

다진 표고버섯, 애호박, 닭고기, 진밥을 넣고 물(육수)을 부은 다음 센 불에서 저어 가며 끓이세요.

5

끓기 시작하면 약한 불로 줄인 뒤 밥알이 퍼지고 다른 재료가 충분히 익을 때까지 저어 가며 끓이다가 완성되면 불을 끄세요.

6

알맞게 식으면 한 끼 먹을 분량씩 담아서 바로 냉장보관하세요.

TIP

표고버섯은 기둥을 떼어 내고 갓 부분만 사용해요(표고버섯 손질하는 법 p.61 참조).

Chicken
& Silken Bean Curd
& Carrot & Pea

닭가슴살·연두부·완두콩·당근무른밥

부드러워서 식사 대용으로 애용하는 연두부는 두부처럼 콩의 영양을 고스란히 담고 있는 고단백 식품이에요. 그동안 아기가 잘 먹었던 재료 중 당근과 완두콩, 닭 가슴살을 이용해 촉촉하고 부드러운 이유식을 만들었어요. 이유식 후기에 접어들면 씹어 삼키는 데 제법 익숙해져서 먹는 속도도 빨라지고 새로운 재료를 넣어도 잘 먹어요.

재료 준비

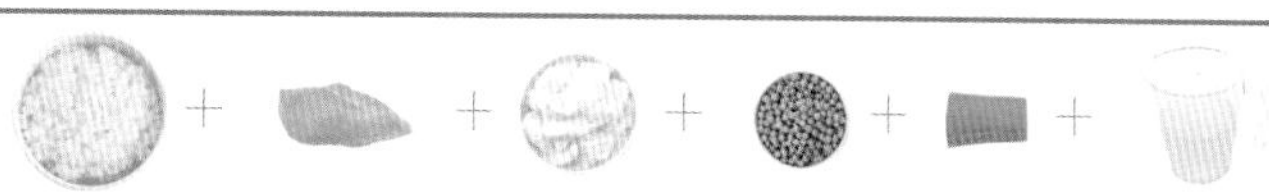

진밥 130g + 닭 가슴살 60g + 연두부 50g + 완두콩 20g + 당근 40g + 물(육수) 240ml

1 지방과 힘줄을 제거한 닭고기를 삶아서 한김 식히고 잘게 다지세요.

2 연두부는 체에 밭쳐서 물기를 빼세요.

3 완두콩은 껍질을 벗기고 삶아서 으깨세요.

4 당근은 쪄서 잘게 다지세요.

5 다진 당근과 닭고기, 으깬 완두콩, 진밥을 넣고 물(육수)을 부은 다음 센 불에서 저어 가며 끓이세요.

6 끓기 시작하면 연두부를 넣고 약한 불로 줄인 뒤 밥알이 퍼지고 다른 재료가 충분히 익을 때까지 저어 가며 끓이다가 완성되면 불을 끄세요.

7 알맞게 식으면 한 끼 먹을 분량씩 담아서 바로 냉장보관하세요.

Cod & Young Pumpkin & Carrot

대구살·애호박·당근무른밥

뽀얀 흰살생선과 파릇한 애호박 그리고 색감을 살려주는 붉은 당근이 돋보이는 이유식이에요. 애호박과 당근은 익으면서 달큼한 맛이 나고 흰살생선도 담백하기 때문에 아기들이 잘 먹지요. 특히 당근은 철분이 많아 빈혈 예방에 좋고 면역력을 높이는 데도 한몫을 해요. 생선 비린내에 민감한 아기라면 어린이용 치즈를 반 장 정도 넣어 주세요. 그러면 거부감 없이 잘 먹을 거예요.

재료 준비

진밥 150g + 대구 살 60g + 애호박 30g + 당근 20g + 물(육수) 240ml

1

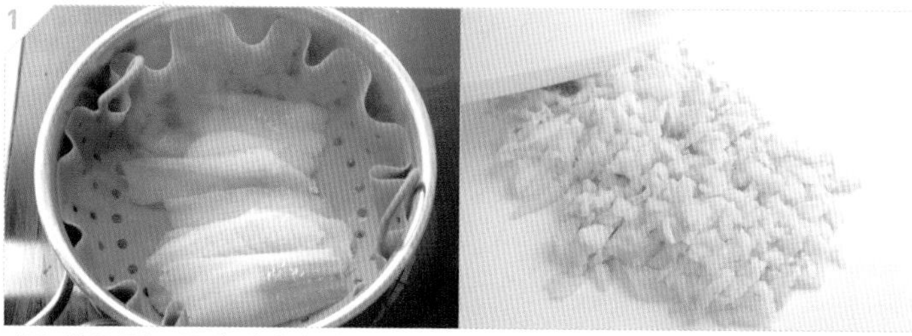

대구 살을 끓는 물에 데쳐서 찐 뒤 찬물에 헹군 후 잘게 다지세요.

2

애호박은 씨 부분만 도려내고 잘게 다지세요.

3

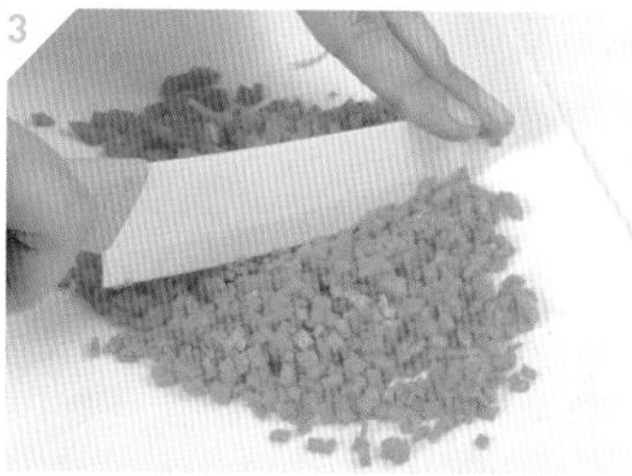

당근은 껍질을 벗기고 잘게 다지세요.

4

다진 대구 살, 애호박, 당근, 진밥을 넣고 물(육수)을 부은 다음 센 불에서 저어 가며 끓이세요.

5

끓기 시작하면 약한 불로 줄인 뒤 밥알이 퍼지고 다른 재료가 충분히 익을 때까지 저어 가며 끓이다가 완성되면 불을 끄세요.

6

알맞게 식으면 한 끼 먹을 분량씩 담아서 바로 냉장보관하세요.

TIP

냉동 대구 살을 구입했다면 이유식 만들기 전날 냉장실로 옮겨서 미리 해동하세요.

White Fish & Bean Curd
& White Radish & Potato

흰살생선·두부·무·감자무른밥

흰살생선은 지방이 적어서 담백한 데다가 성장을 돕는 단백질과 칼슘이 풍부하고, 살이 비교적 연한 편이에요. 등푸른생선에 비해 비린내가 적기 때문에 거부감도 덜 하지요. 냉동보다는 신선한 생선이 좋지만 부득이하게 냉동을 사용해야 한다면 생선을 먼저 끓는 물에 익힌 다음 사용하는 것이 좋아요. 가장 중요한 한 가지! 손질한 생선에 가시가 들어가지 않도록 손으로 일일이 살을 발라내면서 확인하세요.

재료 준비

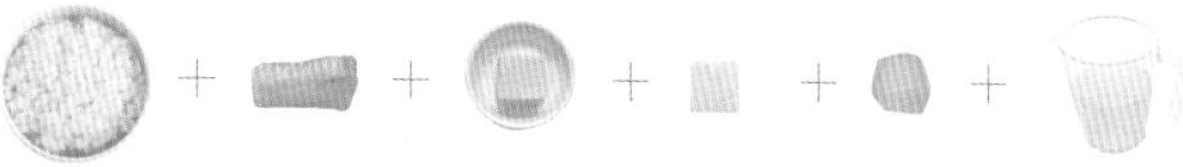

진밥 150g + 흰살생선 60g + 두부 20g + 무 20g + 감자 20g + 물(채수) 240ml

1

흰살생선은 비늘과 내장을 제거한 뒤 흐르는 물에 깨끗이 씻으세요.

2

찜기에 올려 찐 다음, 살만 발라내서 잘게 다지세요.

3

두부는 뜨거운 물에 데친 뒤 물기를 제거하고 으깨거나 잘게 다지세요.

4

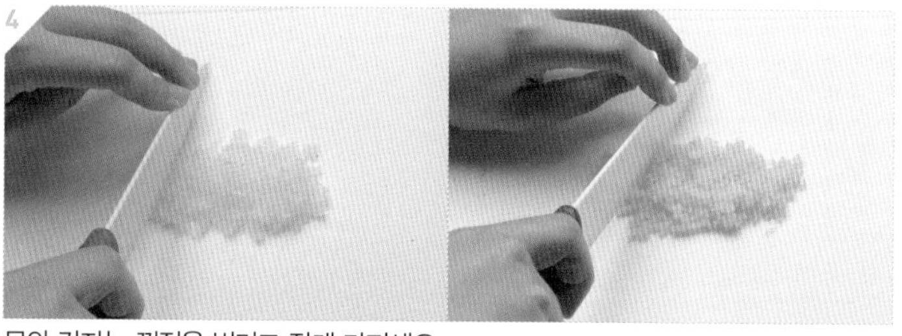

무와 감자는 껍질을 벗기고 잘게 다지세요.

5

잘게 다진 두부, 무, 감자에 진밥을 넣고 물(채수)을 부은 다음 센 불에서 저어 가며 끓이세요.

6

끓기 시작하면 약한 불로 줄인 뒤, 밥알이 퍼지고 다른 재료가 충분히 익을 때까지 저어 가며 끓이다가 완성되면 불을 끄세요.

7

알맞게 식으면 한 끼 먹을 분량씩 담아서 바로 냉장 보관하세요.

TIP

흰살생선의 비린내가 적긴 하지만 아예 없는 것이 아니라서 거슬릴 수 있어요. 그럴 때는 손질한 생선을 쌀뜨물에 10분 정도 담갔다가 꺼내서 흐르는 물에 씻어 주세요. 쌀뜨물이 없을 때는 흰우유에 담가도 괜찮아요.

King Oyster Mushroom & Young Pumpkin & Carrot

새송이버섯·애호박·당근무른밥

새로운 재료를 사용해서 아기에게 새로운 맛을 소개하는 것도 좋지만, 그동안 맛본 재료를 가지고 친근한 맛을 다시 한번 느껴 보는 것도 좋아요. 제가 이유식을 하며 자주 사용한 재료가 버섯인데요, 그래서인지 용희는 유아식을 하는 동안 버섯을 무척이나 좋아해 참 고마웠답니다.

재료 준비

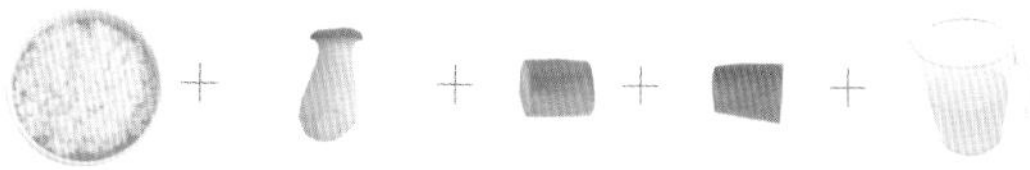

진밥 150g + 새송이버섯 30g + 애호박 40g + 당근 30g + 물(육수) 240ml

1

새송이버섯은 갓 부분만 찬물에 헹궈서 잘게 다지세요.

2

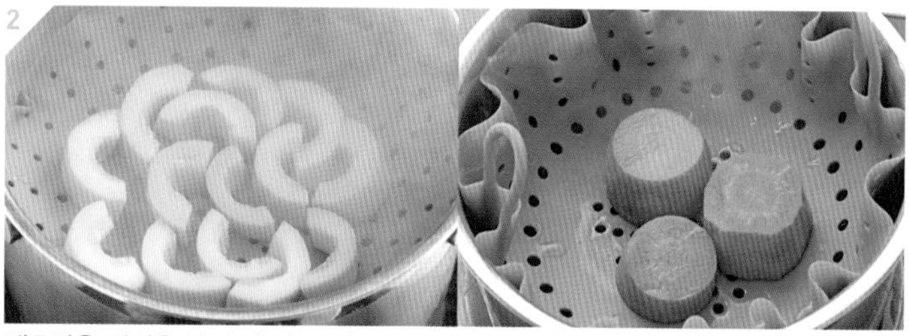

애호박은 껍질을 벗긴 뒤 씨를 빼고, 당근도 껍질을 벗긴 뒤 푹 찌세요.

3

찐 당근을 한김 식힌 다음 잘게 다지세요.

4

다진 당근과 새송이버섯, 애호박, 진밥을 넣고 물(육수)을 부은 다음 센 불에서 저어 가며 끓이세요.

5

끓기 시작하면 약한 불로 줄인 뒤 밥알이 퍼지고 다른 재료가 충분히 익을 때까지 저어 가며 끓이다가 완성되면 불을 끄세요.

6

알맞게 식으면 한 끼 먹을 분량씩 담아서 바로 냉장보관하세요.

Baby Anchovies & Laver
& Carrot & Onion

잔멸치·김·당근·양파무른밥

바다에서 나는 잔멸치와 김 그리고 뿌리채소인 당근과 양파를 넣고 이유식을 만들었어요. 제가 김 마니아라 1년 내내 집에 김이 마를 날이 없는데 드디어 이유식에도 김을 넣어 보았습니다. 다행히 용희도 김을 잘 먹어서 재료 걱정 하나 줄었지요. 당장 냉장고에 있을 법한 재료로 맛있는 이유식을 만들어 보세요.

재료 준비

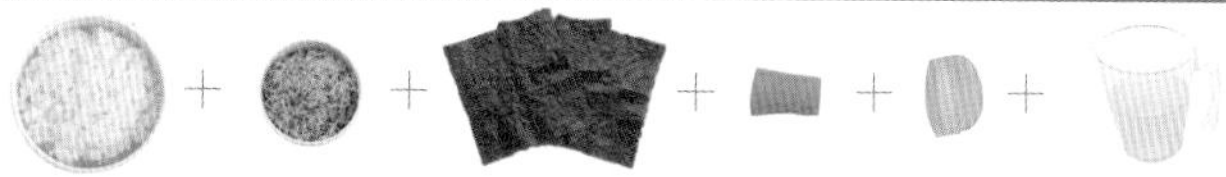

진밥 150g + 잔멸치 20g + 김 3장 + 당근 30g + 양파 30g + 물(육수) 240ml

1

잔멸치는 30분 이상 물에 불려서 짠맛을 빼세요.

2

소금이 없는 마른 김을 손바닥 사이에 넣고 슥슥 비벼서 굵은 티나 불순물을 떨어내세요.

3

손질한 김을 프라이팬에 살짝 구우세요.

4

당근은 쪄서 잘게 다지세요.

5

양파는 껍질을 벗기고 잘게 다지세요.

6

불려 놓은 잔멸치를 체에 밭쳐 물기를 뺀 다음 기름을 두르지 않은 프라이팬에 넣고 약한 불에서 볶으세요.

7

볶아 낸 잔멸치를 절구에 넣고 곱게 빻아 주세요.

8

빻아 놓은 잔멸치, 다진 당근과 양파, 진밥을 넣고 물(육수)을 부은 다음 센 불에서 저어 가며 끓이세요.

9

끓기 시작하면 약한 불로 줄인 뒤 구운 김을 찢어 넣으세요.

10

밥알이 퍼지고 다른 재료가 충분히 익을 때까지 저어 가며 끓이다가 완성되면 불을 끄세요.

11

알맞게 식으면 한 끼 먹을 분량씩 담아서 바로 냉장보관하세요.

Anchovy & Bean Curd
& Broccoli

멸치·두부·브로콜리무른밥

이번에는 잔멸치가 아닌 중간 크기 멸치를 곱게 갈아서 이유식을 만들어 봤어요. 칼슘의 대명사로 알려진 멸치는 뼈와 치아가 튼튼해지는 좋은 식품이지요. 아기 때는 성장이 활발하기 때문에 특히 뼈 건강이 중요한데, 비타민이 풍부한 브로콜리, 단백질이 풍부한 두부와 함께 먹으면 각 영양소의 흡수도 돕고 맛도 일품인 이유식이 됩니다.

재료 준비

진밥 150g + 멸치 20g + 두부 60g + 브로콜리 30g + 물(육수) 240ml

1

멸치는 찬물에 30분 이상 담가 짠맛을 빼세요.

2

두부는 삶아서 손으로 물기를 짜내며 으깨세요.

3

브로콜리는 꽃송이만 베이킹소다로 깨끗이 씻은 뒤 쪄서 다지세요.

4

불려 놓은 멸치를 체에 밭쳐 물기를 뺀 다음 기름을 두르지 않은 프라이팬에 볶아 주세요.

5

볶은 멸치를 분쇄기에 갈아서 가루로 만드세요.

6

멸치 가루, 으깬 두부, 다진 브로콜리, 진밥을 넣고 물(육수)을 부은 다음 센 불에서 저어 가며 끓이세요.

7

끓기 시작하면 약한 불로 줄인 뒤 밥알이 퍼지고 다른 재료가 충분히 익을 때까지 저어 가며 끓이다가 완성되면 불을 끄세요.

8

알맞게 식으면 한 끼 먹을 분량씩 담아서 바로 냉장보관하세요.

TIP

비타민 D가 칼슘의 흡수를 돕는다고 하니 멸치나 잔멸치를 이용한 이유식을 만들 때 연어나 표고버섯, 우유, 달걀노른자 등을 같이 넣는 게 좋아요. 반면 시금치에 있는 수산 성분이 칼슘의 흡수를 방해하므로 이유식은 멸치와 시금치를 같이 넣지 말아야 해요.

Perilla Seeds &
Button Mushroom &
Shiitake Mushroom

들깨·양송이버섯·표고버섯무른밥

오늘은 들깨를 추가해 보았어요. 생선 기름에 오메가 3가 많다고 알려져 있는데, 사실 오메가 3가 가장 많은 식품은 들깨라고 해요. 오메가 3는 아기의 두뇌 발달에 아주 좋은 성분이랍니다. 생선 기름보다 흡수율도 좋기 때문에 아기가 오메가 3를 보충하기에는 들깨만큼 좋은 게 없지요. 양송이버섯과 표고버섯을 같이 넣어 영양 균형을 맞춰 보았어요.

재료 준비

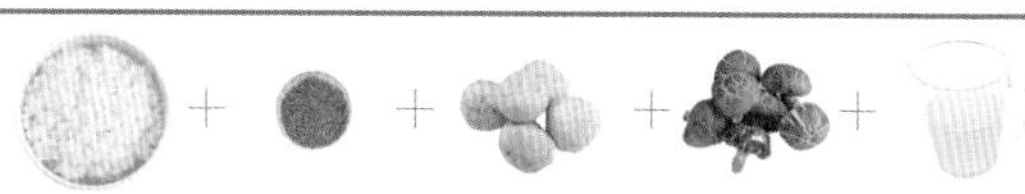

진밥 150g + 들깨 가루 3ts + 양송이버섯 30g + 표고버섯 30g + 물(육수) 240ml

1 양송이버섯은 갓 부분만 손질해서 흐르는 물에 헹군 뒤 잘게 다지세요.

2 표고버섯도 갓 부분만 떼어 내서 흐르는 물에 헹군 뒤 잘게 다지세요.

3 다진 양송이버섯과 표고버섯, 들깨 가루, 진밥을 넣고 물(육수)을 부은 다음 센 불에서 저어 가며 끓이세요.

4 끓기 시작하면 약한 불로 줄인 뒤 밥알이 퍼지고 다른 재료가 충분히 익을 때까지 저어 가며 끓이다가 완성되면 불을 끄세요.

5 알맞게 식으면 한 끼 먹을 분량씩 담아서 바로 냉장보관하세요.

TIP

양송이버섯과 표고버섯은 갓 부분만 사용해야 돼요. 버섯을 고르거나 손질하는 법은 비슷하지만 양송이버섯이 좀 더 쉽게 부스러져서 다루기가 조심스럽지요(표고버섯 손질하는 법 p.61, 양송이버섯 손질하는 법 p.49 참조).

Sesame Seed & Bean Curd & Cabbage

참깨·두부·양배추무른밥

들깨에 이어 참깨를 넣은 이유식에도 도전해 봤어요. 고소한 맛이 일품인 데다 비타민과 칼슘이 풍부하고 항산화 작용이 뛰어난 참깨는 이유식 재료로 최고더라고요. 단, 지방이 많기 때문에 후기 이유식부터 사용할 수 있답니다. 그리고 두부는 가능하면 국산 콩으로 만든 제품을 사용하세요.

재료 준비

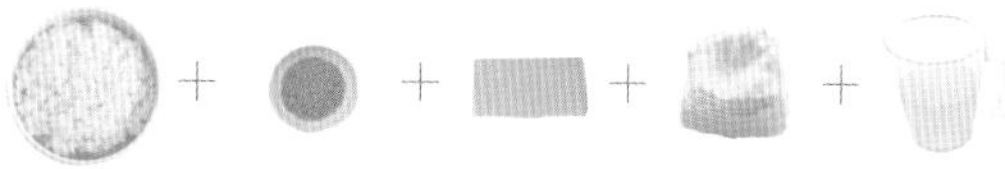

진밥 150g + 참깨 1TS + 두부 90g + 양배추 30g + 물(육수) 240ml

1

참깨는 절구나 믹서기에 곱게 갈아서 참깨 가루로 만들어 주세요.

2

두부는 삶아서 손으로 물기를 짜내며 으깨세요.

3

양배추는 잎 부분만 데쳐서 찬물에 헹구고 잘게 다지세요.

4

으깬 두부, 다진 양배추, 참깨 가루, 진밥을 넣고 물(육수)을 부은 다음 센 불에서 저어 가며 끓이세요.

5

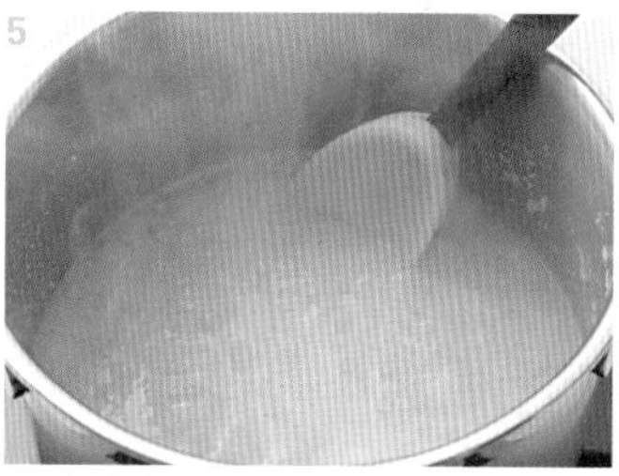

끓기 시작하면 약한 불로 줄인 뒤 밥알이 퍼지고 다른 재료가 충분히 익을 때까지 저어 가며 끓이다가 완성되면 불을 끄세요.

6

알맞게 식으면 한 끼 먹을 분량씩 담아서 바로 냉장보관하세요.

TIP

참깨나 들깨 등 기름기가 많은 식품은 공기와 열에 닿으면 산화되기 쉬우므로 지퍼백이나 밀폐용기에 넣어 냉동실에 보관하는 게 좋아요(참깨 보관하는 법 p.30, 들깨 보관하는 법 p.31 참조).

ESSAY

첫 이발

용희가 10개월 중반쯤 되었을 때 마침 미용실에 갈 일이 있어서 용희를 처음으로 데리고 가 보았다.

지금껏 두 번 정도는 아기가 잘 때 옆머리를 살짝살짝 직접 잘라 주었는데, 첫돌 사진 촬영이 2주 앞으로 다가왔기 때문이다. 이쯤 되면 왠지 전문가의 손길이 필요할 것 같았다.

출발할 때는 신이 났는데 막상 도착하니 내 생각이 짧았구나 싶었다.

최고로 예뻐야 하는 결혼식날의 신부도 있고 스트레스를 풀기 위해 펌을 하는 손님도 있을 텐데, 그 옆에서 10개월 아기가 머리 자르며 울음을 터뜨린다고 상상하니 얼굴이 새빨개지는 민망한 상황을 떠올릴 수밖에 없었다.

나는 우선 아기가 미용실 분위기에 익숙해지도록 직원 누나들과 놀고 있으라고 한 뒤 금방 머리 감고 오겠다며 바로 옆 샴푸실에 다녀왔다.

그런데 샴푸실에 다녀오니 우리 아기에게 어깨보가 씌워져 있고, 원장님이 "애가 뭐 이리 순해!" 하는 것이다.

거울을 보니 용희 머리가 말끔해졌다.

"엥? 벌써 잘랐다고? 아무 소리도 안 들렸는데? 좀 기다리지. 어머~ 그러고 보니 우리 애 첫 이발의 순간을 놓쳤잖아……."

"아니, 나도 유진 씨 오면 자르려고 기다리다가 그냥 장난으로 폼만 잡았는데 아기가 칭얼대지 않고 아주 담담하기에 한번 잘랐지. 그런데 가만히 있어서 또 잘라 봤는데 또 가만히 있어서 어쩌다 끝나 버렸네……."

ESSAY

"진짜?"

하긴 머리는 깔끔한데 울음소리가 안 들렸으니 믿을 수밖에…….

그 뒤로도 용희는 두세 달에 한 번씩 미용실에 가면 내일 군대 가는 청년처럼 심각한 표정으로 조용히 이발을 하고 나온다.

ESSAY

부주의

참 감사하게도 이유식을 하는 동안 아픈 적이 없는 용희.

감기도 잘 걸리지 않아 병원 갈 일이 없었는데 엄마의 부주의 때문에 병원 신세를 졌으니 미안할 따름이다.

여느 때와 마찬가지로 아기를 아기 의자에 앉히고 벨트도 맨 뒤 이유식 그릇을 가지고 왔다. 그런데 내가 자리를 잡는 중에 용희가 아직 식지 않은 이유식 그릇에 손을 뻗어 죽을 만진 것이다. 순식간이었다. 아기를 싱크대로 안고 가서 흐르는 찬물에 씻겨 봤지만 이미 터져 버린 울음은 그치지 않았고, 나는 부랴부랴 병원 가방을 싸면서도 마음만 더욱 조급해졌다.

결국 손가락에 물집이 잡혀 병원에 가서 진료를 받고 붕대를 칭칭 감고서야 집에 돌아왔다. 권투선수처럼 붕대를 감은 손이 낯선지 계속 한 손을 들어 보이는데 얼마나 미안하고 안쓰러웠는지 모른다. 그 후로 병원을 두 번이나 더 간 뒤에야 붕대를 풀 수 있었다.

그런데 이 사건이 용희가 커 가면서도 머릿속에 자리하고 있는 것 같다. 그 뒤로 "그거 뜨거워." 하면 만지려 하다가도 절대 안 만지고 뜨거운 것을 먹을 때는 호호 불어 먹는 습관이 생긴 것이다.

많이 다치지 않아 다행이지만 나에게도 정말 큰 사건으로 기억되는 데다 아기 키울 때는 한순간도 방심해선 안 된다는 사실을 다시 한번 되새겼다.

Part. 4

완료기 이유식
2배 진밥

생후 만 12개월 이후

쇠고기·달걀·표고버섯·시금치무른밥
쇠고기·콩나물·당근진밥
쇠고기·무·단호박·브로콜리진밥
쇠고기·두부·표고버섯·파프리카진밥
쇠고기·완두콩·가지·당근진밥
쇠고기·양송이버섯·당근·양파진밥
쇠고기·표고버섯·감자·당근·양파·들깨진밥
닭안심·우엉·양송이버섯·브로콜리진밥
닭안심·부추·연근·파프리카진밥
닭안심·토마토·사과진밥
닭안심·감자·당근·양파·브로콜리진밥
달걀·콜리플라워·당근진밥
달걀·두부·팽이버섯·연근진밥
새우·토마토·양배추·단호박진밥
새우·연두부·애호박진밥
새우·부추·양파·치즈진밥
연어·파프리카·양파진밥
게살·오이·파프리카진밥
치즈·고구마·어린잎채소진밥
검은깨·연두부·파프리카진밥

완료기 이유식(생후 만 12개월 이후)을 소개합니다

재료는 이렇게 준비했어요!

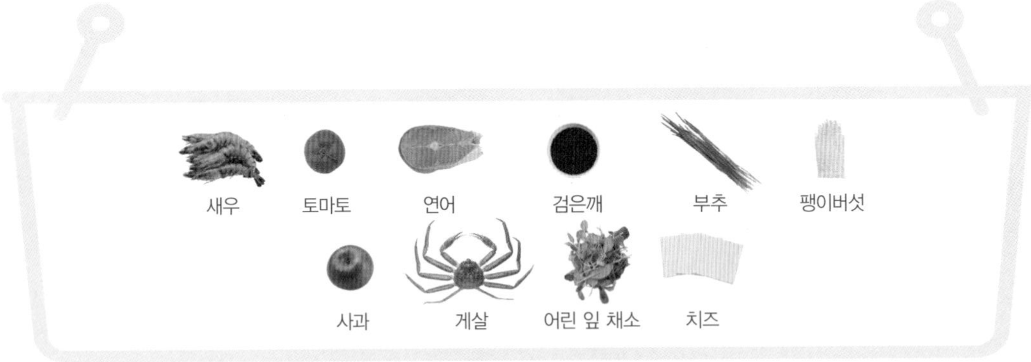

용희는 이렇게 먹었어요!

SUN	MON	TUE	WED	THU	FRI	SAT
				1 쇠고기·달걀·표고버섯·시금치무른밥 닭안심·감자·당근·양파·브로콜리진밥 검은깨·연두부·파프리카진밥	2	3
4 쇠고기·콩나물·당근진밥 달걀·콜리플라워·당근진밥 새우·부추·양파·치즈진밥	5	6	7 쇠고기·무·단호박·브로콜리진밥 달걀·두부·팽이버섯·연근진밥 달걀·콜리플라워·당근진밥	8	9	10 쇠고기·두부·표고버섯·파프리카진밥 새우·토마토·양배추·단호박진밥 닭안심·우엉·양송이버섯·브로콜리진밥
11	12	13 쇠고기·완두콩·가지·당근진밥 새우·연두부·애호박진밥 쇠고기·두부·표고버섯·파프리카진밥	14	15	16 쇠고기·양송이버섯·당근·양파진밥 새우·부추·양파·치즈진밥 쇠고기·콩나물·당근진밥	17
18	19 쇠고기·표고버섯·감자·당근·양파·들깨진밥 연어·파프리카·양파진밥 쇠고기·양송이버섯·당근·양파진밥	20	21	22 닭안심·우엉·양송이버섯·브로콜리진밥 게살·오이·파프리카진밥 닭안심·토마토·사과진밥	23	24
25 닭안심·부추·연근·파프리카진밥 치즈·고구마·어린잎채소진밥 새우·토마토·양배추·단호박진밥	26	27	28 닭안심·토마토·사과진밥 검은깨·연두부·파프리카진밥 게살·오이·파프리카진밥	29	30	

완료기 이유식 이렇게 했어요!

완료기는 젖병을 완전히 떼고, 수저와 컵을 사용해 혼자서도 잘 먹는 시기라고 해요. 이유식은 후기와 마찬가지로 하루에 세 번 먹이지만 양이 훨씬 많아졌어요. 어른이 먹는 음식 중 질기거나 딱딱한 것을 제외하고는 대부분 다 먹을 수 있답니다. 활동이 많은 점심과 저녁 사이에 간식을 주면 아기가 탈 없이 잘 먹지요.

하지만 한 가지, 주변 사물에 대한 호기심이 왕성해지면서 상대적으로 먹는 것에는 관심이 줄어들고 미각이 까다로워지면서 입맛에 맞지 않으면 이유식을 거부하는 일이 생깁니다. 거부 의사도 확실해서 먹기 싫을 때는 "아니야!" 하면서 고개를 돌려 버리죠. 아무리 먹이려고 해도 안 먹겠다고 고집을 부릴 때면 안타깝고 속이 상해요.

아기가 거부 의사를 보일 때는 억지로 먹이려 하지 말고 일단 음식을 거두세요. 보통 엄마들이 안타까운 마음에 과일이나 과자 등을 주기도 하는데, 간식을 주면 그다음부터는 입에 맞지 않는 음식은 무조건 거부하고 간식으로 끼니를 때우려는 경향을 보여요. 용희가 이유식을 거부할 경우 끼니와 간식을 거른 뒤 그다음 끼니에 다시 한번 똑같은 이유식을 먹였는데 배가 고팠는지 그렇게 하면 잘 먹더라고요.

저는 완료기 이유식이 가장 어려웠어요. 나름 이유식 요령이 생겨서 만들기는 쉬운데 아기가 의사 표현이 확실해져서 좋아하거나 먹고 싶은 것이 아니면 안 먹겠다고 해서 기운이 빠져 버리기 일쑤였거든요. 그래서 용희가 좋아하는 재료들을 활용해서 다양하게 만들었답니다. 하지만 먹고 싶다는 것만 해 주지 말고 영양 균형도 잘 생각해야겠죠? 아기가 잘 안 먹는 재료를 좋아하는 재료에 섞어 먹이는 요령이 차츰 생기더라고요.

완료기는 유아식을 위한 준비 단계입니다. 다양한 식재료를 이용한 요리로 아기가 새로운 형태의 맛과 식감을 익히도록 도와주세요.

+ POINT

완료기 이유식

이유식 비율
불린 쌀 : 물 = 1 : 2(2배 진밥)

이유식 형태
어른이 먹는 음식보다 부드러운 진밥 형태

이유식 횟수
1일 이유식 3회, 간식 2회 제공

이유식 섭취량
1회 120~180g

총 수유량
1일 400㎖ 이하

완료기 이유식 섭취 시기

- ☐ 돌 무렵부터는 걷기 시작하면서 활동량이 늘어나기 때문에 이유식을 통해 에너지 공급을 충분히 해주는 것이 중요해요.

완료기 이유식 섭취 특징

- ☐ 어른의 식사와 비슷하지만 조금 더 부드럽게 조리해서 소화가 잘 되게 해야 돼요.
- ☐ 양념은 최대한 자제하며 한 번 먹는 양은 아기 밥그릇 1~2공기 분량 정도면 괜찮아요.
- ☐ 하루 세 번 가족 식사 시간에 먹도록 하며, 밥이 주식이 되므로 수유는 하루에 최대 2~3회를 넘지 않아야 해요.
- ☐ 후기 이유식과 같이 균형 잡힌 식단이 중요하며 정해진 시간 외에 먹을 것을 수시로 주지 마세요. 아기도 배고픔을 느끼고 참는 것도 중요해요.
- ☐ 숟가락 등의 도구 사용이 가능해지면 스스로 먹는 습관을 길러주세요. 처음에는 많이 흘리지만 이런 과정을 통해 배워나갑니다
- ☐ 스스로 음식을 선택할 수 있도록 하면 편식 가능성을 낮출 수 있어요.

Beef & Egg
& Shiitake Mushroom
& Spinach

쇠고기·달걀·표고버섯·시금치무른밥

달걀은 밥상에 쉽게 오르는 재료지만 의외로 알레르기를 일으키는 요인이 많기 때문에 용희에게는 이유식 완료기 때 먹여 보았어요. 달걀의 흰자보다는 노른자가 알레르기 걱정이 적으므로 노른자 먼저 먹여 보고 아무 이상이 없을 때 흰자를 먹이는 게 순서라고 해요. 용희에게 먹일 때 처음에는 유정란을 선택하고 첫돌이 지난 이후부터는 어른과 같은 달걀을 먹였답니다.

김밥 재료처럼 알록달록하고 맛도 좋은 쇠고기 · 달걀 · 표고버섯 · 시금치무른밥. 이유식 만들기에 익숙해지면서 재료가 한두 개 늘어도 시간이 오래 걸리지 않아요.

재료 준비

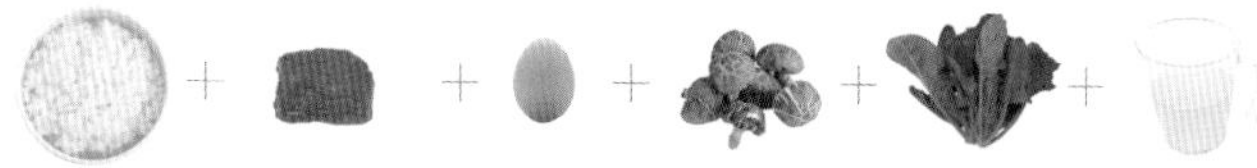

진밥 210g + 쇠고기 안심 60g + 달걀 1개 + 표고버섯 50g + 시금치 30g + 물(육수) 240ml

1

핏물을 뺀 쇠고기를 삶아서 한김 식히고 잘게 다지세요.

2

달걀은 알끈과 난막을 걷어 내고 곱게 풀어 놓으세요.

3

표고버섯은 갓 부분만 떼어 내서 흐르는 물에 헹구고 잘게 다지세요.

4

시금치는 데쳐서 찬물에 헹군 다음 잘게 다지세요.

5

다진 시금치와 표고버섯, 쇠고기, 진밥을 넣고 물(육수)을 부은 다음 센 불에서 저어 가며 끓이세요.

6

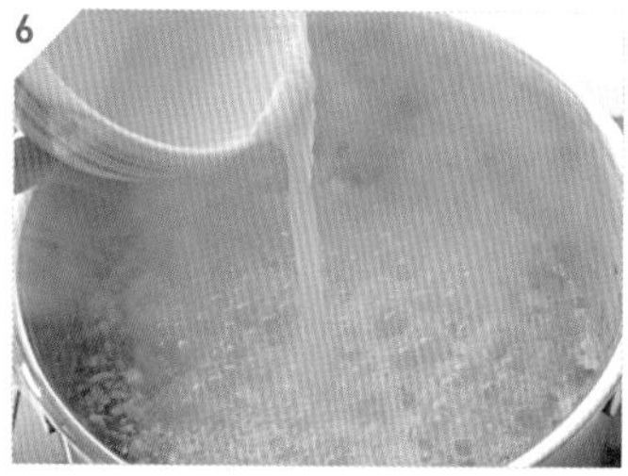

끓기 시작하면 약한 불로 줄인 뒤 밥알이 퍼지고 다른 재료가 충분히 익을 때까지 저어 가며 끓이다가 마지막에 풀어 놓은 달걀물을 두르고 잘 저어 주세요.

7

다 익으면 불을 끄고 알맞게 식힌 뒤 한 끼 먹을 분량씩 담아서 바로 냉장보관하세요.

TIP

시금치를 다듬으면서 뿌리까지 바짝 자르면 데칠 때 영양소가 다 빠져나간다고 해요. 시금치 뿌리는 데친 다음에 자르는 게 좋아요(시금치 손질하는 법 p.45 참조).

Beef & Bean Sprouts & Carrot

쇠고기·콩나물·당근진밥

비타민이 풍부한 콩나물은 염증을 예방하고 면역력을 강화하는 데 좋다고 해요. 감기 걸렸을 때 먹으면 열이 내려가는데, 콩나물에 든 수분이 체액과 비슷한 형태라 흡수율이 높기 때문이래요. 집에서 콩나물국밥을 자주 해 먹다 보니 용희가 콩나물 넣은 이유식을 많이 먹었는데 덕분에 감기에 잘 안 걸리지 않았나 싶어요.

재료 준비

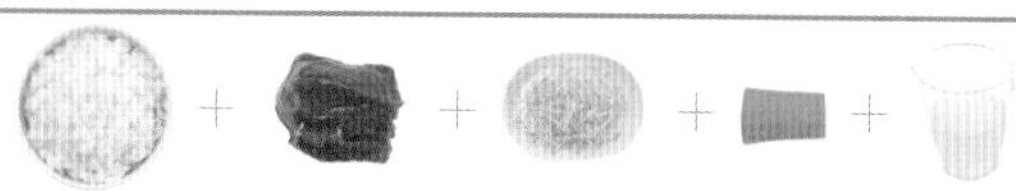

진밥 210g + 쇠고기 안심 90g + 콩나물 50g + 당근 40g + 물(육수) 50ml

1

핏물을 뺀 쇠고기를 삶아서 한김 식히고 잘게 다지세요.

2

콩나물은 줄기만 삶아서 다지세요.

3

당근은 쪄서 잘게 다지세요.

4

다진 콩나물, 당근, 쇠고기, 진밥을 넣고 물(육수)을 부은 다음 센 불에서 저어 가며 끓이세요.

5

끓기 시작하면 약한 불로 줄인 뒤 밥알이 퍼지고 다른 재료가 충분히 익을 때까지 저어 가며 끓이다가 완성되면 불을 끄세요.

6

알맞게 식으면 한 끼 먹을 분량씩 담아서 바로 냉장보관하세요.

TIP

비타민이 철분의 흡수를 높인다고 하니, 철분이 많은 쇠고기로 이유식을 만들 때는 각종 채소를 같이 넣으세요.

Beef & White Radish & Sweet Pumpkin & Broccoli

쇠고기·무·단호박·브로콜리진밥

무는 1년 내내 주변에서 흔하게 볼 수 있는 채소로 가격도 저렴하고 요리에 다양하게 쓰이지요. 예부터 '가을 무는 산삼에 버금가고, 겨울 무는 보약보다 낫다'고 할 만큼 무는 효능이 뛰어나서 변비를 낫게 하고, 더부룩하거나 쓰린 속을 달래 주는 데 약재처럼 쓰이기도 했대요. 함부로 약을 먹을 수 없는 아기에게는 정말 귀한 재료가 아닌가 싶어요.

재료 준비

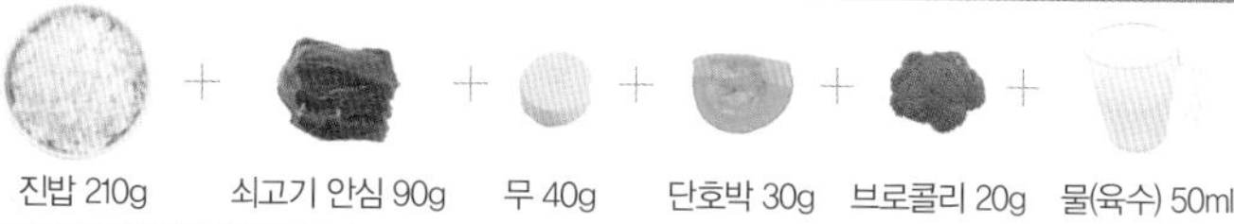

1

핏물을 뺀 쇠고기를 삶아서 한김 식히고 잘게 다지세요.

2

무는 솔로 깨끗이 씻어서 껍질째 잘게 다지세요.

3
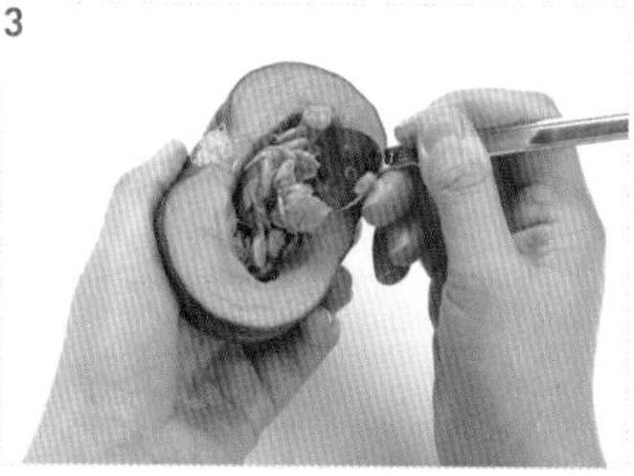

단호박은 씨를 빼고 껍질을 벗기세요.

4

손질한 단호박을 쪄서 으깨세요.

5

브로콜리는 꽃송이만 잘라 베이킹소다로 깨끗이 씻은 뒤 쪄서 잘게 다지세요.

6

다진 무와 으깬 단호박, 다진 브로콜리, 쇠고기, 진밥을 넣고 물(육수)을 부은 다음 센 불에서 저어 가며 끓이세요.

7

끓기 시작하면 약한 불로 줄인 뒤 밥알이 퍼지고 다른 재료가 충분히 익을 때까지 저어 가며 끓이다가 완성되면 불을 끄세요.

8

알맞게 식으면 한 끼 먹을 분량씩 담아서 바로 냉장보관하세요.

TIP

무와 오이는 함께 요리하지 않는다고 해요. 무에는 비타민이 많이 들어 있는데, 오이에 든 성분이 비타민을 파괴하기 때문이에요. 만약 오이와 무를 같이 조리해야 한다면 식초를 살짝 넣어 주는 게 좋대요. 식초의 성분이 오이가 비타민을 파괴하지 못하도록 막아 주는 역할을 한다고 해요.

Beef & Bean Curd & Shiitake Mushroom & Paprika

쇠고기·두부·표고버섯·파프리카진밥

쇠고기와 표고버섯은 음식 궁합이 잘 맞는 재료예요. 표고버섯의 비타민이 쇠고기에 있는 칼슘과 철분 흡수를 도와 뼈가 튼튼하게 자라나도록 해 주거든요. 말린 표고버섯은 비타민 D가 더 풍부하다니 말린 표고버섯으로 다양한 이유식을 만들어 보세요. 이유식 중기와 후기에는 마른 표고버섯의 향이 강해서 아기가 거부감을 가질까 봐 생 표고버섯을 사용했는데, 완료기부터는 영양이 더 많은 마른 표고버섯을 불려서 사용했어요.

재료 준비

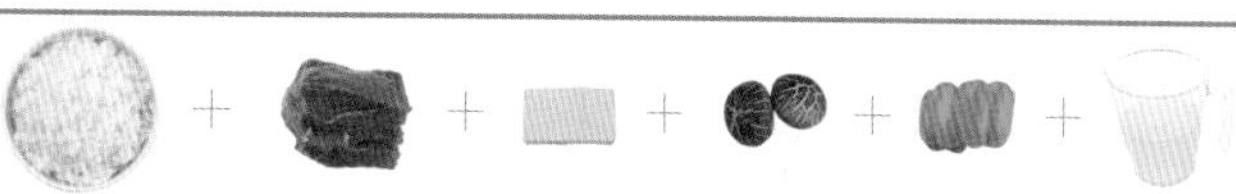

진밥 210g 쇠고기 안심 90g 두부 20g 표고버섯 40g 파프리카 30g 물(육수) 50ml

1

핏물을 뺀 쇠고기를 삶아서 한김 식히고 잘게 다지세요.

2

두부는 뜨거운 물에 데쳐 물기를 짠 뒤 으깨세요.

3

표고버섯은 갓 부분만 떼어 내서 흐르는 물에 헹군 뒤 잘게 다지세요.

4

파프리카는 꼭지를 자른 다음 씨를 빼고 잘게 다지세요.

5

다진 표고버섯, 으깬 두부, 다진 파프리카와 쇠고기, 진밥을 넣고 물(육수)을 부은 다음 센 불에서 저어 가며 끓이세요.

6

끓기 시작하면 약한 불로 줄인 뒤 밥알이 퍼지고 다른 재료가 충분히 익을 때까지 저어 가며 끓이다가 완성되면 불을 끄세요.

7

알맞게 식으면 한 끼 먹을 분량씩 담아서 바로 냉장보관하세요.

TIP

마른 표고버섯을 구입했다면 30분 이상 물에 불렸다가 꼭 짜서 갓 부분만 사용해야 해요. 버섯은 상하기 쉽기 때문에 많은 양의 생 표고버섯을 오래 두고 먹을 거면 말려서 보관하세요.

표고버섯의 기둥과 갓을 떼어 낸 다음 갓은 갓대로, 기둥은 기둥대로 나눠서 말리는 게 좋아요. 기둥이 굵어서 잘 안 마를 것 같으면 반으로 갈라서 말리세요. 햇볕에 말리는 동안 버섯에 비타민 D의 양이 증가하면서 영양도 더 좋아진대요. 그러나 햇볕이 약한 겨울철이나 장마철에는 말리는 도중에 상할 수 있으니 표고버섯의 갓 부분을 0.5cm 두께로 썰어서 말리는 게 좋아요.

Beef & Pea
& Eggplant & Carrot

쇠고기·완두콩·가지·당근진밥

아기가 유아식 때 잘 안 먹을 것 같은 재료들을 이유식 만들 때 일부러 더 많이 사용한 편이에요. 아직까진 잘 모르고 받아먹을 수 있거든요. 그중 하나가 가지예요. 가지는 비타민이 풍부해서 피로 해소 효과가 있고, 피부 건강에도 좋고, 보라색 색소의 성분은 노화를 예방한다고 해요. 완두콩은 눈 건강에 좋은 비타민 A와 이뇨 작용을 돕는 효능 그리고 뼈 건강에 도움이 되는 영양이 풍부하다니 가지와 완두콩, 쇠고기로 영양 궁합이 잘 맞는 이유식을 만들어 보세요. 아기가 잘 먹어 준다면 몸에 좋은 재료를 익숙하게 만드는 계기가 되니 더욱 좋겠지요.

재료 준비

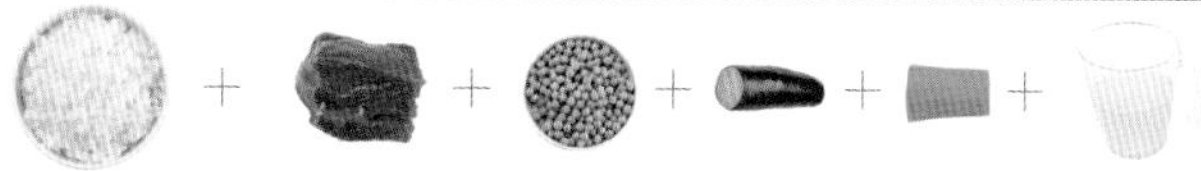

진밥 210g + 쇠고기 안심 90g + 완두콩 20g + 가지 40g + 당근 30g + 물(육수) 50ml

1

핏물을 뺀 쇠고기를 삶아서 한김 식힌 다음 잘게 다지세요.

2

완두콩은 불렸다가 껍질을 까고 푹 삶아서 으깨세요.

3

가지는 껍질째 잘게 다지세요.

4

당근은 껍질을 벗겨서 잘게 다지세요.

5

다진 가지, 으깬 완두콩, 다진 당근, 쇠고기와 진밥을 넣고 물(육수)을 부은 다음 센 불에서 저어 가며 끓이세요.

6

끓기 시작하면 약한 불로 줄인 뒤 밥알이 퍼지고 다른 재료가 충분히 익을 때까지 저어 가며 끓이다가 완성되면 불을 끄세요.

7

알맞게 식으면 한 끼 먹을 분량씩 담아서 바로 냉장보관하세요.

Beef & Button Mushroom & Carrot & Onion

쇠고기·양송이버섯·당근·양파진밥

이제 웬만한 식재료는 다 사용해 봤기 때문에 다양한 재료를 섞어도 큰 문제가 없어요. 완료기 이유식에서는 알레르기 반응을 살피는 것보다 '영양이 균형을 이루고 있는가' 하는 점을 살피는 게 더 중요하지요. 3대 영양소인 단백질, 탄수화물, 지방 중 부족한 건 없는지, 아기의 건강과 성장에 꼭 필요한 비타민과 무기질은 골고루 들어 있는지 생각하면서 메뉴를 정해 보세요.

재료 준비

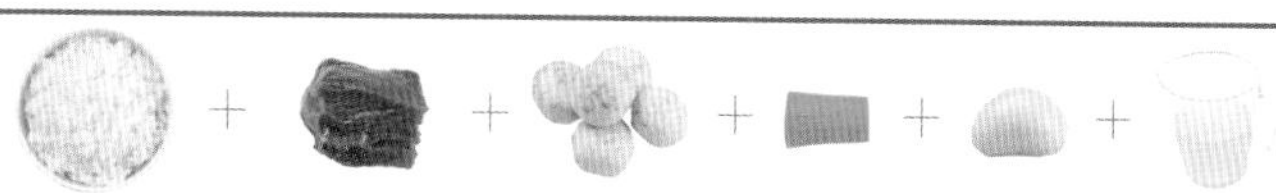

진밥 210g + 쇠고기 안심 90g + 양송이버섯 40g + 당근 20g + 양파 30g + 물(육수) 50ml

1

핏물을 뺀 쇠고기는 삶아서 한김 식히고 잘게 다지세요.

2

양송이버섯은 갓 부분만 손질해서 잘게 다지세요.

3

당근은 껍질을 벗겨서 잘게 다지세요.

4

양파도 껍질을 벗겨서 잘게 다지세요.

5

다진 양송이버섯, 당근, 양파, 쇠고기와 진밥을 넣고 물(육수)을 부은 다음 센 불에서 저어 가며 끓이세요.

6

끓기 시작하면 약한 불로 줄인 뒤 밥알이 퍼지고 다른 재료가 충분히 익을 때까지 저어 가며 끓이다 완성되면 불을 끄세요.

7

알맞게 식으면 한 끼 먹을 분량씩 담아서 바로 냉장보관하세요.

Beef & Shiitake Mushroom & Potato & Carrot & Onion & Perilla Seeds

쇠고기·표고버섯·감자·당근·양파·들깨 진밥

이유식을 처음 시작할 때는 어떤 재료를 사용해야 하나 고민이 많았는데, 완료기쯤 되니 각종 재료를 이용해서 다양한 이유식을 만드는 정도가 되었어요. 이유식 재료 하나하나마다 들어 있는 영양을 생각하면서 아기에게 균형 있는 이유식을 만들어 주려고 노력했지요. 다양한 재료를 쉽고 빠르게 손질하다 보면 나름의 노하우가 생긴 자신을 발견한답니다.

재료 준비

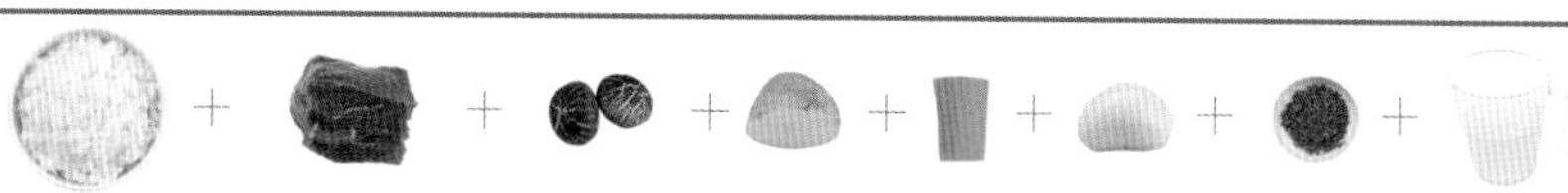

진밥 210g　쇠고기 안심 90g　표고버섯 30g　감자 20g　당근 80g　양파 80g　들깨 가루 1TS　물(육수) 50ml

1

핏물을 뺀 쇠고기를 삶아서 한김 식히고 잘게 다지세요.

2

표고버섯은 갓 부분만 떼어 내서 흐르는 물에 헹군 뒤 잘게 다지세요.

3

감자는 껍질을 벗기고 잘게 다지세요.

4

당근과 양파도 껍질을 벗기고 잘게 다지세요.

5

다진 표고버섯, 감자, 당근, 양파, 쇠고기, 진밥을 넣고 물(육수)을 부은 다음 센 불에서 저어 가며 끓이세요.

6

끓기 시작하면 약한 불로 줄인 뒤 들깨 가루를 넣어 주세요.

7

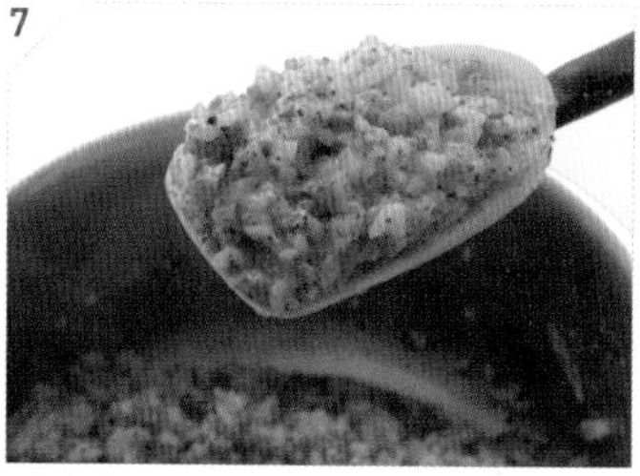

밥알이 퍼지고 다른 재료가 충분히 익을 때까지 저어 가며 끓이다가 완성되면 불을 끄세요.

8

알맞게 식으면 한 끼 먹을 분량씩 담아서 바로 냉장보관하세요.

Chicken & Burdock
& Button Mushroom
& Broccoli

닭안심·우엉·양송이버섯·브로콜리진밥

그간 사용한 재료에서 특별한 문제가 없었다면 이제는 보다 많은 가짓수로 다양하게 이유식을 만들 수 있어요. 그러니까 영양 많고 성장에 좋다는 재료만 골라서, 또는 그동안 아기가 잘 먹은 재료만 골라서 특별식을 만들어 보세요. 아기의 잇몸이 제법 단단해져서 삶은 당근이나 오이 등을 똑똑 끊기도 하니까 조금 되직하고 굵은 알갱이가 듬성듬성 있어도 괜찮아요.

재료 준비

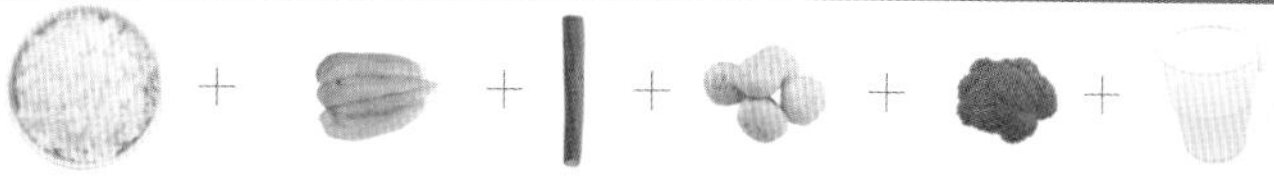

1

2

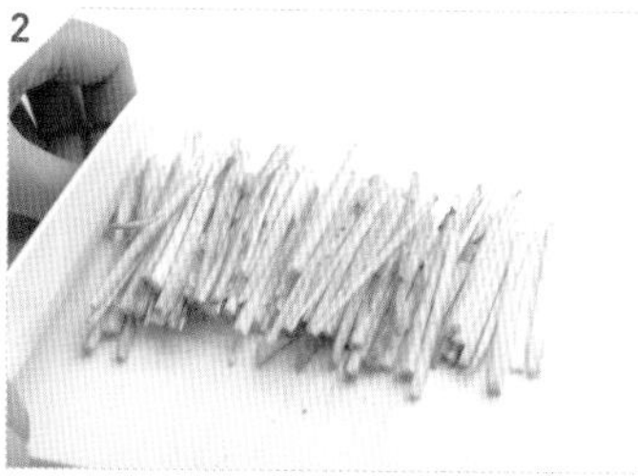

지방과 힘줄을 제거한 닭고기를 삶아서 한김 식히고 잘게 다지세요.

우엉은 껍질을 벗기고 잘게 다지세요.

3

양송이버섯은 갓의 안쪽에서 바깥쪽으로 껍질을 벗기고 잘게 다지세요.

4

브로콜리는 꽃송이만 잘라 베이킹소다로 깨끗이 씻은 뒤 쪄서 다지세요.

5

다진 우엉, 브로콜리, 양송이버섯, 닭고기, 진밥을 넣고 물(육수)을 부은 다음 센 불에서 저어 가며 끓이세요.

6

끓기 시작하면 약한 불로 줄인 뒤 밥알이 퍼지고 다른 재료가 충분히 익을 때까지 저어 가며 끓이다가 완성되면 불을 끄세요.

7

알맞게 식으면 한 끼 먹을 분량씩 담아서 바로 냉장보관하세요.

Chicken & Leek & Lotus Root & Paprika

닭안심·부추·연근·파프리카진밥

부추는 예부터 오이소박이 소로, 전으로, 무침으로, 겉절이로, 만두소나 기타 다양한 음식으로 먹어 왔지요. 간의 피로 해소에 좋기 때문에 여름철 지친 몸에 활기를 주는 식품으로 알려졌어요. 각종 비타민과 칼륨, 칼슘이 풍부하다고 하니 이유식뿐아니라 온 가족이 부추 요리를 즐겨 보세요.

재료 준비

진밥 210g + 닭고기 안심 90g + 부추 20g + 연근 40g + 파프리카 30g + 물(육수) 50ml

1

지방과 힘줄을 제거한 닭고기를 삶아서 한김 식히고 잘게 다지세요.

2

부추는 깨끗하게 씻어서 송송 썰어 주세요.

3

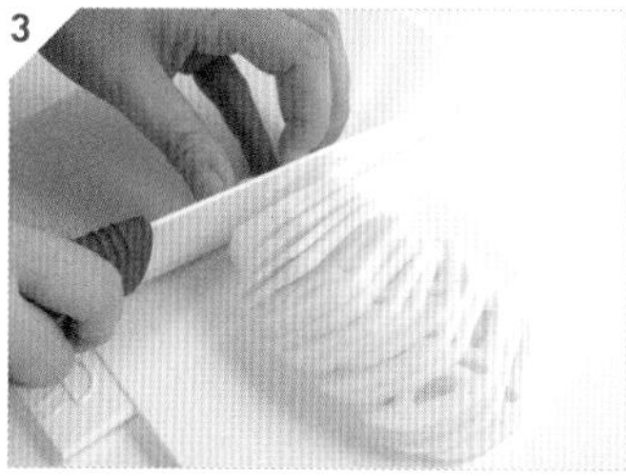

연근은 껍질을 벗겨서 얇게 썰어 주세요.

4

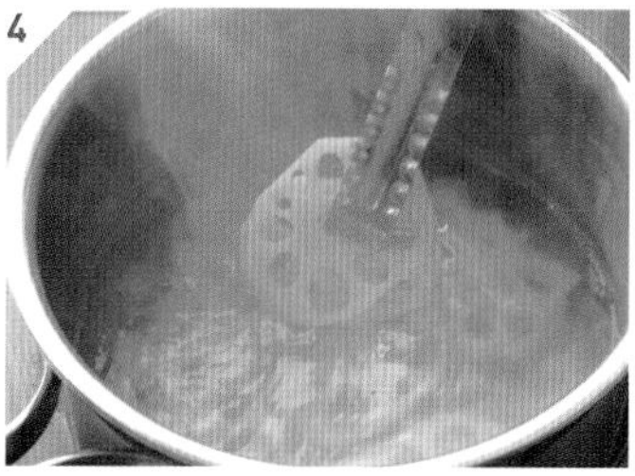

끓는 물에 식초 한 숟가락을 넣고 연근을 푹 삶으세요.

5

삶은 연근을 찬물에 헹궈 잘게 다지세요.

6

파프리카는 꼭지를 자른 다음 씨를 빼고 잘게 다지세요.

7

다진 연근, 파프리카, 닭고기, 진밥을 넣고 물(육수)을 부은 다음 센 불에서 저어 가며 끓이세요.

8

끓기 시작하면 약한 불로 줄이고 부추를 넣으세요.

9

밥알이 퍼지고 다른 재료가 충분히 익을 때까지 저어 가며 끓이다가 완성되면 불을 끄세요.

10

알맞게 식으면 한 끼 먹을 분량씩 담아서 바로 냉장보관하세요.

Chicken & Tomato & Apple

닭안심·토마토·사과진밥

과연 이유식에 과일을 넣어도 될까? 달달하고 새콤한 맛이 나면 더 좋아하지 않을까? 이리저리 궁리하다가 맛이 가장 무난한 토마토와 사과를 가지고 이유식을 만들어 봤어요. 과일과 맛이 잘 어울릴 것 같은 담백한 닭고기를 그 짝꿍으로 정했고요. 어떤 맛이 날까, 기대 반 걱정 반으로 만들었는데…… 아기마다 다르겠지만, 용희는 과일 이유식을 아주 맛있게 먹었답니다.

재료 준비

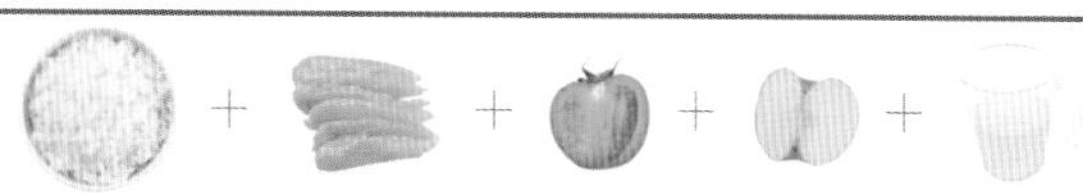

진밥 210g + 닭고기 안심 90g + 토마토 50g + 사과 30g + 물(육수) 50ml

1

지방과 힘줄을 제거한 닭고기를 삶아서 한김 식히고 잘게 다지세요.

2

토마토는 칼끝으로 살짝 열십자를 긋고 뜨거운 물에 데치세요.

3

데친 토마토 껍질을 벗긴 다음 칼등으로 두드려 대강 으깨세요.

4

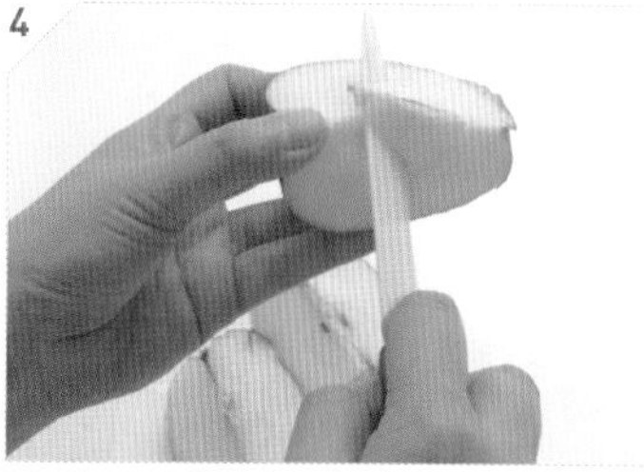

사과는 껍질을 벗겨서 씨를 빼고 잘게 다지세요.

5

으깬 토마토, 다진 사과, 닭고기와 진밥을 넣고 물(육수)을 부은 다음 센 불에서 저어 가며 끓이세요.

6

끓기 시작하면 약한 불로 줄인 뒤 밥알이 퍼지고 다른 재료가 충분히 익을 때까지 저어 가며 끓이다가 완성되면 불을 끄세요.

7

알맞게 식으면 한 끼 먹을 분량씩 담아서 바로 냉장보관하세요.

Chicken & Potato & Carrot & Onion & Broccoli

닭안심·감자·당근·양파·브로콜리진밥

이유식 재료는 특별하고 고급스러워야 할까요? 절대 아니지요. 어디서든 쉽게 구하고 가격도 저렴한 재료를 가지고도 맛있고 영양가 높은 이유식을 만들 수 있어요. 이유식의 목적 중 한 가지가 편식하지 않는 습관을 만드는 것인 만큼 이유식 때부터 다양한 재료를 맛보게 해 주세요. 아기에게 알레르기가 없고 맛있게 잘 먹는 재료를 골라 정성스럽게 만든다면 그것이 가장 훌륭한 이유식이 아닐까 생각해요.

재료 준비

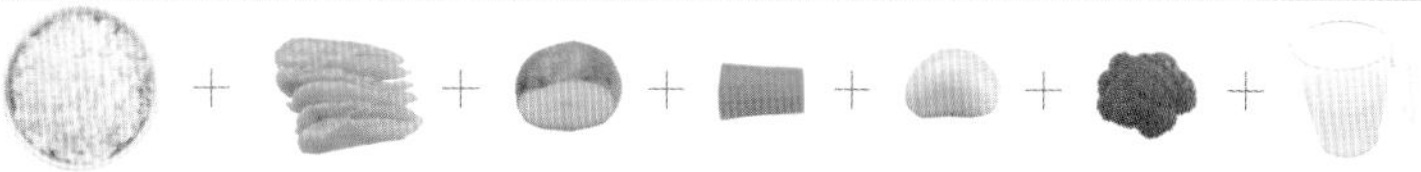

진밥 210g + 닭고기 안심 90g + 감자 20g + 당근 30g + 양파 30g + 브로콜리 30g + 물(육수) 50ml

1

지방과 힘줄을 제거한 닭고기를 삶아서 한김 식히고 잘게 다지세요.

2

감자와 당근은 껍질을 벗기고 잘게 다지세요.

3

양파도 껍질을 벗기고 잘게 다지세요.

4

브로콜리는 꽃송이만 잘라 베이킹소다로 깨끗이 씻은 뒤 쪄서 다지세요.

5

다진 감자, 당근, 양파, 브로콜리, 닭고기와 진밥을 넣고 물(육수)을 부은 다음 센 불에서 저어 가며 끓이세요.

6

끓기 시작하면 약한 불로 줄인 뒤 밥알이 퍼지고 다른 재료가 충분히 익을 때까지 저어 가며 끓이다가 완성되면 불을 끄세요.

7

알맞게 식으면 한 끼 먹을 분량씩 담아서 바로 냉장보관하세요.

Egg & Cauliflower & Carrot

달걀·콜리플라워·당근진밥

노란 달걀노른자, 우윳빛 콜리플라워, 주황색 당근이 어우러져 보기만 해도 군침이 도는 달걀 · 콜리플라워 · 당근진밥. 용희가 숟가락을 쥐어 주자마자 한 그릇 뚝딱 비운 걸 보니, 역시 보기에 좋은 이유식이 먹기에도 좋은가 봐요. 콜리플라워, 배, 생강 등 화이트푸드는 몸 속의 유해물질을 배출하고 균과 바이러스에 대한 저항력을 길러주어 면역력을 높이는 것으로 알려져 있어요. 또 폐와 기관지를 건강하게 해준다고 해요.

재료 준비

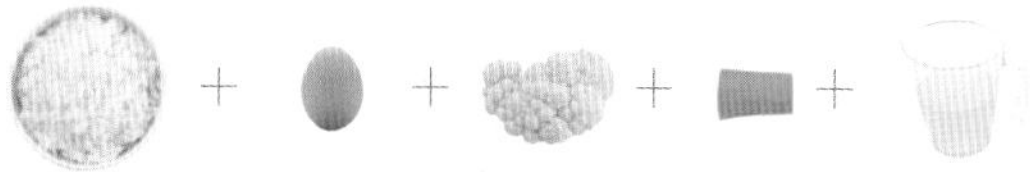

진밥 210g + 달걀 1개 + 콜리플라워 50g + 당근 40g + 물(육수) 50ml

1

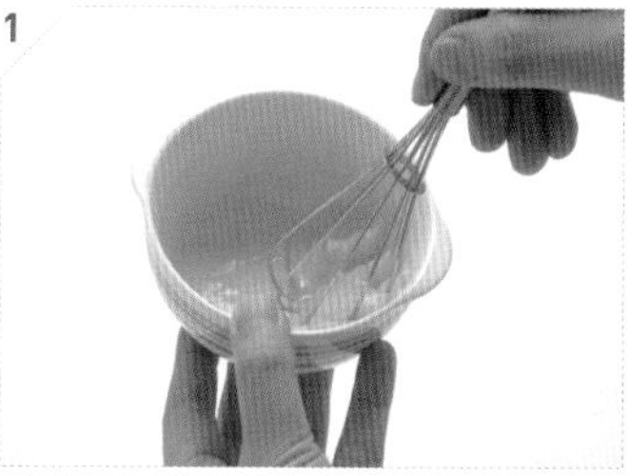

달걀노른자는 알끈과 난막을 제거하고 풀어 놓으세요.

2

콜리플라워는 꽃송이만 잘라 뜨거운 물에 데친 뒤 잘게 다지세요.

3

당근은 껍질을 벗겨서 잘게 다지세요.

4

다진 콜리플라워, 당근, 진밥에 물(육수)을 부은 다음 센 불에서 저어 가며 끓이세요.

5

끓기 시작하면 약한 불로 줄인 뒤 밥알이 퍼지고 다른 재료가 충분히 익을 때까지 저어 가며 끓이세요.

6

거의 다 완성되면 풀어 놓은 달걀노른자를 둘러 붓고 저어 주세요.

7

달걀이 다 익으면 불을 끄세요.

8

알맞게 식으면 한 끼 먹을 분량씩 담아서 바로 냉장보관하세요.

Egg& Bean Curd
& Hackberry Mushroom
& Lotus Root

달걀·두부·팽이버섯·연근진밥

이유식 완료기가 되면 거의 모든 채소를 다 먹을 수 있으며, 섬유소가 많은 줄기나 애호박처럼 껍질이 부드러운 채소는 껍질째 먹어도 된다고 해요. 아기를 위한 채소를 따로 구입하지 않고, 반찬이나 국을 끓이기 위해 준비한 채소를 이유식에 활용하는 것도 좋은 방법이지요. 연근은 연의 줄기 부분인데 비타민과 철분이 많아서 혈액을 만드는 데 도움을 주는 아주 좋은 재료라고 해요. 냉장고에 조금씩 남아 있는 재료를 찌거나, 데치거나, 손질한 다음 새로운 맛에 도전해 보세요.

재료 준비

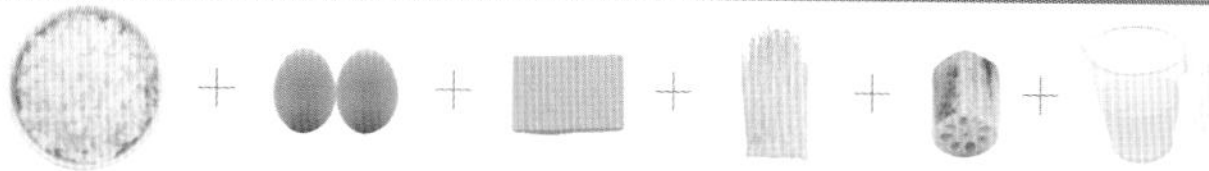

진밥 210g + 달걀 2개 + 두부 30g + 팽이버섯 40g + 연근 30g + 물(육수) 50ml

1

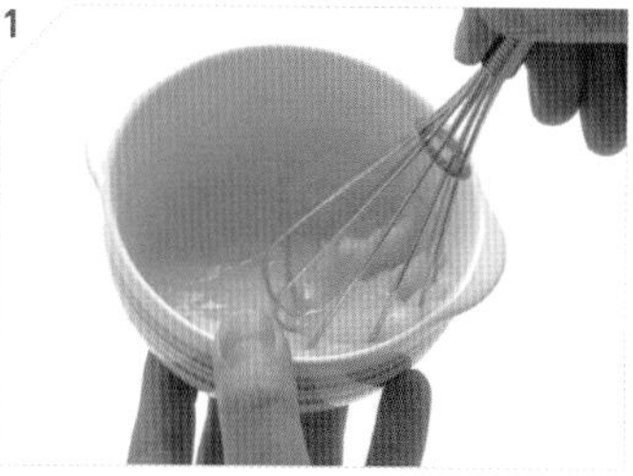

달걀노른자는 알끈과 난막을 제거하고 풀어 놓으세요.

2

두부는 뜨거운 물에 데쳐 물기를 짠 뒤 으깨세요.

3

팽이버섯은 뿌리 부분을 잘라 내고 물에 헹궈서 잘게 다지세요.

4

연근은 껍질을 벗기고 얇게 썰어서 끓는 물에 식초 한 숟가락을 넣고 데치세요.

5

데친 연근을 잘게 다지세요.

6

다진 연근과 팽이버섯, 으깬 두부, 진밥을 넣고 물(육수)을 부은 다음 센 불에서 저어 가며 끓이세요.

7

끓기 시작하면 약한 불로 줄인 뒤 밥알이 퍼지고 다른 재료가 충분히 익을 때까지 저어 가며 끓이세요.

8

거의 다 완성되면 풀어 놓은 달걀노른자를 둘러 붓고 저어 주세요.

9

노른자가 다 익으면 불을 끄세요.

10

알맞게 식으면 한 끼 먹을 분량씩 담아서 바로 냉장보관하세요.

Shrimp & Tomato & Cabbage & Sweet Pumpkin

새우·토마토·양배추·단호박진밥

이번에는 새우 살을 이용해서 이유식을 만들어 보았어요. 갑각류는 알레르기를 조심해야 하는데 다행히 탈 없이 잘 먹어 주었어요. 하지만 조개나 등 푸른 생선은 유아식을 시작한 다음에 먹여야 한다고 해요. 새우를 처음 먹은 용희의 반응은 이 맛있는 걸 왜 이제야 주느냐 하는 표정이었답니다.

재료 준비

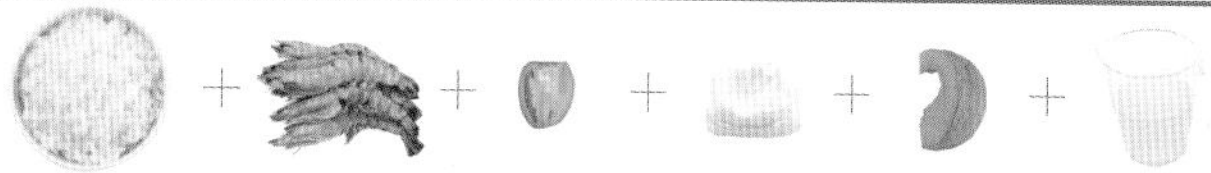

진밥 180g + 새우 90g + 토마토 30g + 양배추 40g + 단호박 40g + 물(육수) 50ml

1

새우는 머리를 떼고 껍데기를 벗긴 다음 등 쪽으로 내장을 빼고 흐르는 물에 살짝 헹궈서 다지세요.

2

토마토는 열십자로 칼집을 넣은 뒤 끓는 물에 데쳐서 껍질을 벗기세요.

3

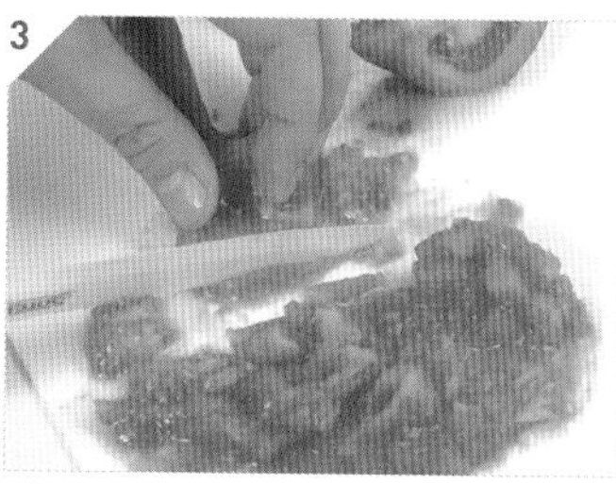

데친 토마토를 칼등으로 대강 으깨세요.

4

양배추는 잘게 다지세요.

5

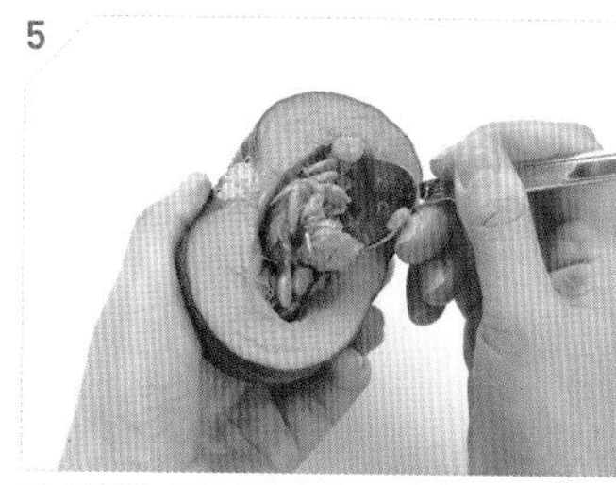

단호박은 씨를 긁어내고 껍질을 벗기세요.

6

손질한 단호박을 쪄서 한김 식힌 다음 대강 으깨세요.

7

다진 새우와 양배추, 으깬 토마토와 단호박, 진밥을 넣고 물(육수)을 부은 뒤 센 불에서 저어 가며 끓이세요.

8

끓기 시작하면 약한 불로 줄인 뒤 밥알이 퍼지고 다른 재료가 충분히 익을 때까지 저어 가며 끓이다가 완성되면 불을 끄세요.

9

알맞게 식으면 한 끼 먹을 분량씩 담아서 바로 냉장보관하세요.

TIP

새우를 넣은 이유식을 만들 때는 새우 내장을 제거하세요(새우 내장 제거하는 법 p.73 참조). 새우 손질할 시간이 마땅치 않을 때는 이미 손질해 놓은 냉동 새우를 이용해도 괜찮아요. 마트에 가 보면 크기와 용도별로 다양한 종류의 새우가 나와 있는데, 그중에서 제법 큰 중하나 대하를 고르는 게 좋아요.

Shrimp &
Silken Bean Curd &
Young Pumpkin

새우·연두부·애호박진밥

부드럽고 고소한 연두부와 영양 만점인 새우 살 그리고 연둣빛이 고운 애호박을 넣고 이유식을 만들어 보았어요. 영양이 골고루 들어 있고 소화가 잘되기 때문에 아기 이유식은 물론 환자식이나 어르신들을 위한 영양식으로도 그만이에요. 생새우가 없을 때는 냉동 새우를 이용해도 괜찮아요.

재료 준비

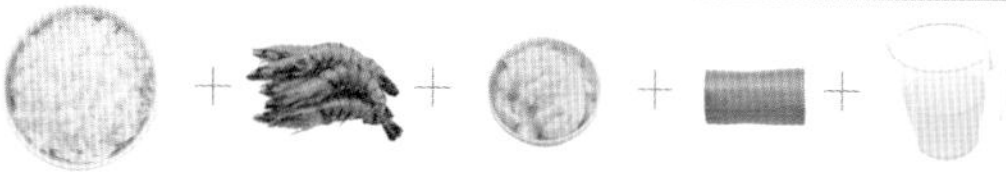

진밥 210g + 새우 90g + 연두부 30g + 애호박 60g + 물(육수) 50ml

1

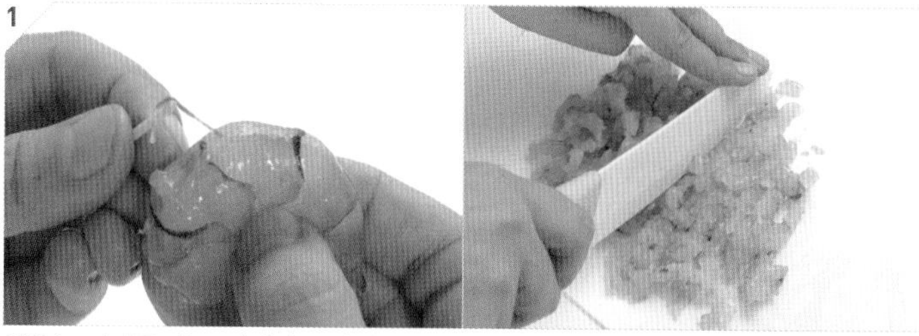

새우는 머리를 떼고 껍데기를 벗긴 다음 등 쪽으로 내장을 빼고 흐르는 물에 살짝 헹궈서 다지세요.

2

연두부는 체에 밭쳐서 물기를 빼세요.

3

애호박은 씨 부분만 도려내고 잘게 다지세요.

4

다진 새우, 애호박, 진밥에 물(육수)을 부은 다음 센 불에서 저어 가며 끓이세요.

5

끓기 시작하면 연두부를 넣으세요.

6

약한 불로 줄인 뒤 밥알이 퍼지고 다른 재료가 충분히 익을 때까지 저어 가며 끓이다가 완성되면 불을 끄세요.

7

알맞게 식으면 한 끼 먹을 분량씩 담아서 바로 냉장보관하세요.

Shrimp & Leek
& Onion & Cheese

새우·부추·양파·치즈진밥

부추의 강한 향이 새우 맛에 가려서 전혀 느껴지지 않는 데다 입맛을 돋우는 양파와 치즈까지 곁들이니 아기 이유식으로는 그만이지요. 아기 음식은 간을 하지 않아서 맵고 짠 맛에 길들여진 어른 입맛에는 안 맞을 수 있는데, 치즈 한 장을 넣으면 간이 맞고 훨씬 담백해져서 누구든 맛있게 먹는 음식으로 변신한답니다.

재료 준비

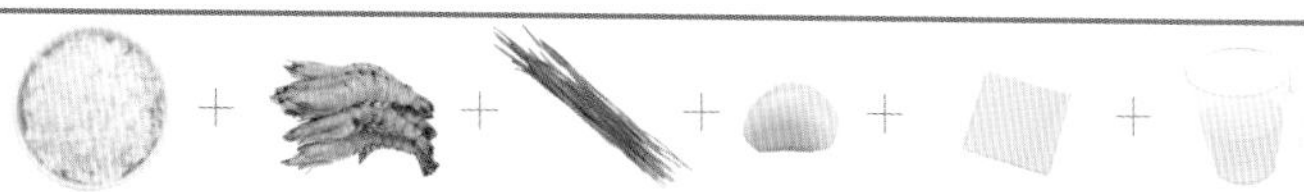

진밥 210g + 새우 90g + 부추 30g + 양파 50g + 아기용 치즈 1장 + 물(육수) 50ml

1

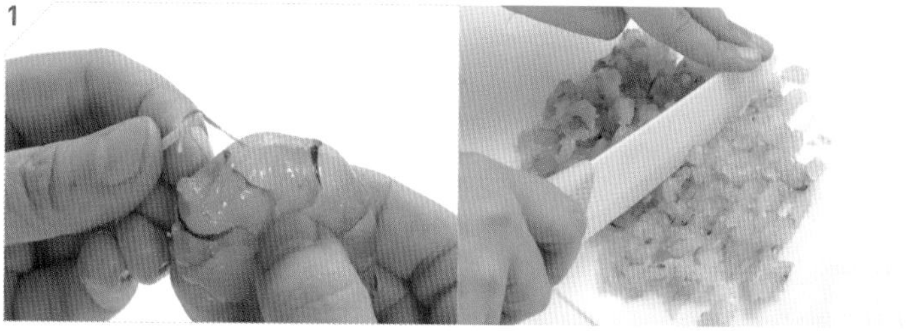

새우는 머리를 떼고 껍데기를 벗긴 다음 등 쪽으로 내장을 빼고 흐르는 물에 살짝 헹궈서 다지세요.

2

부추는 깨끗이 씻어서 송송 썰어 주세요.

3

양파는 껍질을 벗기고 잘게 다지세요.

4

다진 새우, 양파와 진밥에 물(육수)을 부은 다음 센 불에서 저어 가며 끓이세요.

5

끓기 시작하면 약한 불로 줄인 뒤 밥알이 퍼지고 다른 재료가 충분히 익을 때까지 저어 가며 끓이세요.

6

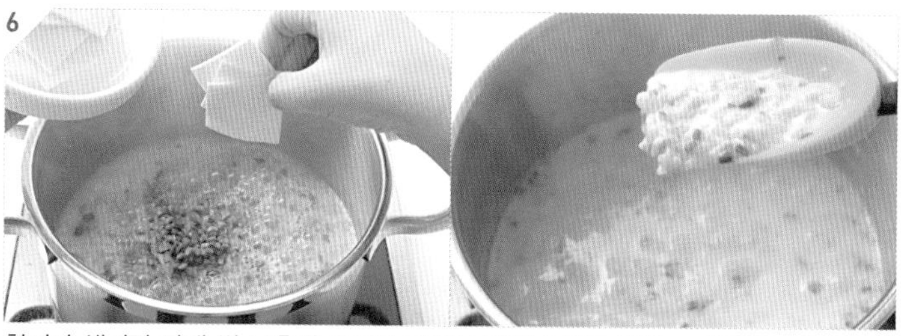

찰기가 생기면 잘게 썬 부추와 치즈를 넣어서 골고루 젓고 불을 끄세요.

7

알맞게 식으면 한 끼 먹을 분량씩 담아서 바로 냉장보관하세요.

Salmon & Paprica & Onion

연어·파프리카·양파진밥

연어는 면역력을 높이고 오메가 3와 DHA가 많아 두뇌 발달에 좋은 데다 아기에게 부족하기 쉬운 비타민 D를 보충해 주는 아주 좋은 재료지요. 참치처럼 큰 생선은 중금속 함량이 많기 때문에 가려서 먹을 것을 권고하지만 연어는 찬물에서 살기 때문에 상대적으로 중금속 함량이 적다고 해요. 다만 지방 함량이 높으니 살짝 삶아서 기름기를 제거하고 사용하세요.

재료 준비

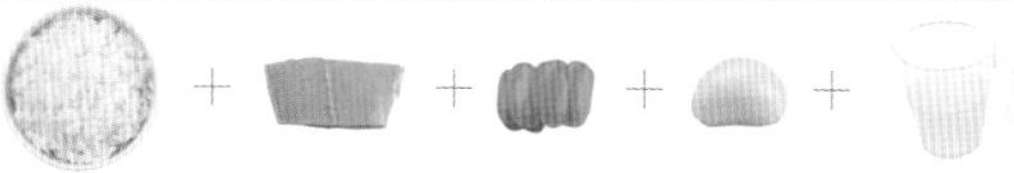

진밥 210g + 연어 90g + 파프리카 30g + 양파 60g + 물(육수) 50ml

1

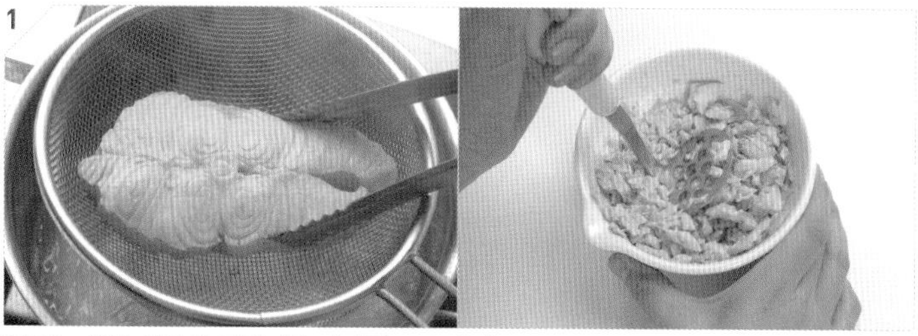

연어는 살짝 삶아서 기름기를 제거하고 으깨세요.

2

파프리카는 꼭지를 자른 다음 씨를 빼고 잘게 다지세요.

3

양파도 잘게 다지세요.

4

으깬 연어, 다진 파프리카와 양파, 진밥을 넣고 물(육수)을 부은 다음 센 불에서 저어 가며 끓이세요.

5

끓기 시작하면 약한 불로 줄인 뒤 밥알이 퍼지고 다른 재료가 충분히 익을 때까지 저어 가며 끓이다가 완성되면 불을 끄세요.

6

알맞게 식으면 한 끼 먹을 분량씩 담아서 바로 냉장보관하세요.

TIP

마트에서 파는 연어는 두 종류가 있어요. 하나는 생 연어고 다른 하나는 훈제 연어예요. 간혹 훈제 연어로 이유식을 만드는 분도 있는데, 훈제 연어에는 향신료와 기타 첨가물이 들어 있는 데다 짜기 때문에 아기가 먹기에는 좋지 않으니 반드시 생 연어를 이용하세요.

Snow Crab & Cucumber & Paprika

게살·오이·파프리카진밥

생선살 대신 게살을 넣고 이유식을 만들었어요. 게맛살로 이유식을 만드는 분도 있는데, 게맛살은 게살이 아니라는 거 알고 계시죠? 게맛살은 유통을 위해 식품첨가물과 합성보존료를 넣기 때문에 아기에게는 안 먹이는 게 좋아요.
시중에 이유식용으로 나온 냉동 대게 살이 있지만 굳이 대게가 아니라 꽃게라도 상관없어요. 시중에서 구할 수 있는 생물 게를 사다가 살만 발라서 이용하면 맛있는 이유식이 된답니다.

재료 준비

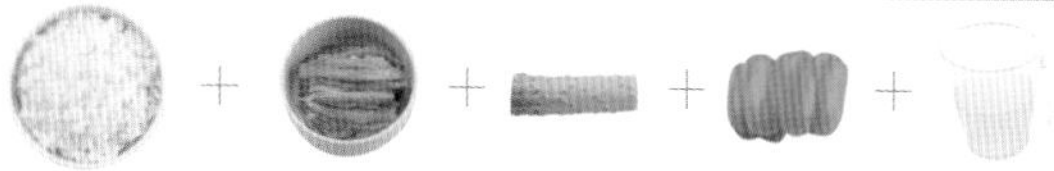

진밥 210g + 게살 90g + 오이 40g + 파프리카 40g + 물(육수) 50ml

1

게살은 쪄서 대충 다지세요.

2

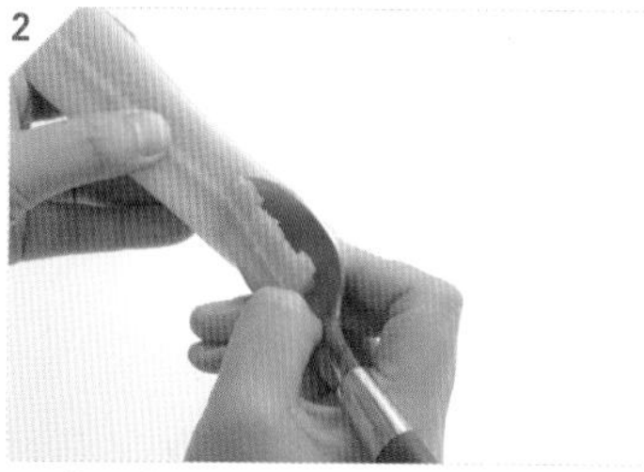

오이는 껍질을 벗기고 씨를 뺀 뒤 과육만 잘게 다지세요.

3

파프리카는 꼭지를 자른 다음 씨를 빼고 잘게 다지세요.

4

다진 오이, 파프리카, 진밥을 넣고 물(육수)을 부은 다음 센 불에서 저어 가며 끓이세요.

5

끓기 시작하면 약한 불로 줄인 뒤 다진 게살을 넣고 저어 주세요.

6

밥알이 퍼지고 다른 재료가 충분히 익을 때까지 저어 가며 끓이다가 완성되면 불을 끄세요.

7

알맞게 식으면 한 끼 먹을 분량씩 담아서 바로 냉장보관하세요.

TIP

게살 바르기가 쉽지 않죠? 게를 사다가 먼저 등딱지와 아가미를 떼어 내고 발끝을 잘라 낸 뒤 찜통에 넣고 푹 찌세요. 반으로 자른 다음 포크를 이용하면 게살을 쉽게 발라낼 수 있어요(게살 손질하는 법 p.69 참조).

Cheese & Sweet Potato & Young Leaves

치즈·고구마·어린잎채소진밥

치즈는 대표적인 단백질 식품인 데다 칼슘이 풍부하고 위와 장 건강에도 좋은 성분이 많아요. 영양만 따져 본다면 쇠고기보다 더 좋다고 하니 이유식뿐 아니라 아기 간식으로도 훌륭하지요. 시중에서 판매하는 치즈의 종류가 다양한데, 그중 아기용 치즈는 일반 치즈에 비해 나트륨과 지방 함량이 적고 칼슘은 더 많다고 해요. 냉장고에 있는 아기용 치즈를 이유식에 넣어 보았더니 고소한 맛이 일품이고 간도 잘 맞아서 용희가 맛있게 먹더라고요.

재료 준비

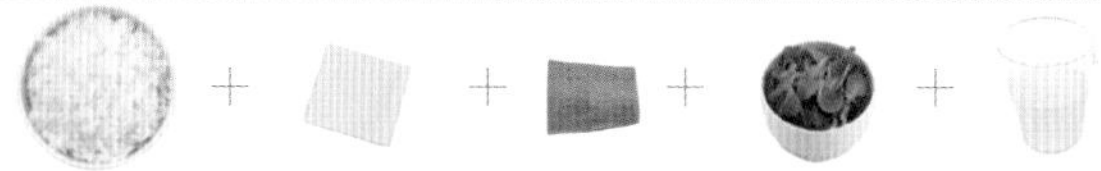

진밥 210g + 아기용 치즈 1장 + 고구마 50g + 어린 잎 채소 40g + 물(육수) 50ml

1

아기용 치즈 3장을 준비하세요.

2

고구마는 껍질을 벗기고 삶아서 으깨세요.

3

어린 잎 채소는 으깨지지 않게 흐르는 물에 살살 흔들어 가며 씻으세요.

4

으깬 고구마, 손질한 어린 잎 채소, 진밥을 넣고 물(육수)을 부은 다음 센 불에서 저어 가며 끓이세요.

5

끓기 시작하면 약한 불로 줄인 뒤 밥알이 퍼지고 다른 재료가 충분히 익을 때까지 저어 가며 끓이세요.

6

거의 다 완성되면 아기용 치즈를 넣고 불을 끄세요.

7

계속 저어서 치즈를 고루 섞어 주세요.

8

알맞게 식으면 한 끼 먹을 분량씩 담아서 바로 냉장보관하세요.

Black Sesame &
Silken Bean Curd & Paprika

검은깨·연두부·파프리카진밥

검은깨는 DNA 활성 작용을 돕는 성분이 풍부해서 뇌 활동을 활발하게 하고 꾸준히 먹으면 피부가 건강해진다고 해요. 또한 변비 예방에도 효과가 있답니다. 이유식뿐 아니라 아기 간식으로 검은콩과 검은깨를 넣은 두유를 만들어 주는 것도 좋아요. 처음에는 색깔이 진해서 거부감이 있으면 어쩌나 걱정했는데 용희는 아주 잘 먹었어요. 얼굴에 검은깨 가루가 묻은 모습이 무척 귀여웠답니다.

재료 준비

진밥 210g 검은깨 1TS 연두부 40g 파프리카 40g 물(육수) 50ml

1

검은깨는 볶아서 곱게 갈아 주세요.

2

연두부는 체에 밭쳐서 물기를 빼세요.

3

파프리카는 꼭지를 자른 다음 씨를 빼고 잘게 다지세요.

4

다진 파프리카와 진밥을 넣고 물(육수)을 부은 다음 센 불에서 저어 가며 끓이세요.

5

끓기 시작하면 연두부를 넣으세요.

6

약한 불로 줄인 뒤 밥알이 퍼지고 다른 재료가 충분히 익을 때까지 저어 가며 끓이세요.

7

거의 완성되면 검은깨 가루를 넣고 골고루 섞은 뒤 불을 끄세요.

8

알맞게 식으면 한 끼 먹을 분량씩 담아서 바로 냉장보관하세요.

ESSAY

걸음마

2015년 6월 현재, 백용희 14개월.

걸을 생각이라고는 눈곱만큼도 없는 아이.

혼자 일어나서 7초 이상 버티지 못하고 비틀거리다가 주저앉아 버리기 일쑤다. 늦게 걷는다고 해서 문제 될 건 없다고 말하지만, 친구들 아이는 다 걷는데 용희만 못 걸으니 조금 불안한 것이 사실이다.

어머님과 통화할 때도 "용희 아직도 못 걷니? 이상하다. 백씨 집안 아이들은 첫돌 전에 다 걸었는데……." 하시면 "아이고, 어머님, 저는 첫돌 사진이 없대요. 돌 사진 찍는 날 어찌나 여기저기 뛰어다니는지, 사진을 한 장도 못 건졌대요."라며 혹여나 날 닮아 그런 거라 생각하실까 봐 선수를 친다. 언니 아들이 16개월 돼서 걸었다는 얘기를 얼핏 들은 것도 같지만 그런 얘기는 하지 않기로 한다.

"조심성이 많고 신중해서 그런 거래요. 늦게 걸으면 다리도 튼튼하고 관절에도 좋다네요, 어머님!"

일단 긍정적인 것은 다 갖다 붙이고 있지만, 도대체 용희는 언제쯤 발걸음을 뗄지 그게 요즘 가장 큰 관심사인 건 분명하다.

(2015년 8월 중순, 정말 어느 날 갑자기 뒤뚱뒤뚱 걷기 시작하더니 금세 뛰어다니네요. 언제 기어 다닌 시기가 있었나 싶을 정도예요. 그나저나 조카도, 용희도 16개월에 걸었네요. 어머님께 굳이 이 얘기는 안 해도 되겠죠? ^^)

ESSAY

엄마가 좋아, 아빠가 좋아?

아기가 첫돌이 지나자 눈빛으로 또는 짧은 단어로 의사소통이 가능해졌다. 엄마, 아빠, 할머니, 할아버지를 다 구별하고 누가 안을 때 더 좋아하고 누가 밖에 나갈 때 많이 서운해하는지 점점 명확해지자 남편이 갑자기 이상한 욕심을 부리기 시작했다.

다 같이 밥을 먹을 때 용희가 옆에서 어른들이 먹는 제육볶음을 가리키며 계속 먹고 싶어 하기에 내가 "이건 짜. 아직 안 돼." 했더니 남편이 "아빠는 주고 싶은데 엄마가 이건 아직 안 된대."라고 말한다. 그리고 15분짜리 애니메이션을 하루에 한 편만 보여 주기로 약속했는데 하나가 끝나고 용희가 "또! 또!" 하니 남편이 나를 쳐다본다. 내가 입 모양과 손짓으로 '안 돼. 하루에 하나잖아. TV 끄고 밖에 나가서 놀자.' 했더니 또 "아빠는 보여 주고 싶은데 엄마가 안 된대." 한다. 왜 굳이 내 탓을 하냐고 했더니 "엄마가 또 뭐라고 한다. 아빠랑 빠방 타고 놀다 오자." 하며 아이를 안고 휭 나간다.

보통은 아빠가 기를 잡는 거 아닌가?
아이에게 그렇게 점수를 따고 싶으냐고 물었더니 나중에 "엄마가 좋아, 아빠가 좋아?"라는 질문을 받으면 용희가 큰 소리로 "아빠!" 하고 대답하는 걸 듣고 싶단다. 아이고, 참 별걸 다 욕심낸다. 다행히 그 대답을 듣기 위해 아기와 열심히 놀아 주니 고맙긴 하지만, 사춘기 되면 방문 쾅 닫고 들어가서

ESSAY

대답도 안 한다는데 그때 얼마나 상처받으려고 그러나 싶어 걱정도 된다. 그러고 보니 나도 참 별 걱정을 다 한다. 이제 첫돌 지났는데 사춘기는 무슨 사춘기야.

Part. 5
슈퍼푸드 이유식

완료기 이유식부터는 슈퍼푸드 이유식으로 아이의 맛과 건강을 챙겨 주세요.
슈퍼푸드는 인체 노화 분야의 세계적인 권위자인 스티븐 프랫 박사가
2004년에 쓴 〈난 슈퍼푸드를 먹는다〉 라는 책 제목에서 유래한 단어라고 합니다.
슈퍼푸드의 종류와 범위는 명확하게 정해져 있지는 않으나
열량과 지방 함량이 낮고 비타민, 무기질, 항산화 영양소, 섬유소 등이 풍부하여
아이의 성장과 면역력에 아주 큰 도움이 되지요.
렌틸콩, 퀴노아 등의 슈퍼곡물은 물론 귀리, 블루베리, 마늘, 시금치, 브로콜리 등의
대표적인 슈퍼푸드로 만든 맛있고 건강한 이유식을 소개합니다.

블루베리·두부·고구마진밥
마늘·양파·애호박·당근·닭고기진밥
귀리·미역·전복진밥
귀리·당근·브로콜리타락죽
렌틸콩·표고버섯·닭안심진밥
렌틸콩·단호박·쇠고기진밥
퀴노아·시금치·쇠고기진밥
퀴노아·적채·검은콩·닭안심진밥

슈퍼푸드 이유식
블루베리

블루베리·연두부·고구마진밥

블루베리는 대표적인 블랙푸드로 비타민 C, 비타민 E 등 천연 항상화 성분이 풍부해 면역력을 증진시켜주는 슈퍼푸드예요. 눈 건강, 모세혈관을 보호하고, 항염증과 정장 작용을 하는 것으로도 알려져 있지요. 새콤달콤한 맛, 점성이 있는 펙틴, 은은한 향이 특징이에요. 예전에는 냉동 상태의 열매를 수입해 오는 것이 전부였으나 요즘은 국내 재배량이 많아져서 사시사철 싱싱한 생과를 얻을 수 있답니다.
연두부는 부드러운 단백질 공급을 위해, 고구마는 달달한 맛과 섬유소 섭취를 위해 사용했어요.

재료 준비

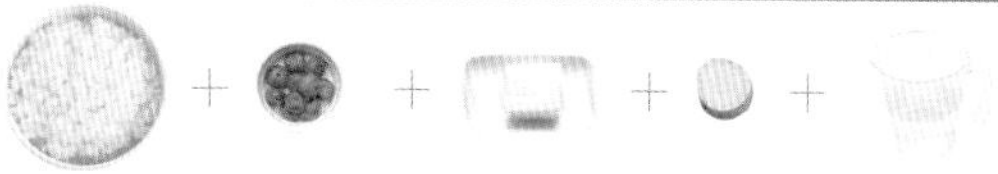

※ 슈푸드 이유식 재료는 1회 분량입니다.

진밥 180g + 블루베리 30g + 연두부 80g + 고구마 40g + 물 100ml

1

블루베리를 뚜껑이 있는 통에 넣고 베이킹소다(또는 식초) 2스푼을 뿌려 주세요.

2

블루베리가 잠기도록 물을 부은 다음 뚜껑을 닫고 30초 정도 살살 흔드세요.

3

블루베리를 꺼내서 흐르는 물에 깨끗이 헹구세요.

4

키친타월로 물기를 닦아내고 잘게 다지세요.

5

연두부는 끓는 물에 데친 뒤 체에 밭쳐 물기를 빼세요.

6

고구마는 껍질을 벗기고 쪄서 으깨세요.

7

다진 블루베리, 으깬 고구마와 진밥을 넣고 물을 부은 다음 센 불에서 저어 가며 끓이세요.

8

끓기 시작하면 연두부를 넣고 약한 불로 줄인 뒤 휘휘 저어서 연두부가 골고루 섞이도록 하세요.

9

밥알이 퍼지고 다른 재료가 충분히 익을 때까지 저어 가며 끓이다가 완성되면 불을 끄세요.

10

알맞게 식으면 한 끼 먹을 분량씩 담아서 바로 냉장보관하세요.

슈퍼푸드 이유식
마늘

마늘·양파·애호박·당근·닭고기진밥

슈퍼푸드로 잘 알려진 마늘은 살균, 항균 작용이 뛰어나 식중독균을 없애고, 항산화 기능이 있어 면역력을 향상 시키는 아주 좋은 재료에요. 맛과 향이 강할 것 같아서 이유식 재료로 사용하기에는 조금 망설여졌지만 우리가 보양식으로 먹는 삼계탕처럼 마늘이 누린내를 잡아주고 단맛이 나는 점에 힌트를 얻어 닭고기와 마늘을 조금 넣고 이유식을 만들어 봤어요. 우려했던 것과는 달리 맛있는 냄새가 솔솔나면서 아이가 정말 잘 먹어 주어서 다행이었어요.

재료 준비

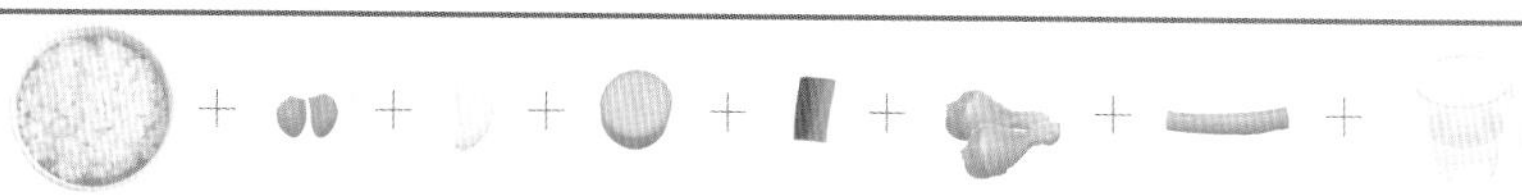

진밥 180g + 마늘 2쪽 + 양파 20g + 애호박 30g + 당근 20g + 닭다리 2개 + 대파 흰 부분 15cm + 물 300ml

1

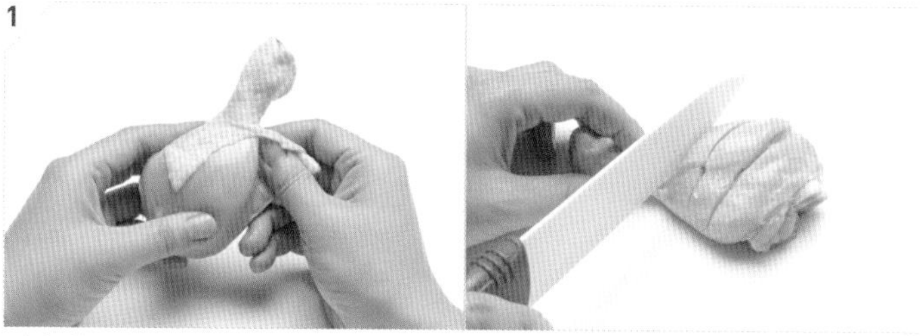

닭다리는 식초를 두세 방울 떨어뜨린 찬물에 10분 이상 담갔다가 헹궈 껍질을 벗기고 칼집을 내세요.

2

마늘, 대파, 손질한 닭다리를 넣고 물을 부은 다음 센 불에서 끓이세요.

3

끓어오르기 시작하면 거품을 걷어 낸 뒤 약한 불로 줄여 5~10분 정도 더 끓이세요.

4

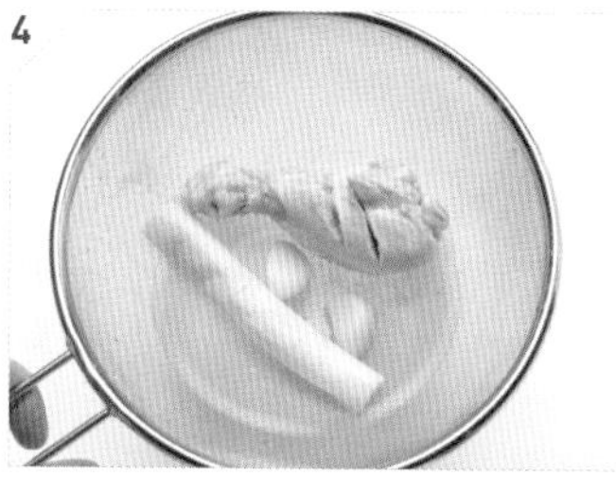

육수가 우러나면 한 김 식힌 다음 체에 걸러 육수는 냉장실에 보관하세요. 차가워진 육수에 기름이 뜨면 걷어 내세요.

5

체에 남은 닭다리는 살만 발라 잘게 다지세요.

6

마늘은 칼등으로 으깨세요.

7

양파, 애호박, 당근은 깨끗이 씻은 뒤 잘게 다지세요.

8

⑦과 진밥을 넣고 준비한 닭고기 육수를 부은 다음 센 불에서 저어 가며 끓이세요.

9

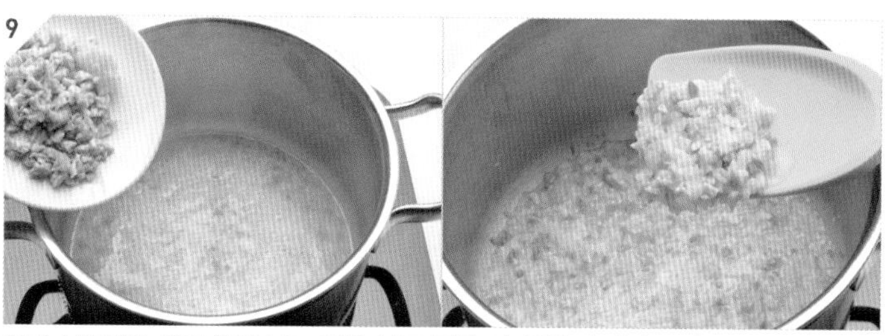

끓기 시작하면 ⑤와 ⑥을 넣고 약한 불로 줄인 뒤, 밥알이 퍼지고 다른 재료가 충분히 익을 때까지 저어 가며 끓이다가 완성되면 불을 끄세요.

10

알맞게 식으면 한 끼 먹을 분량씩 담아서 바로 냉장보관하세요.

귀리·미역·전복진밥

'귀리?' 하고 고개를 갸우뚱하다가도 '오트밀'이라고 하면 '아하!' 하실 거예요. 귀리는 수분을 많이 흡수하기 때문에 포만감을 주고, 섬유소가 풍부해서 변비 예방 효과가 있어요. 아기의 성장과 발육을 돕는 필수아미노산도 많다고 해요. 전복은 예부터 환자나 산모의 영양식에 사용하는 아주 귀한 재료답게 각종 비타민과 칼슘, 인과 같은 미네랄이 풍부하며 맛도 그만이지요.

재료 준비

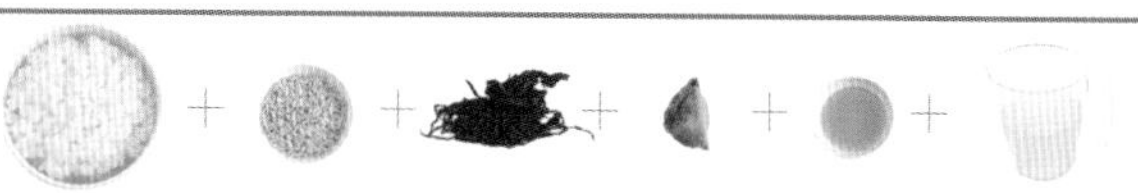

진밥 210g　귀리 20g　미역 50g　전복 50g　참기름 2Ts　물(육수) 240ml

1

귀리는 깨끗이 씻어서 1시간 이상, 미역은 30분 정도 물에 불리세요.

2

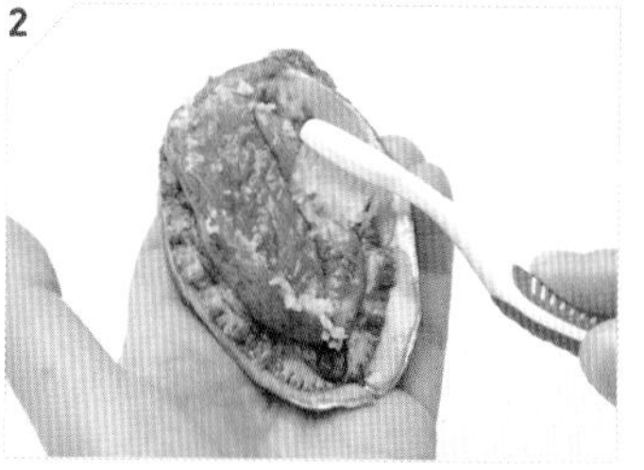

전복은 칫솔에 굵은소금을 찍어서 살은 물론 껍데기까지 깨끗하게 닦아 주세요.

3

껍데기와 몸통 사이에 숟가락을 깊숙이 넣고 빙그르르 돌려 가면서 살만 떼어 내세요.

4

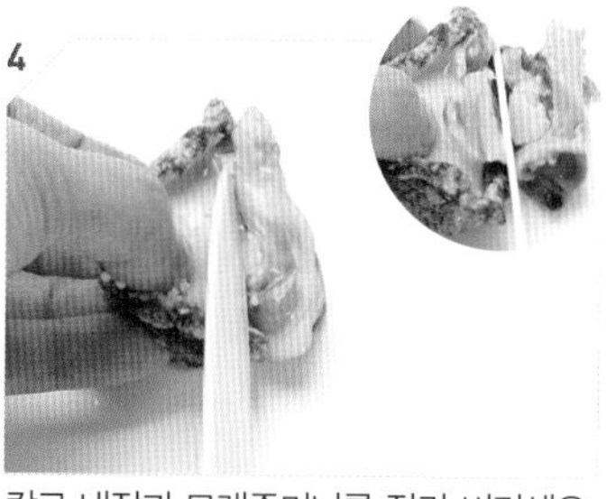

칼로 내장과 모래주머니를 잘라 버리세요.

5

전복의 입 부분을 가위로 자르고 그 속에 든 이빨을 꺼내세요.

6

손질한 전복을 흐르는 물에 헹군 다음 잘게 다지세요.

7

불린 미역은 여러 번 헹궈서 잘게 다지세요.

8

불린 귀리, 다진 전복과 미역, 진밥을 넣고 물(육수)을 부은 다음 센 불에서 저어 가며 끓이세요.

9

끓기 시작하면 약한 불로 줄인 뒤 밥알이 퍼지고 다른 재료가 충분히 익을 때까지 저어 가며 끓이다가 완성되면 불을 끄세요. 참기름을 넣고 골고루 섞으면 비린내가 없어지고 고소한 맛이 더해져요.

10

알맞게 식으면 한 끼 먹을 분량씩 담아서 바로 냉장보관하세요.

TIP

통귀리는 불리려면 시간이 많이 걸리는 데다 섬유소가 많아 거칠기 때문에 이유식에 쓰려면 한 번 쪄서 누른 것을 사는 게 좋아요.

귀리·당근·브로콜리타락죽

쇠고기죽이나 채소죽은 흔히 들어 봤지만 '타락죽'은 낯설지요? 저도 그랬어요. 그런데 알고 보니 어릴 때 어머니가 만들어 준 우유죽이 바로 타락죽이었어요. 아기용 우유를 넣고 죽을 끓이면 치즈 향이 나면서 고소하고 담백한 이유식이 돼요. 여기에 어떤 재료를 추가하느냐에 따라 다양한 이유식으로 변형이 가능하고요. 그래서 슈퍼곡물인 귀리, 각종 비타민이 가득한 당근과 브로콜리를 넣어 타락죽을 만들었어요.

재료 준비

불린 쌀 80g + 귀리 30g + 당근 60g + 브로콜리 60g + 아기 우유 또는 분유 300ml + 물 250ml

1

귀리는 깨끗이 씻어서 찬물에 1시간 이상 불리세요.

2

깨끗이 씻은 쌀을 물에 담가서 30분간 불리세요.

3

불린 귀리와 불린 쌀에 물 ⅓을 붓고 믹서에 갈아 주세요.

4

당근과 브로콜리는 뜨거운 물에 데쳐서 잘게 다지세요.

5

③을 밑바닥이 두꺼운 냄비에 부은 다음 다진 당근과 브로콜리를 넣고 중간 불에서 뭉근히 끓이세요.

6

쌀알이 투명해지면서 큰 방울이 톡톡 올라오면 불을 약하게 줄이고 우유를 조금씩 부어 주세요.

7

우유를 조금씩 나눠 부으면서 졸이는 느낌으로 계속 저어 주세요.

8

완성되면 불을 끄고 알맞게 식힌 뒤 한 끼 먹을 분량씩 담아서 바로 냉장보관하세요.

슈퍼푸드 이유식
렌틸콩

렌틸콩·표고버섯·닭안심진밥

렌틸콩은 콩 중에서 크기가 가장 작지만 세계 5대 건강 식품으로 손꼽힐 만큼 효능이 다양하다고 해요. 단백질을 비롯해 엽산, 철분, 칼륨 등이 풍부하여 빈혈을 예방하며, 식이섬유가 풍부해 장 건강에도 좋다지요. 특히 식이섬유는 고구마의 10배나 된다니 대단하지요? 고단백 저지방 식품 렌틸콩과 표고버섯, 닭고기가 만나서 영양 만점 이유식이 완성되었어요.

재료 준비

※ 슈퍼곡물 이유식 재료는 1회 분량입니다.

진밥 180g　렌틸콩 30g　표고버섯 80g　닭고기 안심 90g　물(육수) 100ml

1

렌틸콩은 30분 이상 물에 불리세요.

2

표고버섯은 갓 부분만 떼어 내서 잘게 다지세요.

3

지방과 힘줄을 제거한 닭고기를 삶아서 한김 식히고 잘게 다지세요.

4

불린 렌틸콩 껍질을 벗긴 후 푹 삶으세요.

5

삶은 렌틸콩을 곱게 으깨세요.

6

으깬 렌틸콩, 다진 표고버섯, 닭고기, 진밥을 넣고 물(육수)을 부은 다음 센 불에서 저어 가며 끓이세요.

7

끓기 시작하면 약한 불로 줄인 뒤 밥알이 퍼지고 다른 재료가 충분히 익을 때까지 저어 가며 끓이다가 완성되면 불을 끄세요.

8

알맞게 식으면 한 끼 먹을 분량씩 담아서 바로 냉장보관하세요.

슈퍼푸드 이유식
렌틸콩

렌틸콩·단호박·쇠고기진밥

렌틸콩의 효능을 알고 나서 한 번 더 렌틸콩을 이용한 이유식을 만들어 보았어요. 이번에는 단호박과 궁합을 맞추었지요. 달달한 단호박은 어떤 재료와도 잘 어우러져서 음식의 맛을 살려 주기 때문에 아기가 좋아하는 이유식 재료예요. 닭고기와 쇠고기 중 어느 것을 사용할까 망설이다가 오늘은 쇠고기를 넣어 보았어요. 쇠고기는 철분이 많아서 빈혈 예방에 도움이 되니까요.

재료 준비

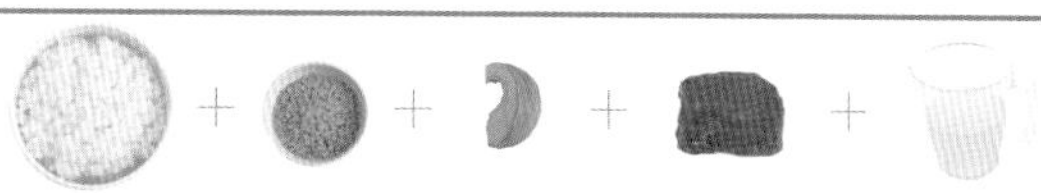

진밥 180g　렌틸콩 30g　단호박 50g　쇠고기 안심 90g　물(육수) 100ml

1

렌틸콩은 30분 이상 물에 불리세요.

2

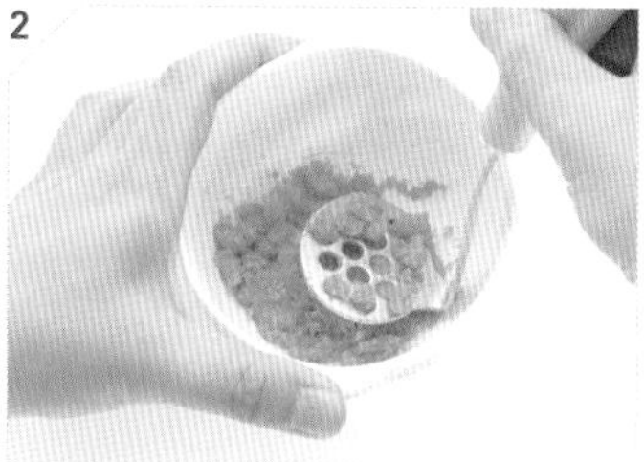

단호박은 씨를 빼고 껍질을 벗겨서 찐 뒤 으깨세요.

3

핏물을 뺀 쇠고기를 삶아서 한김 식히고 잘게 다지세요.

4

불린 렌틸콩 껍질을 벗긴 후 푹 삶으세요.

5

삶은 렌틸콩을 곱게 으깨세요.

6

으깬 렌틸콩, 단호박, 다진 쇠고기, 진밥을 넣고 물(육수)을 부은 다음 센 불에서 저어 가며 끓이세요.

7

끓기 시작하면 약한 불로 줄인 뒤 밥알이 퍼지고 다른 재료가 충분히 익을 때까지 저어 가며 끓이다가 완성되면 불을 끄세요.

8

알맞게 식으면 한 끼 먹을 분량씩 담아서 바로 냉장보관하세요.

슈퍼푸드 이유식
퀴노아

퀴노아·시금치·쇠고기진밥

주목받는 슈퍼푸드 중에 퀴노아가 있지요. 조리가 쉽고 단백질, 녹말, 비타민, 무기질이 풍부하며 영양 면에서 우유에 버금가는 곡물로 인정받는다고 해요. 쌀처럼 글루텐이 없기 때문에 알레르기가 거의 없고 세포 성장과 재생에도 관여한다고 합니다.

재료 준비

1

퀴노아는 깨끗이 씻고 체에 밭쳐서 물을 빼세요.

2

시금치는 데쳐서 찬물에 헹구고 잘게 다지세요.

3

핏물을 뺀 쇠고기를 삶아서 한김 식히고 잘게 다지세요.

4

퀴노아, 다진 시금치, 다진 쇠고기, 진밥을 넣고 물(육수)을 부은 다음 센 불에서 저어 가며 끓이세요.

5

끓기 시작하면 약한 불로 줄인 뒤 밥알이 퍼지고 다른 재료가 충분히 익을 때까지 저어 가며 끓이다가 완성되면 불을 끄세요.

6

알맞게 식으면 한 끼 먹을 분량씩 담아서 바로 냉장보관하세요.

슈퍼푸드 이유식
퀴노아

퀴노아·적채·검은콩·닭안심진밥

적채는 수확 후 오래 두면 씁쌀한 맛이 강해지므로 적은 양을 구입해서 금세 먹는 게 좋아요. 컬러푸드 열풍이 한창일 때부터 주목받은 적채와 검은콩은 몸의 세포를 건강하게 만들어 주는데, 색소 성분이 진하다 보니 가열했을 때 다른 재료를 검붉게 물들여서 음식이 우중충해지는 단점이 있더라고요. 하지만 색과 달리 영양이 가득하니 우리 아기의 건강을 생각해서 다양한 컬러푸드 요리에 도전해 보세요.

재료 준비

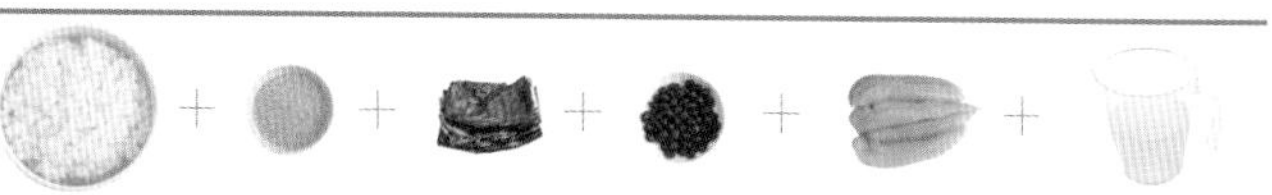

진밥 180g　퀴노아 20g　적채 80g　검은콩 30g　닭고기 안심 90g　물(육수) 100ml

1

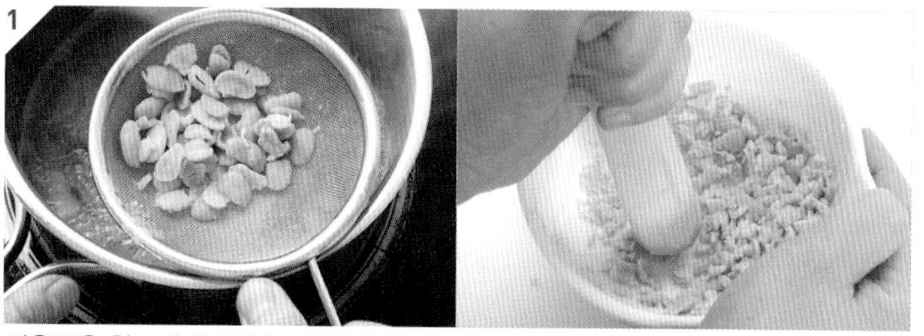

검은콩은 찬물에 하룻밤(6~10시간) 불린 다음 껍질을 벗겨 내고 삶아서 으깨세요.

2

퀴노아는 깨끗이 씻고 체에 밭쳐서 물을 빼세요.

3

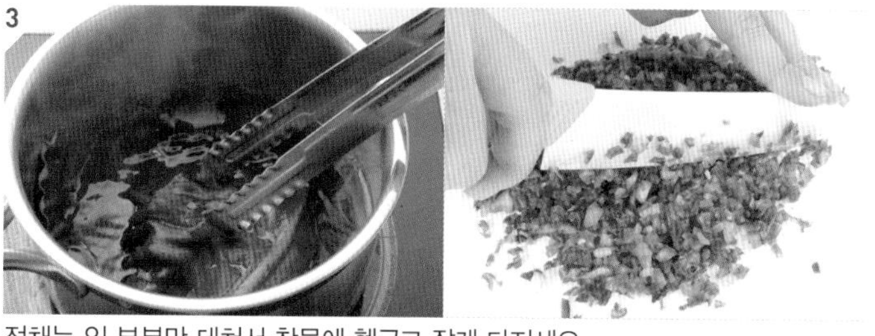

적채는 잎 부분만 데쳐서 찬물에 헹구고 잘게 다지세요.

4

지방과 힘줄을 제거한 닭고기를 삶아서 한김 식히고 잘게 다지세요.

5

물기 뺀 퀴노아, 다진 적채, 으깬 검은콩, 다진 닭고기, 진밥을 넣고 물(육수)을 부은 다음 센 불에서 저어 가며 끓이세요.

6

끓기 시작하면 약한 불로 줄인 뒤 밥알이 퍼지고 다른 재료가 충분히 익을 때까지 저어 가며 끓이다가 완성되면 불을 끄세요.

7

알맞게 식으면 한 끼 먹을 분량씩 담아서 바로 냉장보관하세요.

Part. 6
아플 때 이유식

감기·변비·설사 등 증상별로 효능이 있다고 알려진 재료들을 활용한
초기부터 완료기까지의 레시피를 소개합니다.

+ 우리 아기가 감기에 걸렸어요!

생후 6개월 이후부터 아기는 엄마에게 받은 면역력이 떨어지면서 감기에 자주 걸리게 돼요. 이유식을 시작하고 아기가 감기에 걸리면 컨디션은 물론이고 소화 기능도 안 좋아져요. 게다가 입맛을 잃어서 이유식을 먹지 않으려고 하기 때문에 이유식을 중단하는 경우가 많은데, 힘들더라도 조금씩 이유식을 먹이는 편이 좋아요. 소화가 잘 되는 재료들을 이용해서 평소보다 물을 조금 더 넣어 묽게 만들어 주세요.

+ 우리 아기가 설사를 해요!

아기가 배탈이 나면 흰죽만 먹이거나 아무것도 먹이지 않아야 한다고들 하는데, 그렇지 않습니다. 아기가 아플수록 영양가 있는 음식을 먹여야 해요. 장에 자극을 주는 찬 음식, 너무 단 음식, 기름진 음식을 제외하고 골고루 먹이세요. 과일의 경우에는 익혀서 조금씩 주는 것이 좋아요. 그리고 소화가 잘 되도록 묽게 조리하고 조금씩 자주 먹이세요.

+ 우리 아기가 변비가 있어요!

변을 보지 못하고 힘들어하는 아기의 모습을 보면 엄마는 걱정이 앞섭니다. 특히 이유식을 시작하면서 변비가 생기는 경우가 있는데 이럴 때 이유식을 계속 진행해도 될지 걱정이 되지요. 그러나 아이의 장이 새로운 음식에 적응하지 못해 생기는 문제일 수 있으므로 시간을 가지고 지켜보다가 변비가 더 심해진다 싶으면 병원에 방문하여 의사 선생님과 상의하는 것이 좋아요. 바나나 중 잘 익지 않은 바나나, 익힌 사과 등은 변비를 유발하기도 하며, 변비가 있다고 해서 과일을 평소보다 더 많이 먹이면 복통을 유발할 수도 있어요. 우유나 유제품 등도 주의해야 합니다. 충분한 물과 함께 적당한 과일, 그리고 섬유질이 많은 채소 등을 먹는 것이 좋아요.

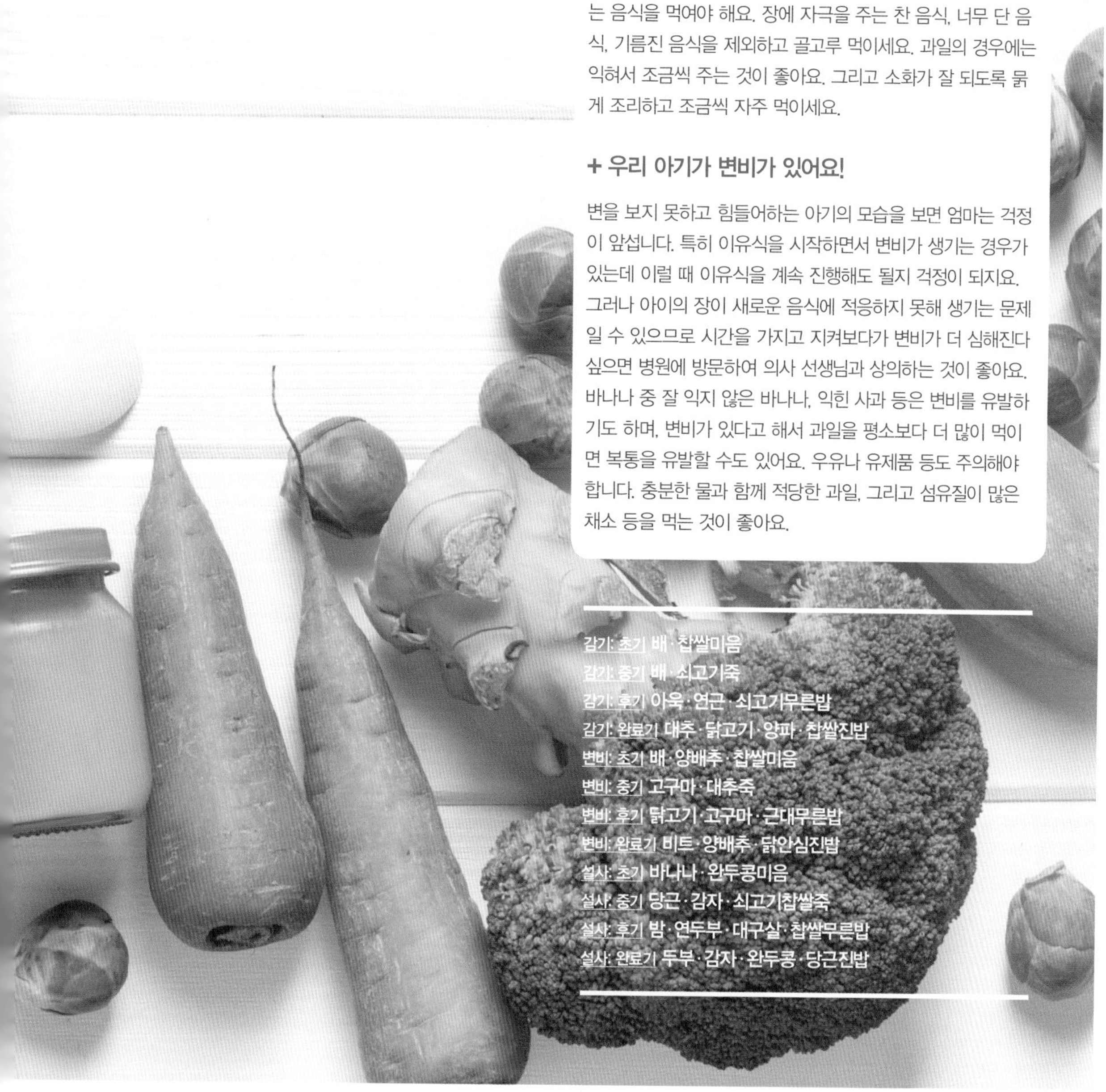

감기: 초기 배·찹쌀미음
감기: 중기 배·쇠고기죽
감기: 후기 아욱·연근·쇠고기무른밥
감기: 완료기 대추·닭고기·양파·찹쌀진밥
변비: 초기 배·양배추·찹쌀미음
변비: 중기 고구마·대추죽
변비: 후기 닭고기·고구마·근대무른밥
변비: 완료기 비트·양배추·닭안심진밥
설사: 초기 바나나·완두콩미음
설사: 중기 당근·감자·쇠고기찹쌀죽
설사: 후기 밤·연두부·대구살·찹쌀무른밥
설사: 완료기 두부·감자·완두콩·당근진밥

배·찹쌀미음

배 · 찹쌀미음은 초기 감기나 감기 예방에 효과가 있다고 해요. 배는 기침과 가래를 가라앉히는 데 좋다고 하여 예부터 민간요법으로 많이 사용해 왔지요. 실제로 배에 많이 들어 있는 유기산과 비타민이 기침, 가래에 좋은 것으로 밝혀졌답니다.

재료 준비

※ 아플 때 이유식 재료는 1회 분량입니다.

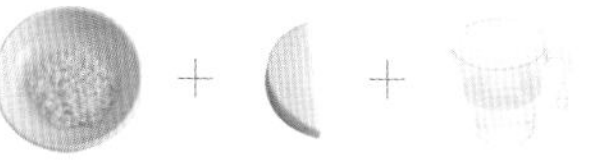

불린 찹쌀 15g + 배 10g + 물 150ml

1

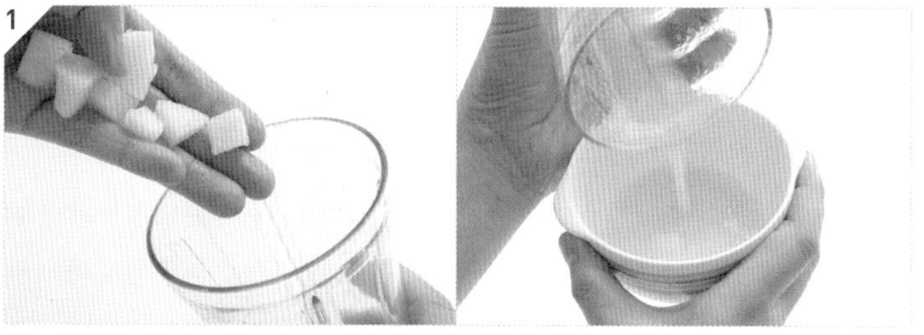

배는 껍질을 벗기고 적당한 크기로 잘라서 믹서에 갈아 주세요.

2

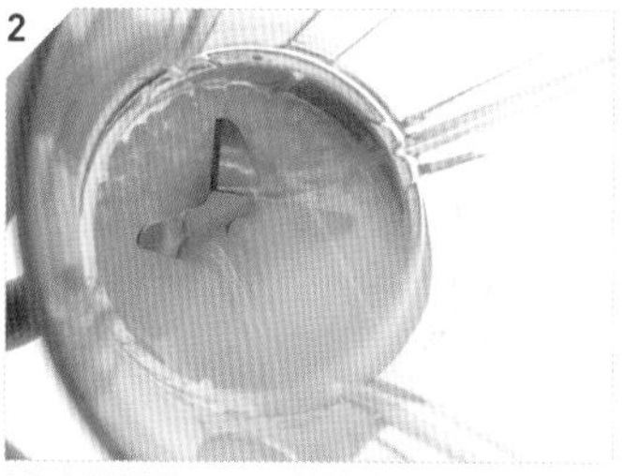

불린 찹쌀을 물 ⅓과 함께 믹서에 갈아 주세요.

3

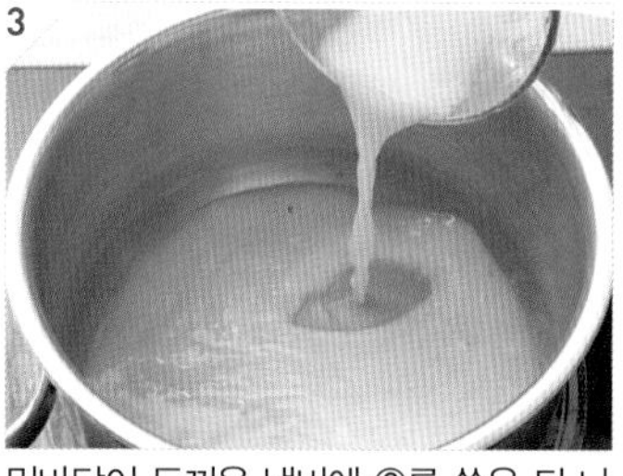

밑바닥이 두꺼운 냄비에 ②를 쏟은 뒤 나머지 물을 믹서에 부어 남은 찹쌀가루를 헹군 다음 냄비에 따르세요.

4

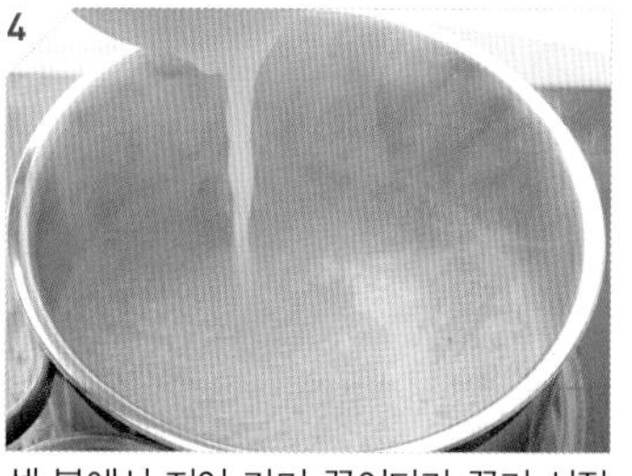

센 불에서 저어 가며 끓이다가 끓기 시작하면 ①을 넣고 약한 불로 줄이세요.

5

찰기가 생기고 미음이 투명해지면 불을 끄세요.

6

알맞게 식으면 체에 거르세요.

7

한 끼 먹을 분량씩 담아서 바로 냉장보관하세요.

TIP

처음부터 배를 넣고 끓이면 배에 있는 비타민 C가 파괴되기 때문에 찹쌀미음이 끓은 다음 마지막 단계에서 넣는 것이 좋아요.

아플 때 이유식
감기: 중기

배·쇠고기죽

감기에 걸리면 입맛이 떨어지기 때문에 아기들이 이유식을 잘 안 먹으려고 해서 더 속이 상하지요. 그럴 때는 아기가 평상시에 잘 먹는 재료를 이용해서 소화가 잘되도록 조금 묽게 만들어 먹이는 것이 좋아요. 달달한 배는 기침과 가래를 가라앉히고, 쇠고기는 기운 없는 아기에게 단백질을 보충해 주지요.

재료 준비

불린 쌀 20g 배 10g 쇠고기 안심 10g 물 150ml

1

배는 껍질을 벗기고 잘게 다져 주세요.

2

핏물을 뺀 쇠고기를 삶아 한김 식힌 다음 잘게 다지세요.

3

불린 쌀과 다진 쇠고기를 절구에 넣고 함께 갈아 주세요.

4

③과 물(육수)을 부은 다음 센 불에서 저어 가며 끓이세요.

5

끓기 시작하면 ①을 넣고 약한 불로 줄여 주세요.

6

밥알이 퍼지고 다른 재료들이 충분히 익을 때까지 저어 가며 끓이다가 완성되면 불을 끄세요.

7

알맞게 식으면 한 끼 먹을 분량씩 담아서 바로 냉장보관하세요.

아플 때 이유식
감기: 후기

아욱·연근·쇠고기무른밥

열감기에 효과가 있는 것으로 알려진 아욱, 비타민 A와 C가 많아 점막을 튼튼하게 만들어 주는 연근 그리고 후기 이유식에서 빠뜨릴 수 없는 쇠고기를 넣으면 감기 예방과 치료에 도움이 되는 이유식을 만들 수 있어요. 특히 연근은 면역력을 높이는 효과도 있기 때문에 갈아서 요구르트에 섞어 간식으로 먹여도 좋아요.

재료 준비

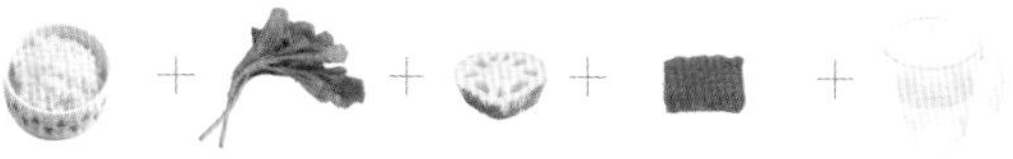

진밥 50g + 아욱 10g + 연근 10g + 쇠고기 안심 20g + 물 100ml

1

아욱은 잎만 잘라 주물주물 치대 가며 여러 번 물을 갈아 주세요.

2

끓는 물에 아욱 잎을 데쳐서 찬물에 헹군 다음 물기를 꼭 짜내고 잘게 다지세요.

3

껍질 벗긴 연근을 얇게 썰어 주세요.

4

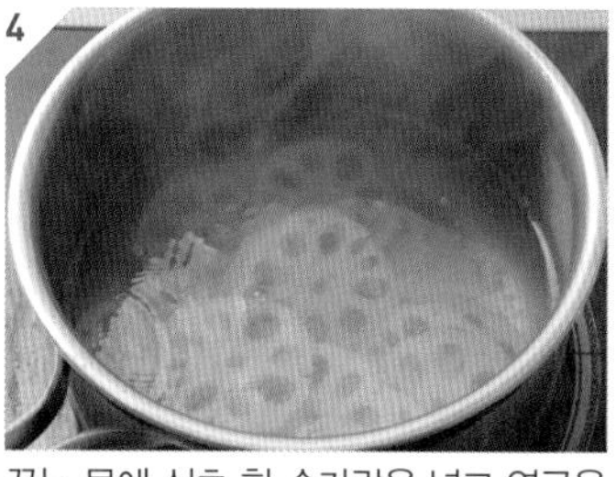

끓는 물에 식초 한 숟가락을 넣고 연근을 푹 삶으세요.

5

삶은 연근을 찬물에 헹궈서 잘게 다지세요.

6

핏물을 뺀 쇠고기를 삶아 한김 식힌 다음 잘게 다지세요.

7

다진 아욱, 연근, 쇠고기와 진밥을 넣고 물(육수)을 부은 다음 센 불에서 저어 가며 끓이세요.

8

끓기 시작하면 약한 불로 줄인 뒤 밥알이 퍼지고 다른 재료들이 충분히 익을 때까지 저어 가며 끓이다가 완성되면 불을 끄세요.

9

알맞게 식으면 한 끼 먹을 분량씩 담아서 바로 냉장보관하세요.

아플 때 이유식
감기: 완료기

대추·닭고기·양파·찹쌀진밥

감기에는 무엇보다 몸을 따뜻하게 만들어 주는 음식이 좋을 것 같아요. 그리고 아플 때는 기운이 없으니까 소화하기 쉬운 단백질 식품으로 영양을 보충해 줘야 아기가 힘을 내서 감기를 이겨 내겠지요. 그래서 대추와 닭고기 그리고 멥쌀보다 소화가 잘 되는 찹쌀로 이유식을 만들어 보았어요.

재료 준비

찹쌀 진밥 70g + 대추 15g + 닭고기 안심 30g + 양파 20g + 물 100ml

1

마른 대추는 물에 불린 뒤 돌려깎기로 씨앗을 발라내고 잘게 다지세요.

2

지방과 힘줄을 제거한 닭고기 안심을 삶아서 한김 식힌 다음 잘게 다지세요.

3

양파는 껍질을 벗겨 잘게 다지세요.

4

다진 대추, 닭고기 안심, 찹쌀 진밥에 물을 붓고 센 불에서 저어 가며 끓이세요.

5

끓기 시작하면 약한 불로 줄인 뒤 밥알이 퍼지고 다른 재료들이 충분히 익을 때까지 저어 가며 끓이다가 완성되면 불을 끄세요.

6

알맞게 식으면 한 끼 먹을 분량씩 담아서 바로 냉장보관하세요.

아플 때 이유식
변비: 초기

배·양배추·찹쌀미음

이유식을 시작하면서 분유의 양을 줄이자 바로 변비가 왔다고 속상해 하는 엄마들이 많더라고요. 배는 기관지염이나 아기 초기 감기에 많이 쓰이는 재료지만 펙틴 함량이 높아서 변비에도 효과가 있어요. 변비 때문에 속이 더부룩해서 이유식을 잘 안 먹으려는 아기의 입맛을 잡아주는 데도 좋고요. 위와 장의 기능을 도와주는 양배추, 속을 편하게 해주는 찹쌀을 이용해 변비로 고생하는 아기의 미음을 끓여 보세요.

재료 준비

불린 찹쌀 15g 배 5g 양배추 잎 10g 물 150ml

1

배는 껍질을 벗기고 적당한 크기로 잘라 주세요.

2

양배추는 잎 부분만 잘라 주세요.

3

손질한 양배추 잎을 냄비에 넣고 찐 다음 한김 식히세요.

4

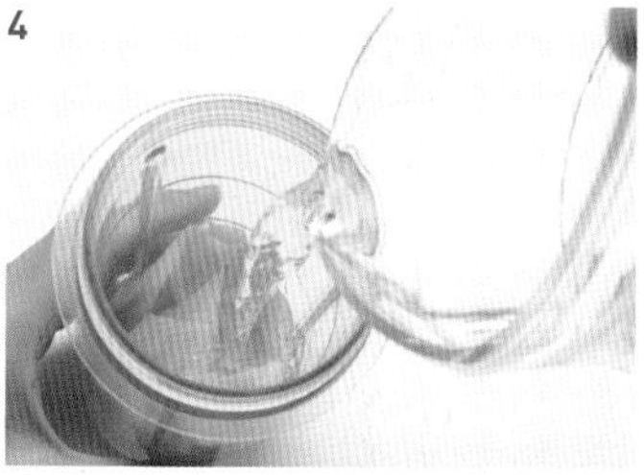

불린 찹쌀과 찐 양배추, 배, 물 ⅓을 믹서에 넣고 갈아 주세요.

5

밑바닥이 두꺼운 냄비에 ④를 쏟은 뒤 나머지 물을 믹서에 부어 헹군 다음 냄비에 따르세요.

6

센 불에서 저어가며 끓이다가 끓기 시작하면 약한 불로 줄이세요.

7

찰기가 생기고 미음이 투명해지면 불을 끄세요.

8

알맞게 식으면 체에 거르세요.

9

한 끼 먹을 분량만큼 나눠 담고 바로 냉장 보관하세요.

아플 때 이유식
변비: 중기

고구마·대추죽

고구마는 섬유소가 많아서 변비 예방과 치료에 효과가 있는 대표 재료예요. 하지만 섬유소가 너무 많으면 장이 약한 아기에게 부담이 될 수 있으므로 고구마의 양 끝부분보다는 중간 부분을 이용하는 게 좋아요. 대추 과육은 변비 해소에 좋은 것으로 잘 알려져 있으며, 아기부터 임신부까지 누구나 먹을 수 있는 안전한 재료지요. 고구마와 대추 모두 단맛이 나기 때문에 아기들이 잘 먹어요.

재료 준비

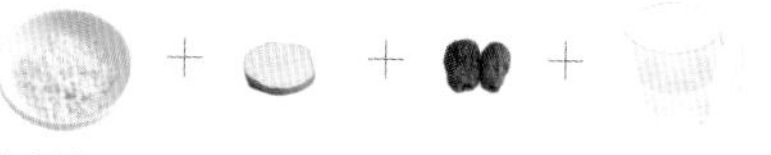

1

고구마는 껍질을 벗겨서 찐 뒤 으깨세요.

2

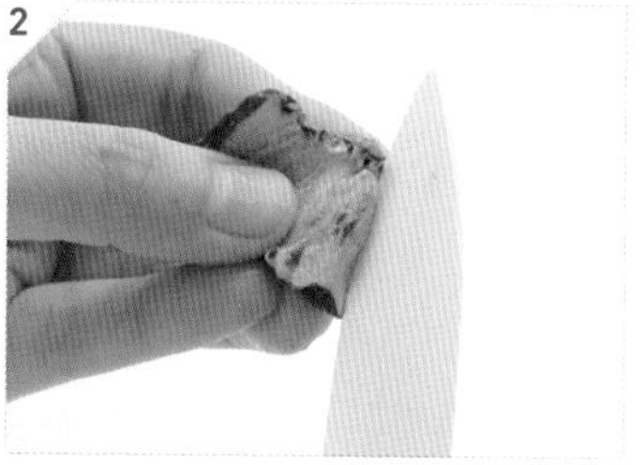

마른 대추는 물에 불린 뒤 돌려깎기로 씨앗을 발라내세요.

3

대추 과육을 물에 푹 삶은 다음 건져서 믹서에 곱게 갈아 주세요.

4

불린 쌀은 절구에 넣고 갈아 주세요.

5

④와 으깬 고구마, 곱게 간 대추 과육에 물(육수)을 붓고 센 불에서 저어 가며 끓이세요.

6

끓기 시작하면 약한 불로 줄인 뒤 밥알이 퍼지고 다른 재료들이 충분히 익을 때까지 저어 가며 끓이다가 완성되면 불을 끄세요.

7

알맞게 식으면 한 끼 먹을 분량씩 담아서 바로 냉장보관하세요.

아플 때 이유식
변비: 후기

닭고기·고구마·근대무른밥

고구마와 근대는 섬유소가 많아서 변비의 예방과 치료에 효과가 뛰어나요. 식재료는 각각의 영양 성분이 다르기 때문에 '궁합'이 중요한데, 닭고기 · 고구마 · 근대무른밥은 고구마에 부족한 영양소인 칼슘과 철분을 근대가 충족시키고 근대에 부족한 단백질을 닭고기가 충족시키므로 변비뿐만 아니라 영양 면에서도 재료의 궁합이 좋아요. 아기가 변비로 고생하기 전, 평소에 섬유소가 많이 든 이유식을 만들어서 변비를 예방해 보세요.

재료 준비

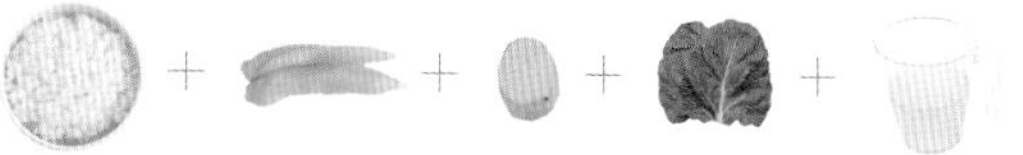

진밥 40g 닭고기 안심 20g 고구마 20g 근대 20g 물(육수) 100ml

1

지방과 힘줄을 제거한 닭고기를 삶아서 한김 식히고 잘게 다지세요.

2

고구마는 껍질을 벗기고 쪄서 으깨세요.

3

근대는 잎 부분만 잘라서 데친 뒤 다지세요.

4

다진 닭고기와 근대, 으깬 고구마, 진밥을 넣고 물(육수)을 부은 다음 센 불에서 저어 가며 끓이세요.

5

끓기 시작하면 약한 불로 줄인 뒤 밥알이 퍼지고 다른 재료가 충분히 익을 때까지 저어 가며 끓이다가 완성되면 불을 끄세요.

6

알맞게 식으면 한 끼 먹을 분량씩 담아서 바로 냉장 보관하세요.

비트·양배추·닭안심진밥

비트의 뿌리에는 섬유소가 많기 때문에 변비 해소에 도움이 되고, 이뇨 작용도 있어서 소변을 잘 보는 데도 도움을 준다고 해요. 양배추 또한 섬유소가 많은 대표 식재료지요. 완료기 때는 아기가 먹을 수 있는 재료가 좀 더 많아지기 때문에 다양한 재료로 이유식을 시도해 볼 수 있어요. 이 밖에도 섬유소가 많은 재료는 우엉, 시래기, 미역, 김, 고사리, 근대, 당근, 밤 등이 있으며 현미, 율무, 보리, 콩, 귀리 등 통곡식에도 섬유소가 풍부해요.

재료 준비

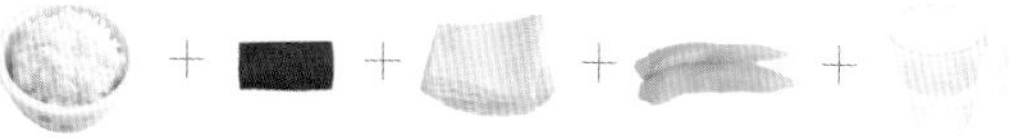

진밥 70g + 비트 10g + 양배추 20g + 닭고기 안심 30g + 물 100ml

1

비트는 껍질을 벗긴 다음 푹 쪄서 으깨 주세요.

2

양배추는 깨끗이 씻어서 물기를 뺀 다음 잘게 다지세요.

3

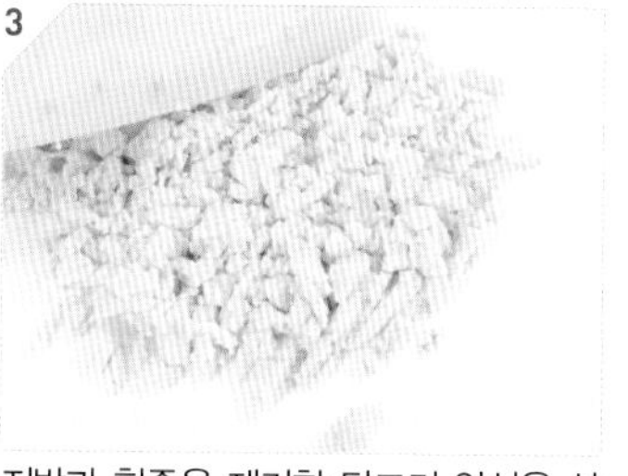

지방과 힘줄을 제거한 닭고기 안심을 삶아서 한김 식힌 다음 잘게 다지세요.

4

으깬 비트, 다진 양배추와 닭고기 안심, 진밥에 물(육수)을 붓고 센 불에서 저어 가며 끓이세요.

5

끓기 시작하면 약한 불로 줄인 뒤 밥알이 퍼지고 다른 재료들이 충분히 익을 때까지 저어 가며 끓이다가 완성되면 불을 끄세요.

6

알맞게 식으면 한 끼 먹을 분량씩 담아서 바로 냉장보관하세요.

아플 때 이유식
설사: 초기

바나나·완두콩미음

덜 익은 푸른 바나나는 설사가 멎는 데 도움을 주고 잘 익은 바나나는 섬유소가 풍부해서 변비 해소에 도움이 된다고 해요. 효능이 서로 다르니 기억해 두었다가 아기가 설사할 때 챙겨 먹이면 좋아요. 완두콩은 단백질, 칼슘 등의 영양소가 풍부해 성장 발육에 좋은 식재료면서 설사 예방과 치료에도 효과가 있어요.

재료 준비

불린 쌀 15g 바나나 10g 완두콩 5g 물 150ml

1

바나나는 껍질을 벗겨서 포크로 덩어리가 지지 않게 으깨세요.

2

완두콩은 불려서 속껍질을 깐 다음 푹 삶아서 믹서에 갈아 주세요.

3

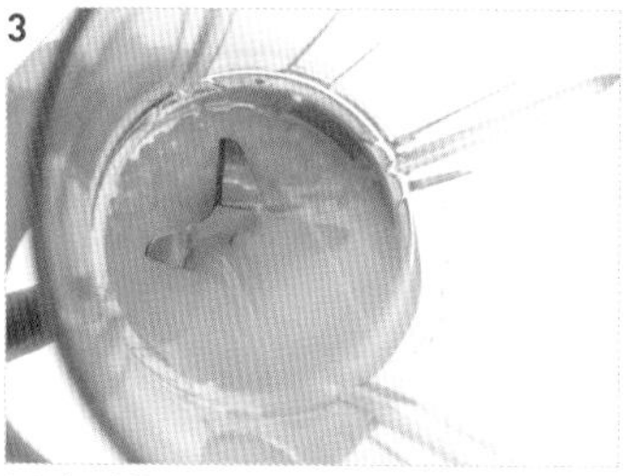

불린 쌀을 물 ⅓과 함께 믹서에 갈아 주세요.

4

밑바닥이 두꺼운 냄비에 ③을 쏟은 뒤 나머지 물을 붓고 섞으세요.

5

센 불에서 저어 가며 끓이다가 끓기 시작하면 으깬 바나나와 갈아 놓은 완두콩을 넣고 약한 불로 줄이세요.

6

찰기가 생기고 미음이 투명해지면 불을 끄세요.

7

알맞게 식으면 체에 내리세요.

8

한 끼 먹을 분량씩 담아서 바로 냉장보관하세요.

아플 때 이유식
설사: 중기

당근·감자·쇠고기찹쌀죽

아기가 설사할 때 쉽게 구할 수 있는 재료를 가지고 이유식을 만들어 보았어요. 설사할 때 수분을 충분히 먹이지 않으면 탈수될 수 있기 때문에 수분 공급에 특히 신경 써야 하고, 아기가 기운 없이 늘어지지 않도록 부드러운 단백질을 공급해 주는 것이 중요해요. 당근은 세균 발생을 억제하여 설사 예방에 좋지만 섬유소가 풍부해서 조심해야 할 재료인 만큼 너무 많은 양을 사용하면 안 된다고 해요.

재료 준비

불린 찹쌀 15g 당근 10g 감자 10g 쇠고기 10g 물 150ml

1

당근은 껍질을 벗기고 잘게 다지세요.

2

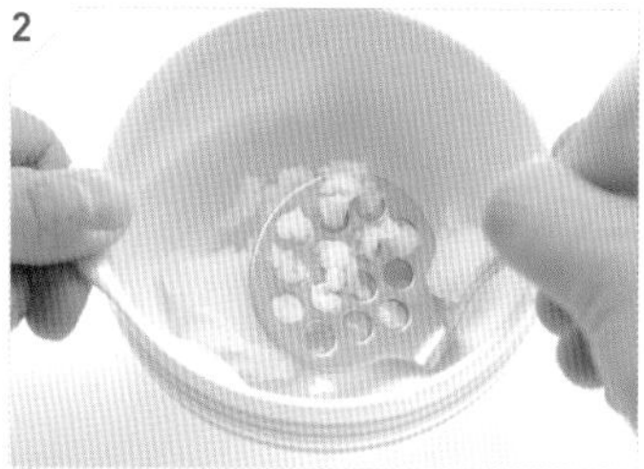

감자는 껍질을 벗겨 찐 뒤 으깨세요.

3

핏물을 뺀 쇠고기를 삶아 한김 식힌 다음 잘게 다지세요.

4

불린 찹쌀과 쇠고기를 절구에 넣고 함께 갈아 주세요.

5

④와 다진 당근, 으깬 감자에 물(육수)을 붓고 센 불에서 저어 가며 끓이세요.

6

끓기 시작하면 약한 불로 줄인 뒤 밥알이 퍼지고 다른 재료들이 충분히 익을 때까지 저어 가며 끓이다가 완성되면 불을 끄세요.

7

알맞게 식으면 한 끼 먹을 분량씩 담아서 바로 냉장보관하세요.

아플 때 이유식
설사: 후기

밤·연두부·대구살·찹쌀무른밥

밤에는 각종 영양분이 풍부해서 아기가 튼튼하게 자라는 데 좋은 영향을 줄 뿐만 아니라 속을 편하게 해 주는 재료예요. 변을 단단하게 만들어 주기도 하고요. 연두부와 대구 살도 단백질을 보충해 주는 부드러운 재료로, 위와 장에 부담을 주지 않아서 아픈 아기가 소화시키기에도 무리가 없어요. 이유식과 보리차를 번갈아 먹이면서 아기의 변 상태를 살펴보세요.

재료 준비

찹쌀 진밥 30g　밤 10g　연두부 20g　대구 살 20g　물 100ml

1

밤은 껍질을 벗겨 찐 다음 포크로 곱게 으깨세요.

2

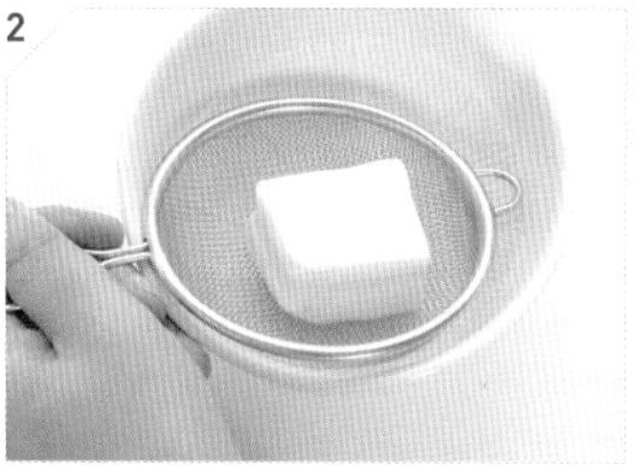

연두부는 체에 밭쳐 물기를 빼 주세요.

3

대구 살은 냉장실에서 미리 해동시킨 뒤 쪄서 다지세요.

4

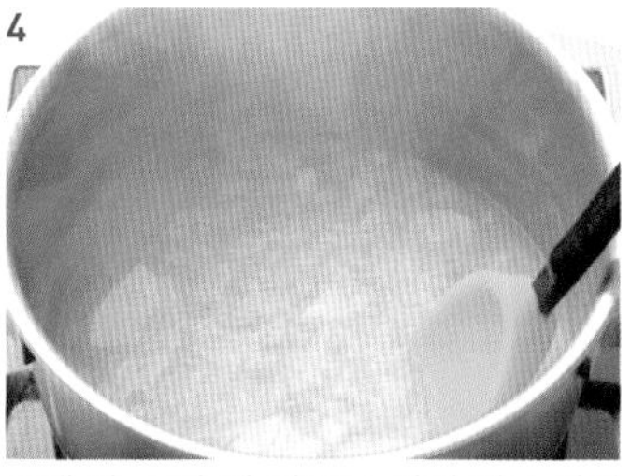

으깬 밤, 물기 뺀 연두부, 다진 대구 살에 찹쌀 진밥을 넣고 물(육수)를 부은 다음 센 불에서 저어 가며 다시 끓이세요.

5

끓기 시작하면 약한 불로 줄인 뒤 밥알이 퍼지고 다른 재료들이 충분히 익을 때까지 저어 가며 끓이다가 완성되면 불을 끄세요.

6

알맞게 식으면 한 끼 먹을 분량씩 담아서 바로 냉장보관하세요.

아플 때 이유식
설사: 완료기

두부·감자·완두콩·당근진밥

아기가 설사할 때는 이유식의 양을 조금 줄이고, 설사가 멎을 때까지 부드럽고 소화가 잘되면서 몸을 따뜻하게 해주는 식재료를 이용해 이유식을 만들어 주었어요. 감자와 당근은 설사에 효과가 있고, 두부와 완두콩은 부드러운 단백질 섭취를 위한 좋은 재료라고 해요. 평소보다 조리 시간에 여유를 두고 푹 삶거나 으깨고, 재료가 충분히 익었는지 살펴보세요.

재료 준비

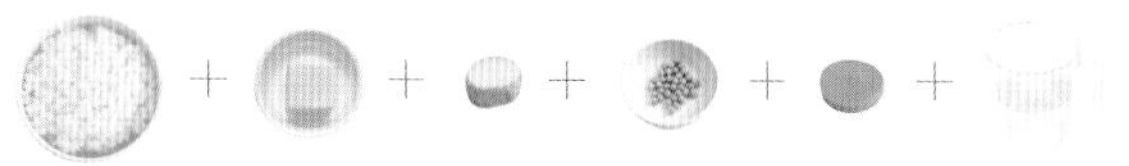

진밥 60g + 두부 30g + 감자 20g + 완두콩 10g + 당근 10g + 물(육수) 100ml

1

두부는 뜨거운 물에 데쳐 물기를 짠 뒤 으깨거나 다지세요.

2

감자는 껍질을 벗기고 잘게 다지세요.

3

완두콩은 불렸다가 껍질을 까고 푹 삶아서 으깨세요.

4

당근은 껍질을 벗겨서 잘게 다지세요.

5

으깬 두부와 완두콩, 다진 감자, 당근 그리고 진밥을 넣고 물(육수)을 부은 다음 센 불에서 저어 가며 끓이세요.

6

끓기 시작하면 약한 불로 줄인 뒤 밥알이 퍼지고 다른 재료가 충분히 익을 때까지 저어 가며 끓이다가 완성되면 불을 끄세요.

7

알맞게 식으면 한 끼 먹을 분량씩 담아서 바로 냉장보관하세요.

Part. 7
간식

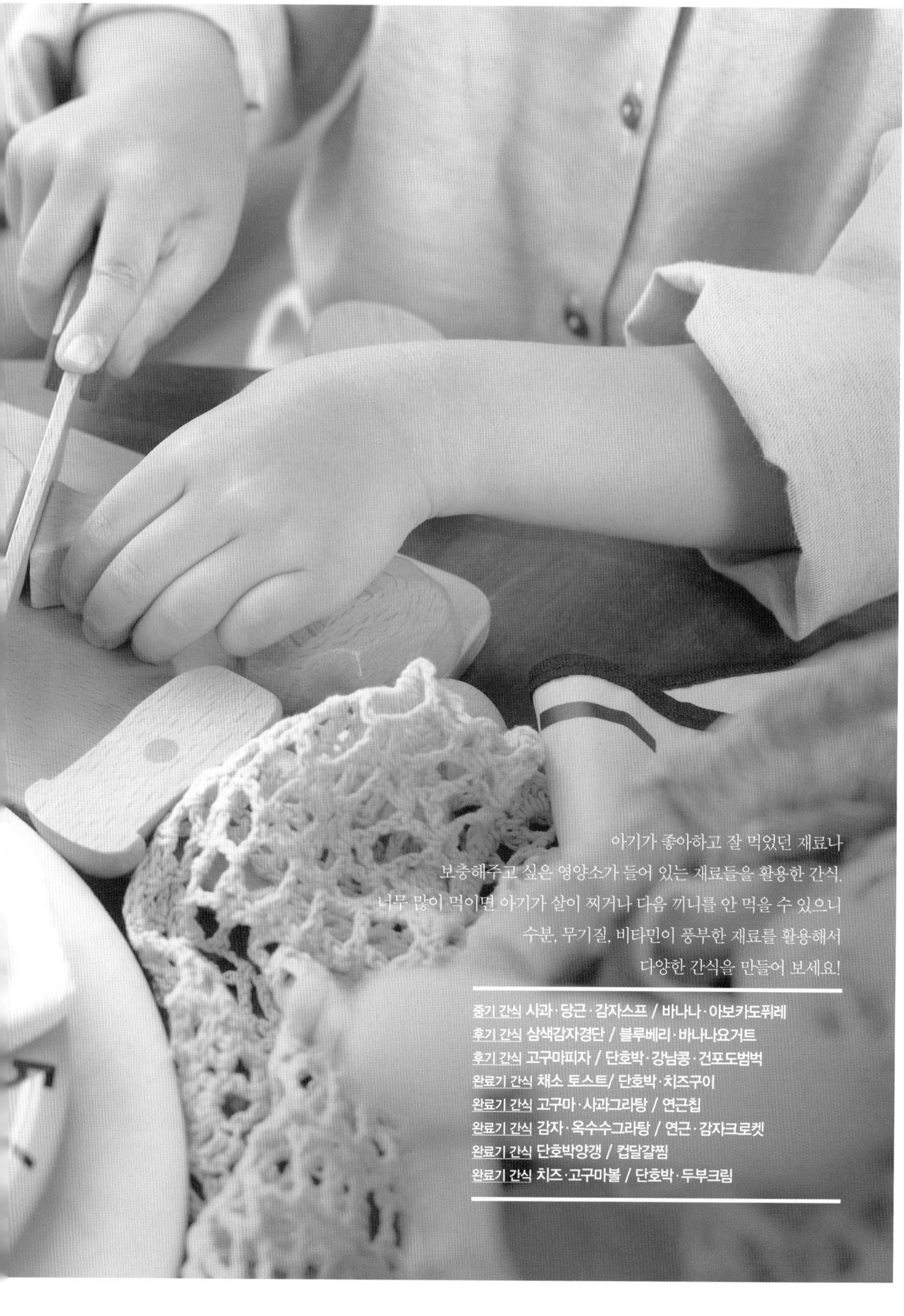

아기가 좋아하고 잘 먹었던 재료나
보충해주고 싶은 영양소가 들어 있는 재료들을 활용한 간식.
너무 많이 먹이면 아기가 살이 찌거나 다음 끼니를 안 먹을 수 있으니
수분, 무기질, 비타민이 풍부한 재료를 활용해서
다양한 간식을 만들어 보세요!

중기 간식 사과·당근·감자스프 / 바나나·아보카도퓌레
후기 간식 삼색감자경단 / 블루베리·바나나요거트
후기 간식 고구마피자 / 단호박·강낭콩·건포도범벅
완료기 간식 채소 토스트/ 단호박·치즈구이
완료기 간식 고구마·사과그라탕 / 연근칩
완료기 간식 감자·옥수수그라탕 / 연근·감자크로켓
완료기 간식 단호박양갱 / 컵달걀찜
완료기 간식 치즈·고구마볼 / 단호박·두부크림

중기 간식

사과·당근·감자스프

재료 준비 사과 20g, 감자 10g, 당근 5g, 물 100ml

1 감자와 당근은 껍질을 벗기고 물 ⅓과 함께 믹서에 갈아 주세요.
2 밑바닥이 두꺼운 냄비에 ①을 쏟은 뒤 물 ⅓을 믹서에 부어 헹군 다음 냄비에 따르세요
3 사과는 껍질을 벗긴 다음 씨를 빼내고 약간의 물과 함께 믹서에 갈아 주세요.
4 냄비를 불에 올리고 중간 불에서 저어 가며 끓이다가 끓기 시작하면 약한 불로 줄이세요.
5 ③을 넣고 나머지 물을 믹서에 부어 헹군 다음 냄비에 따르세요.
6 걸쭉해질 때까지 저어 가며 끓이다가 완성되면 불을 끄세요.
7 알맞게 식으면 한 끼 먹을 분량씩 담아서 바로 냉장보관하세요.

중기 간식

바나나·아보카도퓌레

재료 준비 바나나 1개, 아보카도 ½개, 물 30ml

1 바나나는 껍질을 벗기고 양쪽 끝을 1cm 정도 잘라서 버리세요.
2 아보카도는 씨를 빼내고 껍질을 벗기세요.
3 바나나와 아보카도를 믹서에 넣고 물과 함께 갈아주세요.

TIP

• '숲속의 버터'로 불리는 아보카도는 비타민과 미네랄뿐만 아니라 불포화지방산과 단백질이 풍부한 과일로도 유명하지요. 우리나라에서는 이유식에 잘 쓰지 않지만, 미국이나 유럽에서는 이유식 초·중기 단계부터 생으로 먹일 만큼 알레르기 반응이 적다고 합니다.
• 깨끗이 씻은 아보카도를 손으로 잡고 세로 방향으로 칼날을 깊숙이 넣어 반으로 자른 다음 양손으로 비틀면 아보카도가 두 조각으로 나뉘어요. 세로로 4등분하여 비틀면 보다 쉽게 씨앗을 빼낼 수 있어요.

후기 간식

삼색감자경단

재료 준비 감자 100g, 당근 10g, 브로콜리 10g, 삶은 달걀노른자 1개, 아이용 치즈 1장

1 당근은 껍질을 벗긴 뒤 쪄서 한김 식히세요.
2 브로콜리는 꽃송이만 데쳐서 찬물에 헹구고 잘게 다지세요.
3 달걀을 삶아 노른자만 꺼낸 다음 체에 내려 부슬부슬한 가루로 만드세요.
4 감자는 껍질을 벗기고 쪄서 뜨거울 때 치즈를 넣은 다음 으깨세요.
5 여러 번 치대서 찰기가 생긴 감자반죽을 아이의 한입 크기로 동그랗게 빚으세요.
6 감자경단을 각각 당근, 브로콜리, 노른자 가루에 굴려 골고루 묻히세요.

TIP

삶은 감자는 으깨서 치댈수록 찰기가 생겨요. 으깨기나 절구를 이용해 으깬 감자를 위생비닐에 넣은 다음 손으로 치대면 많은 양도 깔끔하게 만들 수 있어요. 견과류에 알레르기가 없다면 만든 뒤 잣이나 호두, 아몬드 등을 곱게 갈아 위에 솔솔 뿌려 주세요. 고소한 맛이 더하고 영양도 높아져요.

후기 간식

블루베리·바나나요거트

재료 준비 블루베리 20g, 바나나 ¼개, 무가당그릭요거트 30g

1 뚜껑이 있는 통에 블루베리를 넣은 다음 블루베리가 잠길 만큼 물을 부으세요.
2 식초를 두세 방울 떨어뜨린 뒤 뚜껑을 덮고 살살 흔들어 주세요.
3 체에 밭쳐서 흐르는 물에 흔들어 가며 깨끗이 헹구세요.
4 바나나의 껍질을 벗겨 중간 부분으로 ¼개 분량을 준비하세요.
5 물기를 뺀 블루베리, 바나나, 그릭요거트를 믹서에 넣고 갈아 주세요.

TIP

요거트를 많이 먹는다고 해서 장 건강에 더 좋은 것은 아니에요. 오히려 장 내 가스가 많이 생겨 배가 아프거나 설사를 할 수 있답니다. 또 알레르기가 심한 아기, 아픈 아기에게는 오히려 문제가 될 수 있으니 안 먹이는 편이 낫다고 해요.

고구마피자

재료 준비 고구마 1개, 양파 ¼개, 파프리카 ¼개, 양송이버섯 2개, 아이용 치즈 2장

1 고구마는 껍질을 벗기고 쪄서 으깨세요.
2 양파, 파프리카, 양송이버섯은 손질해서 찜기에 넣어 찌세요.
3 ②의 재료를 각각 잘게 다지세요.
4 도자기 접시에 으깬 고구마를 얇게 편 다음 그 위에 양파, 파프리카, 양송이버섯을 솔솔 뿌려 얹으세요.
5 치즈를 덮은 다음 접시째 프라이팬에 넣고 뚜껑을 덮으세요.
6 약한 불에서 치즈가 녹을 때까지 가열하세요.

TIP

아이가 잘 먹지 않는 채소를 잘게 다져 토핑으로 얹어 보세요. 토핑은 한번 익혀서 다진 것이므로, 프라이팬의 뚜껑을 덮은 다음에는 치즈가 녹을 정도로만 가열해 주세요.

단호박·강낭콩·건포도범벅

재료 준비 단호박 ¼개, 강낭콩 2큰술, 건포도 ½큰술, 분유물 1큰술

1 단호박을 반으로 잘라 숟가락으로 씨를 긁어내고 껍질을 벗기세요.
2 분량의 단호박을 냄비에 찐 다음 으깨세요.
3 강낭콩은 하룻밤 불렸다가 끓는 물에 넣고 무를 때까지 푹 삶으세요.
4 삶은 강낭콩의 껍질을 벗기고 잘게 다지세요.
5 건포도는 끓는 물에 데친 다음 찬물에 넣고 10분 정도 불리세요.
6 건포도를 잘게 다지세요.
7 으깬 단호박에 다진 강낭콩과 건포도를 넣은 다음 분유물로 버무리세요.

TIP

범벅을 부드럽게 만들어 주는 분유 물은 채소에 부족한 지방을 보충해주고 단호박과 강낭콩의 퍽퍽함을 줄여주지요. 강낭콩은 찬물에 넣고 하룻밤 정도 충분히 불리는 것이 좋지만 만약 불려 놓은 콩이 없다면 빨리 불리는 방법이 있어요. 콩을 깨끗이 씻은 다음 콩이 푹 잠길 정도로 넉넉하게 물을 붓고 전자레인지에 5 ~6분 정도 돌리세요. 꺼내서 충분히 불었는지 확인해 보고 덜 불었으면 1~2분 정도 더 돌리세요.

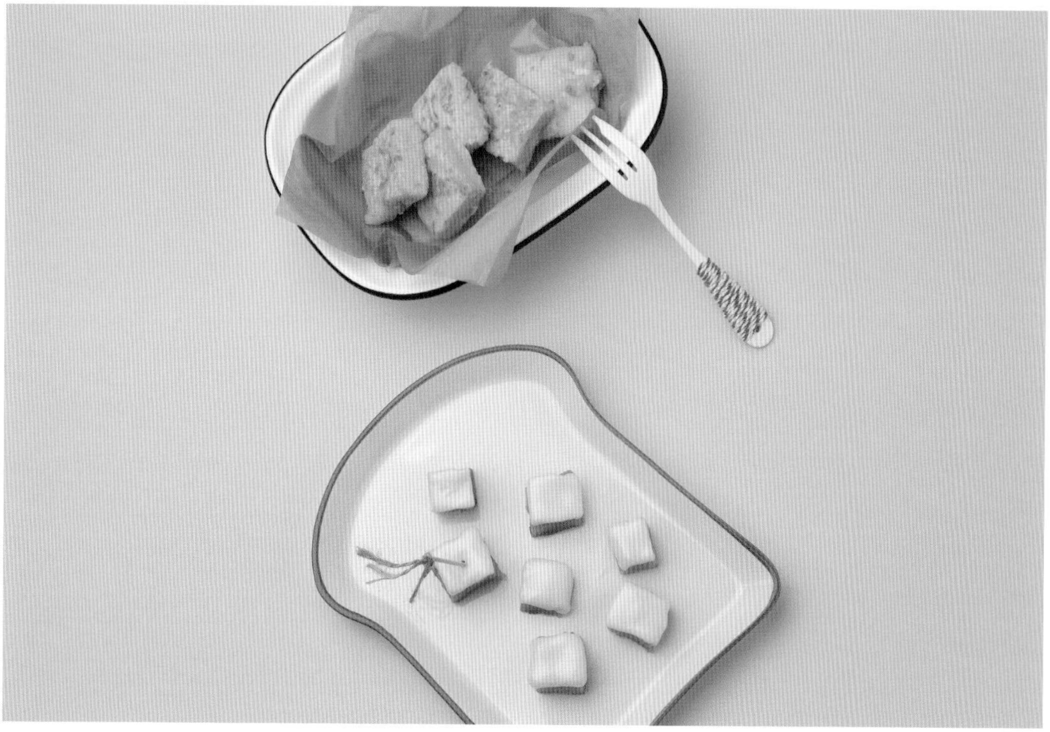

완료기 간식

채소 토스트

재료 준비 유기농식빵 1쪽, 달걀 1개, 우유 1큰술, 다진양파 1작은술 , 다진 양배추 1작은술, 다진 당근 1작은술, 소금·설탕 조금씩, 식용유

1 식빵은 가장자리를 자른 뒤, 4등분 하세요.
2 양파, 양배추, 당근은 잘게 다지세요.
3 달걀에 우유, 소금을 넣고 잘 푼 다음 ②를 넣고 휘저어서 섞으세요.
4 프라이팬에 식용유를 두르고 약한 불로 달구세요.
5 식빵을 ③에 담가 채소와 달걀물을 충분히 묻힌 다음 프라이팬에 올리세요.
6 약한 불에서 채소가 익을 때까지 익히세요.
7 노릇하게 익으면 설탕을 솔솔 뿌린 다음 한입 크기로 자르세요.

완료기 간식

단호박·치즈구이

재료 준비 단호박 ¼개, 모차렐라 치즈 70g, 아기용 치즈 1장

1 단호박은 깨끗이 씻어서 반으로 자른 다음 숟가락으로 씨를 긁어내고 껍질을 벗기세요.
2 단호박을 납작하게 썰어서 식용유를 살짝 두른 프라이팬에 구워 주세요.
3 단호박이 투명해지면서 다 익으면 모차렐라 치즈와 아기용 치즈를 올린 다음 프라이팬 뚜껑을 덮고 약한 불에서 치즈가 녹을 때까지 익히세요.
4 치즈가 다 녹으면 불을 끄고 따뜻할 때 먹이세요.

TIP

채소를 넣는 대신, 우유와 달걀을 섞어서 만든 달걀물에 식빵을 담갔다가 꺼낸 다음 버터를 약간 두른 프라이팬에서 노릇하게 구워 내는 프렌치토스트도 인기 있는 간식이에요. 아이가 좋아하는 모양의 틀을 이용해서 식빵 자르기를 아이와 함께해보세요. 자신이 직접 만들기에 참여한 음식은 아이들이 더 잘 먹는답니다.

완료기 간식

고구마·사과그라탕

재료 준비 사과 1개, 고구마 1개, 우유 50ml, 모차렐라 치즈 150g

1 고구마는 껍질을 벗겨서 찐 다음 우유를 넣고 으깨세요.
2 사과는 껍질을 벗긴 다음 씨를 빼내고 1cm 크기로 깍둑썰기 하세요
3 ①과 ②를 그릇에 담고 모차렐라 치즈를 올린 뒤 170~180℃로 예열된 오븐에 10~15분간 익히세요.

TIP
오븐이 없을 때는 전자레인지를 이용해도 돼요. 전자레인지에서는 7~10분 정도면 치즈가 잘 녹아요.

완료기 간식

연근칩

재료 준비 연근 1개(400~500g), 식초 1Ts, 물 700~1000ml, 식용유 적당량

1 연근은 깨끗이 씻어서 껍질을 벗기고 최대한 얇게 썰어 주세요. 얇을수록 바삭하게 튀겨져요.
2 물에 식초를 섞고 썰어 둔 연근을 10분 정도 담가 주세요.
3 연근을 체에 밭치고 종이타월로 닦아서 물기를 없애 주세요.
4 180℃로 달군 기름에 재빨리 튀겨 내세요.

TIP
연근을 식초물에 담가 놓으면 갈변이 안 되고 특유의 아린 맛이 사라져요. 연근뿐 아니라 감자나 고구마도 같은 방법으로 칩을 만들 수 있어요.

감자·옥수수그라탕

재료 준비 감자 2개, 옥수수 알(캔 옥수수) 30g, 우유 50ml, 모차렐라 치즈 300g

1 감자는 껍질을 벗기고 쪄서 으깨세요.
2 캔 옥수수는 체에 밭쳐 물기를 빼세요.
3 으깬 감자와 옥수수 알을 그릇에 담고 우유를 부어 골고루 섞으세요.
4 오븐용 용기에 ③을 평평하게 깔고 모차렐라 치즈를 올린 다음 오븐에 넣고 200℃로 예열된 오븐에서 15~20분간 익히세요.
5 접시가 뜨거우므로 오븐에서 꺼낸 접시가 아닌 다른 접시에 조금씩 덜어서 내세요.

TIP

모차렐라 치즈의 양은 기호에 따라 조절해서 넣을 수 있어요. 그리고 감자가 질게 삶아졌으면 우유의 양을 줄여야 해요. 우유를 한꺼번에 쏟아 붓지 말고 조금씩 넣어 가면서 농도를 살펴보세요.

완료기 간식

연근·감자크로켓

재료 준비 연근 ½개, 감자 ½개, 달걀 1개, 밀가루·빵가루 적당량씩

1 연근은 껍질을 벗기고 깨끗하게 씻어서 강판에 곱게 갈아 면포에 걸러 주세요.
2 연근즙을 흔들지 말고 가만히 두면 녹말이 가라앉아요. 그러면 윗물을 따라 버리고 녹말만 남기세요.
3 감자는 껍질을 벗기고 쪄서 곱게 으깨세요.
4 연근 건더기, 연근 녹말, 으깬 감자를 한데 섞어 치댄 다음 동굴동글하게 빚어 주세요. 좀 질퍽하면 밀가루를 넣어 가며 농도를 조절하세요.
5 ④를 달걀 푼 물에 담갔다가 빵가루를 입히세요.
6 160℃로 달군 기름에 골고루 튀긴 뒤 기름을 빼 주세요.

TIP

달아오른 기름에 튀김옷을 떨어뜨렸을 때, 바닥에 가라앉았다가 바로 떠오르면 그때 온도가 160℃ 정도예요.

완료기 간식

단호박양갱

재료 준비 단호박 ½통(250~300g), 가루 한천 5g, 설탕 40g, 물 100ml, 아기 우유 150ml

1 단호박은 반으로 갈라 속을 긁어낸 다음 껍질을 벗기고 쪄서 으깨세요.
2 냄비에 물을 끓여서 가루 한천을 넣고 잘 녹이세요.
3 한천이 녹으면 아기 우유, 단호박, 설탕을 넣고 잘 풀어 주세요. 이때 약한 불에서 오래 저어 주면 좀 더 쫄깃하고 말랑한 느낌이 나요.
4 걸쭉해지면 준비한 틀이나 그릇에 붓고 굳을 때까지 기다리세요.

TIP

단호박 외에 고구마나 견과류, 팥, 과일 등을 넣으면 특별하고 맛있는 양갱이 만들어져요. 다만 설탕이 들어가는 간식이다 보니 가능하면 완료기 후반부터 먹이는 게 나을 것 같아요. 양갱을 어른용으로 만들 때는 설탕의 양을 조금 더 늘려야 맛있어요.

완료기 간식

컵달걀찜

재료 준비 달걀 1개, 물(육수) 3Ts, 표고버섯·당근·양파·조금씩, 집에 있는 도자기 컵

1 달걀을 잘 풀어 알끈을 건지고 고운체에 걸러 주세요.
2 걸러 놓은 달걀에 물을 넣고 섞어 주세요.
3 표고버섯, 당근, 양파를 잘게 다져서 준비한 달걀물에 넣고 잘 저어 주세요.
4 준비한 도자기 컵에 ③을 붓고 냄비에 넣어 중탕으로 찌세요. 또는 전자레인지에 넣고 1분~1분 30초 돌리세요.

TIP

전자레인지의 출력이 집집마다 다르므로 1분 돌린 다음에 다 되었나 확인해 보고 안 되었으면 다시 시간을 맞춰 돌리는 게 가장 확실한 방법이에요.

완료기 간식

치즈·고구마볼

재료 준비 고구마 1개, 아기용 치즈 1/2장

1 고구마는 껍질을 벗겨서 푹 찌세요.
2 찐 고구마가 식기 전에 치즈를 넣고 으깨면서 섞어 주세요.
3 찰기가 생기면 동글동글하게 빚어서 오븐이나 전자레인지에 다시 한번 찌세요.

완료기 간식

단호박·두부크림

재료 준비 단호박 ¼개, 두부(생식용) ½모, 두유 200ml

1 단호박은 반으로 갈라 속을 긁어내고 껍질을 벗겨서 찌세요.
2 두부는 물에 1시간 정도 담갔다가 꺼내서 물기를 짜세요.
3 찐 단호박과 두부, 두유를 넣고 믹서에 갈아 주세요.
4 크림 형태로 되직해지면 예쁜 잔에 덜어 내세요.

Part. 8

유아식

생후 16개월쯤 되면 유아식을 시작합니다.
유아식을 먹는 시기에는 어른이 먹는 음식 대부분을 먹을 수 있어서
이유식에 대한 부담을 덜 수 있지요.
하지만 이 시기에 먹은 음식으로
아이의 평생 입맛과 식습관이 결정된다는 사실을 알고 계신가요?
아이가 다양한 음식을 경험할 수 있도록 하되,
달고 짠 자극적인 맛이 아니라 담백하고 건강한 맛을
더 많이 느낄 수 있도록 해주어야 해요.
용희가 한 그릇 뚝딱 해치웠던 유아식 중에서
쉽게 만들 수 있고 필수영양소가 골고루 들어 있는
초간단 만능 유아식을 소개할게요.

한 그릇 유아식

쇠고기·채소국수 / 달걀·버섯볶음밥
쇠고기·두부스테이크 / 버섯·고구마·크림소스리소토
쇠고기주먹밥 / 삼색옹심이
김가루·치즈주먹밥 / 닭안심카레덮밥
두부·깨·땅콩국수 / 닭고기·채소볶음밥

만능 유아식

된장국
시금치된장국 / 콩가루배추된장국
두부애호박된장국 / 쇠고기무된장국
맑은국
오징어콩나물국 / 쇠고기양배추국
새우미역국 / 버섯들깨순두부
기본 반찬 & 응용 반찬
쇠고기장조림 / 장조림김밥
돼지고기채소카레 / 카레주먹밥
토마토닭고기볶음 / 닭고기토마토피자
양배추참치조림 / 참치조림볶음밥
같은 재료 다른 조리법
쇠고기느타리버섯우엉들깨무침 / 쇠고기느타리버섯우엉전
돼지고기청경채숙주볶음 / 돼지고기청경채숙주찜
날치알채소달걀말이 / 날치알채소달걀찜
두부새우채소전 / 두부새우완자탕수

쇠고기·채소국수

재료 준비 쇠고기 안심 30g, 달걀 1개, 육수(국물용 멸치 3~4마리, 다시마 5×5cm 2장, 마른 표고버섯 1개, 양파 ¼개, 물 500ml), 소면 30g, 호박·당근 조금씩, 간장·참기름 약간씩

1 핏물을 뺀 쇠고기를 가늘게 채 썰어 간장, 후춧가루, 참기름을 넣고 조물조물 무친 뒤 볶아 주세요.
2 호박과 당근은 가늘게 채 썰어 주세요.
3 달걀은 흰자와 노른자로 나누어 지단을 부친 다음 채 썰어 주세요.
4 소면은 5~6cm 길이로 잘라서 끓는 물에 삶은 뒤 찬물에 헹구고 물기를 빼세요.
5 냄비에 육수 재료를 넣고 끓이다가, 끓어오르면 다시마를 먼저 건져 내고 나머지는 15~20분 더 끓여서 불을 끄세요.
6 육수를 체에 거르고, 냄비에서 건진 다시마와 표고버섯은 가늘게 채 썰어 주세요.
7 그릇에 소면, 볶은 쇠고기, 채 썬 채소와 달걀지단을 차례로 올리고 육수를 부어 주세요.

달걀·버섯볶음밥

재료 준비 밥 90g, 표고버섯·양송이버섯·느타리버섯 15g씩, 당근·양파 15g씩, 달걀 1개, 참기름·식용유 약간씩

1 버섯과 채소는 깨끗이 씻어서 잘게 다지세요.
2 달군 팬에 식용유를 두르고 ①을 볶아 주세요.
3 버섯과 채소가 익으면 밥을 넣고 섞은 다음 풀어 놓은 달걀을 붓고 다시 한번 살짝 볶아 주세요.
4 불을 끄고 참기름을 넣으세요.

TIP

버섯과 채소는 무엇을 사용하든 상관없으니 구하기 쉬운 재료를 이용하세요. 아기가 된밥을 싫어하면 다 볶은 상태에서 물이나 육수를 부어 부드럽게 만들어 주세요.

쇠고기·두부스테이크

재료 준비 다진 쇠고기 100g, 두부 50g, 양송이버섯 30g, 양파·당근 20g씩, 달걀노른자 1개, 빵가루 200~250g, 소금·후춧가루·식용유 약간씩

1 두부는 끓는 물에 데친 뒤 면보에 넣고 물기를 꼭 짜면서 으깨세요.
2 양송이버섯, 양파, 당근은 잘게 다지세요.
3 넓은 볼에 다진 쇠고기, 채소, 두부와 달걀노른자를 넣고 소금과 후춧가루로 간한 다음 치대면서 반죽하세요.
4 ③에 빵가루를 넣어 가며 반죽의 농도를 맞추세요.
5 반죽을 아기가 먹기 좋은 크기로 둥글넓적하게 빚어서 프라이팬에 노릇하게 구워 주세요.

TIP

빵가루가 없을 때는 밀가루를 사용해도 되고, 버섯과 채소도 냉장고에 있는 재료로 대체할 수 있어요. 쇠고기 대신 닭 가슴살을 사용해도 좋아요.

버섯·고구마·크림소스리소토

재료 준비 밥 90g, 고구마 50g, 양송이버섯 30g, 양파·브로콜리 20g씩, 우유 250g, 아기용 치즈 1장, 버터 약간

1 고구마는 껍질을 벗긴 뒤 삶아서 으깨세요.
2 양송이버섯, 양파, 브로콜리는 손질해서 버터에 볶아 주세요.
3 ②에 우유를 넣고 끓이다가, 끓기 시작하면 밥과 으깬 고구마를 넣고 약한 불에서 졸여 주세요.
4 리소토가 완성되면 불을 끈 다음 아기용 치즈를 넣고 잘 섞어 주세요.

TIP

어른이 먹을 때는 소금과 후춧가루로 간하면 맛이 더 좋아져요.

쇠고기주먹밥

재료 준비 밥 150g, 두부 ½모, 다진 쇠고기 50g, 시금치·당근 30g씩, 참기름·소금·후춧가루·볶은 깨 약간씩

1 두부는 끓는 물에 데친 뒤 물기를 꼭 짠 다음 달군 팬에 볶아 주세요.
2 두부의 수분이 다 날아가면서 연한 노란색이 될 때까지 볶으세요.
3 다진 쇠고기를 팬에 볶다가 소금과 후춧가루로 간을 하세요.
4 시금치와 당근은 잘게 썰어서 팬에 볶아 주세요.
5 대접에 밥을 담고 볶은 두부, 쇠고기, 시금치, 당근을 넣은 다음 참기름과 깨를 넣어서 아기가 먹기 좋은 크기로 뭉쳐 주세요.

삼색옹심이

재료 준비 밀가루 150g, 시금치·감자·단호박 30g씩, 육수(표고버섯 5개, 다시마 5×5cm 3장, 무 ¼개, 멸치 10마리, 물 1500ml), 간장 약간

1 시금치는 살짝 데쳐서 믹서에 간 다음 체에 밭쳐 물만 받아 두세요.
2 감자도 껍질을 벗기고 믹서에 간 다음 체에 밭쳐 물만 받아 두세요.
3 단호박은 반으로 갈라 속을 긁어내고 껍질을 벗긴 다음 쪄서 으깨세요.
4 ①, ②, ③에 밀가루를 50g씩 나눠 넣고 반죽하세요.
5 시금치는 수분이 부족하면 물을 조금 넣어서 반죽의 농도를 맞추고, 단호박은 밀가루에 으깬 단호박을 조금씩 넣어 가며 농도를 맞추세요.
6 각각의 반죽으로 아기 입에 들어갈 만한 크기의 옹심이를 빚어 주세요.
7 냄비에 육수 재료를 모두 넣고 센 불로 끓이다가, 끓기 시작하면 다시마를 먼저 꺼내고 불을 약하게 줄인 뒤 국물이 푹 우러나도록 더 끓이세요.
8 충분히 끓으면 건더기를 건져 낸 뒤 불을 높여서 옹심이를 넣고 끓이세요.
9 옹심이가 둥둥 뜨면 간장으로 간하고 옹심이를 그릇에 퍼 담은 뒤 육수를 붓고 육수에서 건진 표고버섯을 잘게 다져 고명으로 올려 주세요.

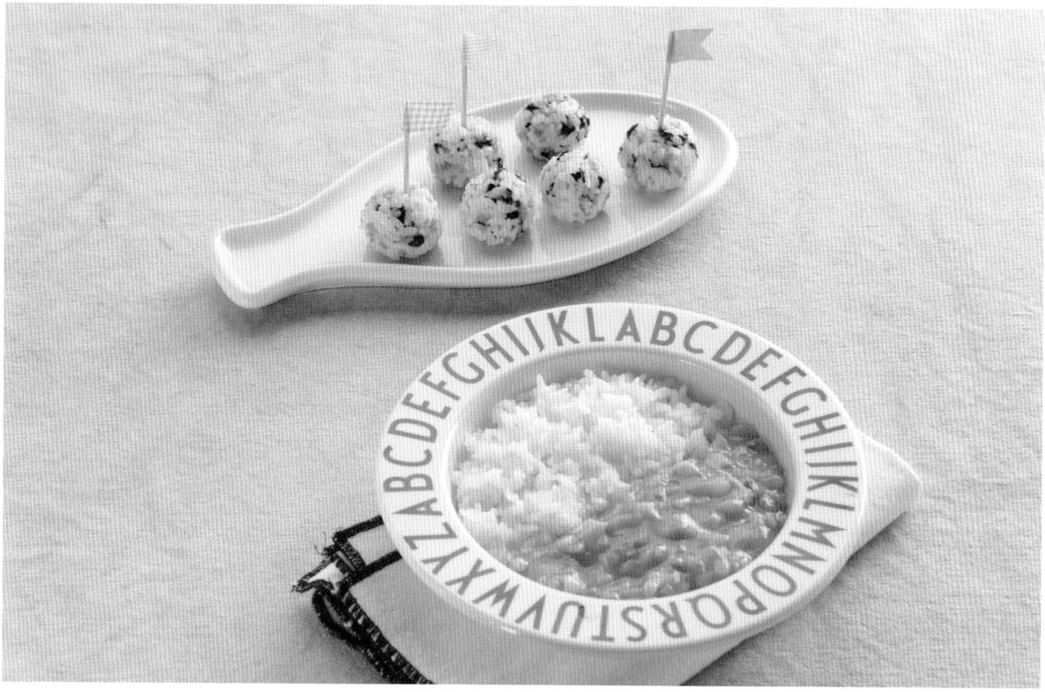

김가루·치즈주먹밥

재료 준비 밥 200g, 당근 50g, 아기용 김 가루 100g, 아기용 치즈 1장

1 뜨거운 밥에 아기용 치즈를 넣고 치즈가 녹을 때까지 비벼 주세요.
2 당근은 잘게 다져서 뜨거운 물에 살짝 데친 다음 물기를 빼 주세요.
3 ①에 ②와 김 가루를 넣고 주걱으로 잘 섞어 주세요.
4 ③을 아기가 먹기 좋은 크기로 동글동글하게 빚어 주세요.

TIP

시판하는 아기용 김 가루가 있지만, 집에서 들기름을 발라 구운 뒤 잘게 부수어 사용하는 게 더 좋아요. 당근은 물에 데치는 대신 기름에 살짝 볶아서 사용해도 돼요.

닭안심카레덮밥

재료 준비 닭고기 안심 40g, 양파·애호박·감자 20g씩, 당근 10g, 물 150ml, 카레 가루 15g, 식용유 약간

1 닭고기와 양파, 애호박, 감자, 당근은 잘게 썰어 주세요.
2 달군 냄비에 식용유를 두르고 ①을 살짝 볶아 주세요.
3 물을 붓고 끓이다가 닭고기와 채소가 다 익으면 카레 가루를 넣고 다시 한번 끓여 주세요.

TIP

물의 양을 절반으로 줄이고 그만큼 우유를 넣으면 맛이 좀 더 풍부해져요.

두부·깨·땅콩국수

재료 준비 소면 30g, 두부 100g, 볶은 통깨 10g, 땅콩 10g, 물 200ml

1 두부는 끓는 물에 살짝 데치세요.
2 믹서에 데친 두부, 볶은 통깨, 땅콩, 물을 넣고 곱게 갈아서 체에 밭친 다음 냉장실에 넣어 시원하게 해 주세요.
3 소면은 5~6cm 길이로 잘라서 끓는 물에 삶은 뒤 찬물에 헹구고 물기를 빼세요.
4 그릇에 소면을 담고 시원해진 ②를 부어 주세요.

TIP

깨는 참깨나 검은깨 중 어느 것을 사용하든 괜찮아요. 단, 아기에게 땅콩 알레르기가 있다면 땅콩은 넣지 마세요.

닭고기·채소볶음밥

재료 준비 밥 90g, 닭고기 안심 80g, 애호박·당근·양파 15g씩, 브로콜리 10g, 달걀 1개, 식용유·참기름 약간씩

1 애호박·당근·양파는 잘게 썰고, 브로콜리는 꽃송이 부분만 뜨거운 물에 살짝 데쳐서 잘게 다지세요.
2 지방과 힘줄을 제거한 닭고기 안심을 삶아서 한김 식힌 뒤 잘게 다지세요.
3 달군 팬에 식용유를 두르고 달걀을 넣은 다음 젓가락으로 저어서 스크램블드에그를 만들어 주세요.
4 ③에 ①과 ②를 넣고 같이 볶아 주세요.
5 밥을 넣어 골고루 섞으면서 다시 한번 볶고 불을 끄세요.
6 참기름을 넣고 부드럽게 섞어 주세요.

우리 집 초간단

만능 유아식

쉽고 빠르게 뚝딱!
밥·국·반찬 하나씩이면 아이 밥상 차림 끝!

아이가 자라면서 숟가락과 컵 등을 잘 다루게 되면 어른들이 먹는 밥상에 익숙해지기 위해서 식판을 활용한 유아식을 시작하게 되지요. 우리 아이에게 무슨 국과 반찬을 해줘야 할지 또 다른 고민이 시작되는 시기! 번거롭게 다양한 반찬 필요 없이 밥, 국, 반찬 3찬이면 필요한 영양소를 섭취할 수 있는 초간단 식판 유아식을 소개합니다.

3찬 유아식의 원칙

1. 밥, 국, 반찬 형태의 식단을 구성해주세요.

유아식을 시작할 시기가 되면, 아이는 어른의 반찬에 부쩍 관심을 갖습니다. 아이가 완료기 이유식(진밥)에 잘 적응하고 생후 16개월 이후라면 어른의 식사와 유사한 형태의 밥, 국, 반찬 식단을 구성해 이유식을 시작해 보세요. 어른의 반찬보다 싱겁게, 조금 무르고 작게 만들어주며, 국에 밥을 말아주기보다 숟가락과 젓가락(포크)을 활용하여 하나씩 떠서 스스로 먹을 수 있도록 유도해주세요.

2. 다섯 가지 식품군이 골고루 포함된 식단을 구성해주세요.

아이가 똑똑하고 건강하게 잘 자리기 위해서는 영양소를 고르게 충분히 섭취해야 합니다. 그중에서도 가장 중요한 것은 단백질과 칼슘이 풍부한 식단을 구성하는 것이에요. 성장기 아이에게는 무엇보다도 신체 발육에 필요한 양질의 단백질과 칼슘이 필요하며, 소화 흡수가 잘 되도록 비타민, 무기질도 충분히 먹도록 해야 합니다. 어렵게 생각하지 마세요. 현미잡곡밥과 함께 단백질 식품과 다양한 채소를 활용한 반찬, 국으로 구성하면 됩니다. 따라서 다섯 가지 식품군(단백질, 탄수화물, 지방, 비타민, 무기질)을 골고루 섭취할 수 있도록 밥, 육류, 채소, 과일, 우유 등의 다양한 식품을 하루 세 끼와 간식으로 나누어 구성해주세요.

한 끼 구성 원칙

1. 밥

현미잡곡밥(현미밥, 콩밥, 기장밥 등) **1회 섭취량** 50~100g

TIP 백미밥보다 비타민, 무기질, 단백질이 포함된 현미잡곡밥이 아이의 성장 발달에 더 좋아요.

2. 국

육수를 이용한 단백질식품과 채소가 함께 들어간 저염국 **1회 섭취량** 50~100g(국물 제외 건더기량)

3. 반찬

단백질 식품과 채소가 함께 들어간 담백한 반찬 **1회 섭취량** 100~150g

• 만 1~2세 : 하루 권장 열량 1,000kcal (단백질 권장 섭취량 15g)　• 만 3~5세 : 하루 권장 열량 1,400kcal (단백질 권장 섭취량 20g)

된장국

기본 재료 육수(쇠고기육수, 닭고기육수, 채수 모두 사용) 또는 쌀뜨물 250ml, 된장 ½작은술

만능 유아식

시금치된장국

재료 준비 육수(쌀뜨물) 250ml, 시금치 15g, 마른 보리새우 20g, 된장 1작은술

1 시금치는 데쳐서 찬물에 헹군 다음 뿌리를 잘라내고 1cm 길이로 자르세요.
2 마른 보리새우는 체에 밭쳐 흔들면서 부스러기를 털어낸 뒤 믹서에 넣고 갈아 주세요.
3 냄비에 준비한 육수(쌀뜨물)를 붓고 불에 올린 다음 끓으면 된장을 체에 밭쳐서 풀어 주세요.
4 자른 시금치와 보리새우 가루를 넣고 센 불에서 끓이세요.
5 국물이 끓어오르면 중간불로 줄이고 1분 후 불을 끄세요.

만능 유아식

콩가루배추된장국

재료 준비 육수(쌀뜨물) 250ml, 배추 30g, 된장 ½작은술, 콩가루 1작은술, 간 마늘 조금

1 배추는 잎 부분만 잘라 1cm 정도 크기로 작게 썰어 주세요.
2 ①에 콩가루를 뿌려 버무리세요.
3 냄비에 준비한 육수(쌀뜨물)를 붓고 불에 올린 다음 끓으면 된장을 체에 밭쳐서 풀어 주세요.
4 콩가루에 버무려 놓았던 배추와 간 마늘을 넣고 센 불에서 끓이세요.
5 국물이 끓어오르면 중간불로 줄이고 1분 후 불을 끄세요.

된장국 재료로 다양한 채소를 쓸 수 있어요.
감자, 양파는 물론이고 아욱, 근대, 부추 등 쉽게 구할 수 있는 제철 잎채소로 대체해도 됩니다.

만능 유아식

두부애호박된장국

재료 준비 육수(쌀뜨물) 250ml, 두부 20g, 애호박 30g, 양파 10g, 된장 ½작은술

1 두부는 뜨거운 물에 데쳐 1cm 크기로 깍둑썰기하세요.
2 애호박, 양파도 1cm 크기로 잘라 주세요.
3 냄비에 준비한 육수(쌀뜨물)를 붓고 불에 올린 다음 끓으면 된장을 체에 밭쳐서 풀어 주세요.
4 애호박, 양파, 두부를 넣고 애호박이 익을 때까지 센 불에서 끓이세요.
5 국물이 끓어오르면 중간불로 줄이고 1분 후 불을 끄세요.

만능 유아식

쇠고기무된장국

재료 준비 육수(쌀뜨물) 250ml, 쇠고기 20g, 무 15g, 된장 ½작은술, 다진 대파·간 마늘 조금씩

1 쇠고기는 찬물에 담가 핏물을 빼고 1cm 이내로 잘게 자르세요.
2 무는 솔로 깨끗이 씻어서 껍질째 얇고 작게 썰어 주세요.
3 냄비에 준비한 육수(쌀뜨물)를 붓고 잘게 자른 쇠고기, 썬 무, 간 마늘을 넣고 끓이세요.
4 무가 반쯤 투명해지면 된장을 풀어 주세요.
5 다진 대파를 넣고 끓어오르면 중간불로 줄인 다음 1분 후 불을 끄세요.

맑은국

기본 재료 육수(물) 250ml, 국간장 ½작은술

만능 유아식

오징어콩나물국

재료 준비 채수(물) 250ml, 다진 오징어 20g, 콩나물 15g, 국간장 ½작은술

1 내장과 껍질을 제거한 오징어를 깨끗이 씻어서 잘게 썰어 주세요.
2 콩나물은 깨끗이 씻어서 1cm 길이로 썰어 주세요.
3 냄비에 준비한 채수(물)를 붓고 불에 올린 다음 끓으면 ①, ②를 넣고 뚜껑을 덮어 센 불에서 끓이세요.
4 국간장으로 간을 하세요.
5 국물이 끓어오르면 중간불로 줄이고 1분 후 불을 끄세요.

만능 유아식

쇠고기양배추국

재료 준비 육수(물) 250ml, 쇠고기 15g, 양배추잎 20g, 참기름 ½작은술, 국간장 ½작은술, 간 마늘 조금

1 찬물에 담가 핏물을 뺀 쇠고기를 잘게 썰어 주세요.
2 양배추는 잎 부분만 잘라 1cm 크기로 잘라 주세요.
3 냄비에 참기름을 두르고 약한 불에서 ①, ②를 넣어 볶으세요.
4 준비한 육수(물)를 붓고 뚜껑을 덮어 센 불에서 끓이세요.
5 양배추가 부드러워질 정도로 끓으면 간 마늘과 국간장을 넣고 중간불로 줄인 뒤 1분 후 불을 끄세요.

맑은국은 국물이 담백하고 깔끔하기 때문에 텁텁한 국물을 싫어하는 아이들도 잘 먹어요.
쇠고기, 멸치, 마른 새우, 다시마, 채소 등 육수에 따라 다양한 맛을 낼 수 있어요.

만능 유아식

새우미역국

재료 준비 육수(물) 250ml, 불린 미역 20g, 다진 새우살 20g, 참기름 ½작은술, 국간장 ½작은술, 간 마늘 조금

1 미역은 잎 부분만 골라 30분 정도 물에 불린 뒤 잘게 썰어 주세요.
2 새우는 머리를 떼고 껍데기를 벗긴 다음 등 쪽으로 내장을 빼고 흐르는 물에 살짝 헹궈서 다지세요.
3 냄비에 참기름을 두르고 약한 불에서 1, 2를 넣어 볶으세요.
4 준비한 육수(물)를 붓고 뚜껑을 덮어 센 불에서 끓이세요.
5 미역이 부드러워질 정도로 끓으면 간 마늘과 국간장을 넣고 중간불로 줄인 뒤 1분 후 불을 끄세요.

만능 유아식

버섯들깨순두부

재료 준비 채수(물) 250ml, 느타리버섯 15g, 순두부 15g, 들깨가루 ½작은술, 국간장 ½작은술, 들기름·다진 대파 조금씩

1 느타리버섯은 가늘게 찢어 1cm 길이로 썰어 주세요.
2 순두부는 체에 밭쳐서 물기를 빼세요.
3 냄비에 준비한 채수(물)를 붓고 불에 올린 다음 끓으면 느타리버섯, 순두부, 들깨가루를 넣고 휘휘 저어 순부두를 듬성듬성 자르세요.
4 국물이 끓어오르면 다진 대파와 국간장을 넣고 중간불로 줄이세요.
5 1분 후 들기름을 두르고 불을 끄세요.

만능 유아식

쇠고기장조림

재료 준비 쇠고기(장조림용) 200g, 표고버섯 2개, 무 1/6개(100g), 양파 ⅓개, 대파 흰 부분(10cm 정도) 1대, 통마늘 2개, 생강 1개(마늘 크기), 다시마 1개(5x5cm), 통후추 2~3알, 조청 10g, 간장 10g, 물 1,500g

1 쇠고기는 두세 덩어리로 잘라서 찬물에 담가 핏물을 빼세요.
2 표고버섯은 5mm 정도로 얇게 썰고, 무는 큼직하게 썰어 주세요.
3 양파, 대파, 통마늘, 생강, 다시마는 손질해서 깨끗이 씻으세요.
4 냄비에 1,000g의 물을 붓고 끓인 뒤 ①을 넣고 5분 정도 데치세요.
5 한소끔 끓으면 고기를 찬물에 헹구고 물은 버리세요.
6 냄비에 다시 500g의 물을 붓고 ③, 무, 통후추와 삶아 건진 쇠고기를 넣은 다음 센 불에서 삶으세요.
7 끓어오르면 거품을 걷어내고 중약불로 줄인 뒤 쇠고기가 푹 익을 때까지 끓이세요.
8 쇠고기가 푹 익으면 건져서 식히고, 육수는 면포에 거르세요.
9 식힌 쇠고기를 1cm 두께로 썬 다음 결대로 잘게 찢으세요.
10 면포에 거른 육수를 냄비에 붓고 조청, 간장, 표고버섯, 잘게 찢은 쇠고기를 넣고 중간 불에서 5분 정도 끓이세요. 육수의 양이 적으면 재료가 잠길 만큼 물의 양을 더 넣고 끓이세요.

TIP

장조림 부위로는 홍두깨살, 치마양지살, 사태살 등을 사용하는데 지방이 없는 것을 선호하면 홍두깨살로, 탄력이 있으면서 부드러운 식감을 선호하면 사태살로 구입하세요. 상대적으로 지방이 좀 있는 치마양지살은 고소한 맛이 나요. 단, 치마양지살을 이용할 때는 근막을 잘 제거해야 해요.

장조림김밥

재료 준비 밥 ½공기(150g), 쇠고기장조림 ¼컵, 김밥용 김 1장, 파프리카 ¼개, 오이 ⅓개, 참기름 ½작은술, 참깨 ½작은술

1 밥에 참기름과 참깨를 넣고 조물조물 섞으세요.
2 오이는 껍질을 벗겨 가늘게 채 썰고, 파프리카도 채 썰어 두세요.
3 양념한 밥을 김 위에 얇게 편 뒤 장조림, 오이, 파프리카를 가지런히 올려 돌돌 말아 주세요.
4 김밥을 먹기 좋은 크기로 썰어 주세요.

만능 유아식

돼지고기채소카레

재료 준비 돼지고기(갈은 것) 100g, 양파 ¼개, 당근 1/5개, 감자 ½개(中), 식용유 ½큰술, 우유 100ml, 강황가루(아이용 카레 가루) 1작은술, 소금 조금, 물 2큰술

1 양파, 당근, 감자는 깨끗이 씻어 5mm 정도 크기로 잘게 자르세요.
2 프라이팬에 식용유를 두르고 달궈지면 돼지고기, 양파, 당근, 감자, 소금을 넣고 중간 불에서 볶으세요.
3 양파가 투명해질 정도로 볶아지면 물 2큰술을 넣고 뚜껑을 덮은 뒤 약한 불로 줄이세요.
4 재료가 익으면 우유와 강황가루를 넣고 뚜껑을 연 채로 자작해질 때까지 졸이세요.

카레주먹밥

재료 준비 밥 ½공기(150g), 카레 건더기 1큰술, 아이용 치즈 1장, 검은깨 1작은술

1 아이용 치즈는 3번 접어서 5등분한 다음 각각을 동그랗게 말아 주세요.
2 밥에 카레 건더기와 검은깨를 넣고 고루 섞으세요.
3 ②를 한 입 크기로 동그랗게 빚어서 손가락으로 콕 눌러 구멍을 만드세요.
4 구멍에 치즈를 넣고 오므려서 다시 동그랗게 빚으세요.

만능 유아식

토마토닭고기볶음

재료 준비 닭 안심 100g, 토마토 1개, 애호박 ¼개, 양파 ¼개, 사과 ¼개, 우유 100ml, 청주 1작은술, 간 마늘 ½작은술, 올리브유 ½큰술, 물 2큰술, 소금·후춧가루 조금씩

1 닭 안심은 근막과 지방을 제거한 뒤 흐르는 물에 깨끗이 씻고, 칼집을 내서 우유에 30분간 재워 두세요.
2 토마토는 열십자로 칼집을 내서 끓는 물에 데친 뒤 찬물에 헹구고 껍질을 벗기세요.
3 애호박, 양파는 1cm 크기로 썰고, 사과는 껍질과 씨를 제거한 뒤 큼직하게 썰어 두세요.
4 사과와 껍질 벗긴 토마토를 믹서에 갈아 주세요.
5 ①을 찬물에 살짝 헹군 뒤 1cm 크기로 깍둑썰기하세요.
6 ⑤에 소금, 후춧가루, 청주, 간 마늘, 올리브유를 넣어 조물조물 주물러 밑간한 다음 달군 프라이팬에 겉면이 노릇하도록 구워 주세요.
7 ⑥에 썰어둔 애호박과 양파, 물 2큰술을 넣고 끓이세요.
8 끓어오르면 갈아둔 토마토와 사과를 넣고 약한 불로 줄이세요.
9 양념이 닭고기에 밸 때까지 졸이며 볶으세요.

TIP

닭안심에 간을 할 때 올리브유는 마지막에 넣으세요. 올리브유를 먼저 넣으면 기름막이 형성돼서 다른 양념 맛이 충분히 배지 않거든요.

닭고기토마토피자

재료 준비 토마토닭고기볶음 2큰술, 또띠아 1장, 아이용 치즈 1장, 물 1큰술

1 토마토닭고기볶음을 잘게 자르세요.
2 아이용 치즈를 잘게 썰어 두세요.
3 프라이팬에 또띠아를 놓고 1을 골고루 펼친 다음 치즈를 올리세요.
4 물을 프라이팬 가장자리 쪽으로 두른 다음 뚜껑을 덮고 치즈가 녹을 때까지 약한 불에 올려놓으세요.
5 치즈가 녹으면 뚜껑을 열고 수분을 날린 다음 불을 끄세요.

만능 유아식

양배추참치조림

재료 준비 참치살 60g, 양배추 30g, 청경채 10g, 양파 ¼개, 대파(흰 부분) 10cm, 통마늘 2개, 생강 ½개(마늘 크기), 다시마 1개(5x5cm), 조청 10g, 청주 ½큰술, 간장 2작은술, 물 200ml, 식용유 2작은술, 감자전분·후추·참기름 조금씩

1 참치살은 0.5~1cm 두께로 썰어서 키친타월로 물기를 제거하세요.
2 후추를 뿌린 뒤 감자 전분을 묻히세요.
3 양배추, 청경채, 양파는 손질 후 1cm 정도 크기로 자르세요.
4 달군 프라이팬에 식용유를 두르고 전분 묻힌 참치살을 노릇하게 구우세요.
5 프라이팬에 ③을 넣고 약한 불에서 볶으세요.
6 냄비에 구운 참치살을 넣고 대파, 통마늘, 생강, 다시마, 조청, 정주, 간장과 물을 넣어서 끓이세요.
7 끓어오르면 참치살을 제외한 건더기들을 걷어내세요.
8 ⑦에 ③을 넣고 약한 불에서 졸이다가 국물이 자작해지면 참기름을 넣고 불을 끄세요.

TIP
생선 조림을 할 때 전분을 묻혀 구운 뒤 조리면 살이 부서지지 않고 깨끗해요.

참치조림볶음밥

재료 준비 밥 ½공기, 양배추참치조림 1큰술, 달걀 1개, 아이용 백김치 다진 것 2작은술, 식용유 2작은술, 참기름·통깨 조금씩

1 달군 프라이팬에 식용유를 두르고 양배추참치조림과 밥을 넣어서 볶으세요.
2 ①에 다진 백김치를 넣고 볶다가 달걀을 풀어 함께 볶으세요.
3 참기름과 통깨를 넣고 다시 한 번 볶은 다음 불을 끄세요.

TIP
양배추참치 조림에 이미 여러 가지 채소가 들어가 있기 때문에 다른 채소를 넣지 않아도 상관없고, 아이가 특별히 좋아하는 채소가 있다면 백김치 대신 그것을 다져 넣어도 괜찮아요.

같은 재료 다른 조리법

재료 준비 쇠고기, 느타리버섯, 우엉, 들기름, 들깻가루, 소금, 진간장, 식초, 부침가루, 식용유, 물

공통 조리법

1 핏물 뺀 쇠고기를 잘게 다져서 들기름 두른 팬에 볶으세요.
2 느타리버섯은 끓는 물에 데치세요.
3 찬물에 헹군 다음 꼭 짜고, 잘게 찢어서 1cm 길이로 자르세요.
4 우엉은 껍질을 벗기고 1cm 길이로 가늘게 채치세요.
5 끓는 물에 식초를 떨어뜨리고 30초 간 데치세요.
6 찬물에 헹궈 체에 밭쳐 물기를 제거하세요.

쇠고기느타리버섯우엉들깨무침

7 볶은 쇠고기, 데친 느타리버섯과 우엉, 소금, 양조간장을 넣고 버무리세요.
8 들기름 먼저 넣고 무친 다음 들깻가루를 넣고 다시 한 번 무치세요.

쇠고기느타리버섯우엉전

7 느타리버섯과 우엉을 잘게 다지세요.
8 부침가루를 물에 갠 다음, 볶은 쇠고기와 ⑦을 넣고 섞으세요.
9 달군 프라이팬에 식용유를 두르고 약한 불로 줄인 뒤, 반죽을 숟가락으로 떠서 올리세요.
8 앞뒤로 노릇하게 익히세요.

같은 재료 다른 조리법

재료 준비 돼지 안심, 청경채, 숙주, 양파, 대파, 진간장, 맛술, 녹말물, 올리고당, 물, 식용유, 소금

공통 조리법

1 핏물 뺀 돼지 안심을 잘게 자르세요.
2 진간장, 맛술, 올리고당을 넣고 버무려서 간이 배도록 두세요.
3 청경채는 한 장 한 장 떼어 씻은 뒤 끓는 물에 살짝 데치고 찬물에 헹궈 잘게 자르세요.
4 숙주는 깨끗이 씻어서 1cm 길이로 자르세요.
5 양파와 대파는 잘게 자르세요.

돼지고기청경채숙주볶음

6 달궈진 프라이팬에 식용유를 두르고 양념이 밴 돼지고기를 넣고 볶으세요.
7 양파와 대파를 넣고 볶으세요.
8 데친 정경채와 숙주, 소금을 넣고 볶으세요.

돼지고기청경채숙주찜

6 찜기 맨 밑에 돼지고기를 깔고 그 위에 양파, 대파, 청경채, 숙주 순으로 올리세요.
7 소금을 솔솔 뿌리세요.
8 뚜껑을 덮고 약한 불에서 5분 정도 찌세요.
9 양파와 숙주가 익으면서 물이 생기면 숟가락으로 떠서 끼얹어 주세요.
10 물이 거의 졸아들면 불을 끄세요.

같은 재료 다른 조리법

재료 준비 달걀 1개, 날치알 1작은술, 다진 당근 1작은술, 다진 양파 1작은술, 다진 양송이버섯 1작은술, 식용유·참기름 조금, 다시마 물 ½큰술(달걀찜은 50g 더)

공통 조리법

1 날치알은 체에 밭쳐서 찬물에 씻은 뒤 뜨거운 물을 끼얹고 물기를 빼두세요.
2 다시마물에 달걀을 넣고 풀어가며 섞어 주세요.
3 날치알, 다진 채소, 참기름을 넣고 섞어 주세요.

날치알채소달걀말이

4 달군 프라이팬에 식용유를 두르고 약한 불로 줄인 뒤 달걀물을 부으세요.
5 달걀이 다 익기 전에 돌돌 말아 주세요.

날치알채소달걀찜

4 다시마 물 50g을 더 넣고 섞은 다음 달걀물을 체에 걸러 주세요.
5 그릇에 옮겨서 중탕으로 쪄 주세요.
6 젓가락으로 찔러 보았을 때 달걀물이 묻어나오지 않으면 불을 끄세요.

TIP

다시마물은 달걀 요리를 할 때 풍미를 올려주는 역할을 하는데, 다시마 물이 없다면 일반 물을 사용하셔도 돼요.

같은 재료 다른 조리법

재료 준비 두부 1/5모, 다진 새우 1큰술, 다진 붉은 피망 2작은술, 다진 양파 2작은술, 다진 애호박 2작은술, 참기름 ½작은술, 간장 ½작은술, 식빵 1장, 식용유 1~2큰술

공통 조리법

1 두부는 뜨거운 물에 데쳐 물기를 짠 뒤 으깨세요.
2 새우는 머리를 떼고 껍데기를 벗긴 다음 등 쪽으로 내장을 빼고 흐르는 물에 살짝 헹궈서 다지세요.
3 붉은 피망, 양파, 애호박은 깨끗이 다듬어 잘게 다지세요.
4 식빵은 오븐 또는 프라이팬에 살짝 구운 다음 가장자리를 잘라내고, 잘게 찢거나 다져서 빵가루를 만드세요.
5 ①~④의 재료를 그릇에 넣고 참기름, 간장을 넣어 반죽처럼 치대세요.

두부새우채소전

6 달군 프라이팬에 현미유를 두르고 약한 불로 줄이고, 숟가락으로 반죽을 떠서 먹기 좋은 크기로 부치세요.

두부새우완자탕수

6 반죽을 1cm 크기로 완자를 빚으세요.
7 달군 프라이팬에 식용유를 넉넉히 두르고 약한 불로 줄인 뒤, 완자를 굴려 가며 노릇하게 익히세요.

TIP

유아용 케첩으로 탕수 소스를 만들어주면 콕콕 찍어 먹는 재미에 아이들이 잘 먹어요. 냄비에 물, 유아용 케첩을 넣고 끓으면 올리고당, 녹말물을 넣고 휘저어서 탕수소스를 만드세요. 그릇에 완자를 넣고 탕수소스를 끼얹은 뒤 통깨를 뿌리세요.

탕수소스 물 50ml, 유아용 케첩 ½큰술, 올리고당 ½큰술, 녹말물 2작은술(물 1큰술, 전분가루 ½작은술), 통깨 조금

우리 아이가 잘 먹어 준

초간단 식판 유아식을 소개합니다.

아이 밥상의 스테디셀러, 입맛 까다로운 아이도 잘 먹는 밥상

씹는 맛이 일품인 쇠고기장조림에
구수한 시금치된장국을 곁들이면
한 끼 밥을 뚝딱 비워요.

시금치된장국 p.338
쇠고기장조림 p.342

맛도 영양도 꼼꼼히 챙긴 풍성한 밥상

카레는 풍미도 좋지만
그 안에 각종 채소가 들어가 있어서 영양도 듬뿍.
자칫 자극적일 수 있는 카레 향을
콩가루가 든 순한 배추된장국으로
보완해 주었어요.

콩가루배추된장국 p.338
돼지고기채소카레 p.343

우리 아이가 잘 먹어 준

초간단 식판 유아식을 소개합니다.

온가족이 둘러앉아 함께 먹는 건강 밥상

엄마 아빠도 종종 먹는 두부애호박된장국과
버섯과 들깨를 넣은 쇠고기불고기.
같은 음식을 먹는 동안 아이는
어른이 된 기분에 우쭐할 거예요.

두부애호박된장국 p.339
쇠고기느타리버섯우엉들깨무침 p.346

맛있어서 손이 먼저 가는 기분 좋은 밥상

담백한 새우와 두부의 조합.
더군다나 기름 두른 팬에 살살 지져 나온 전은
성격 급한 아이가 덥석 손으로 잡기에 좋은 음식이지요.
쇠고기와 무를 넣은 된장국도 궁합 좋은 짝꿍이에요.

쇠고기무된장국 p.339
두부새우채소전 p.349

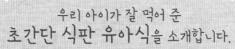

우리 아이가 잘 먹어 준
초간단 식판 유아식을 소개합니다.

무얼 먹을까, 맛있는 고민이 시작되는 밥상

콩나물국에 말아서도,
돼지고기채소볶음에 비벼서도 먹을 수 있는
한 끼 두 밥상 같은 재미가 있어요.

오징어콩나물국 p.340
돼지고기청경채숙주볶음 p.347

몸도 튼튼, 키도 쑥쑥 슈퍼맨으로 자라는 단백질 밥상

아이 성장에 다양한 영양소가 필요하지만
무엇보다도 질 좋은 단백질이 중요하지요.
단백질이 풍부한 쇠고기, 달걀, 날치알에
소화에 좋은 양배추까지. 이보다 좋을 수 없어요.

쇠고기양배추국 p.340
날치알채소달걀말이 p.348

우리 아이가 잘 먹어 준

초간단 식판 유아식을 소개합니다.

단백질과 비타민이 골고루, 균형 잡힌 밥상

시원담백한 새우미역국,
맛이 잘 어울리는 닭고기와 토마토 볶음은
한 끼만으로도 영양 균형이
잘 잡힌 조합이에요.

새우미역국 p.341
토마토닭고기볶음 p.344

머리가 좋아지는 아인슈타인 밥상

참치에 풍부한 DHA, 들깨에 많은 오메가 3,
이 모두가 두뇌 발달에 아주 좋다지요.
뿐만 아니라 맛도 좋고 소화도 잘 돼
아이가 잘 먹어요.

버섯들깨순부두 p.341
양배추참치조림 p.345

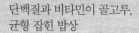

Part. 9

남은 재료 활용 **어른 반찬**

이유식을 만들면 남게 되는 재료들을 활용한 가족 반찬을 소개합니다.
자주 해 먹어도 질리지 않는 매일 밥상은 물론 주말 별미로도 손색없는 이색 반찬까지
온 가족이 행복해지는 식탁으로 여러분을 초대합니다.

Adult Side-dish

된장가지구이

결혼 전에는 가지가 이렇게 훌륭한 밑반찬이 될 줄 몰랐답니다. 가지는 주로 간장을 이용한 볶음이나 찜으로 많이 먹는 재료지만 특별하게 재래식 된장 소스를 활용해 요리하면 밥도둑이 따로 없어요. 가지는 한번 구입할 때 보통 3~4개씩 들어 있어 이유식을 만들고 나면 꼭 남는데, 가지가 말라서 버리기 전에 맛있는 된장가지구이를 만들어 보세요.

재료 준비

① **가지**	1개(140g)
② **된장**	1큰술(20g)
③ **통깨**	약간
④ **물**	2큰술(16g)
⑤ **진간장**	1큰술(10g)
⑥ **간 마늘**	½큰술(10g)
⑦ **참기름**	1큰술(7g)
⑧ **굵은 고춧가루**	⅓큰술(3g)
⑨ **황설탕**	⅓큰술(4g)

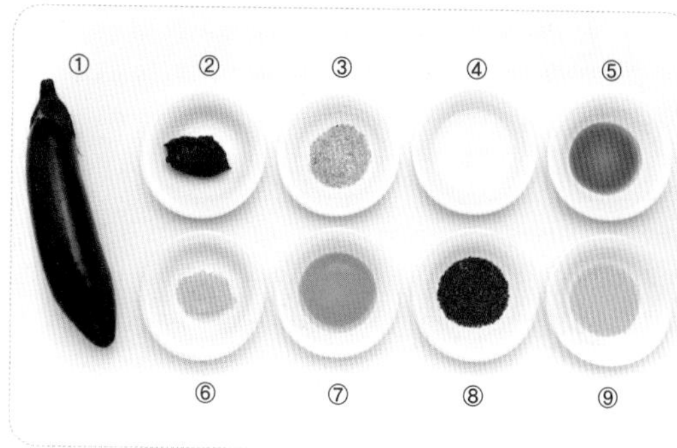

1

깨끗이 씻은 가지를 길이 6cm, 두께 0.5cm 크기로 납작하게 썰어 주세요.

2

볼에 황설탕, 간 마늘, 굵은 고춧가루, 물, 진간장, 참기름, 된장을 넣고 섞어서 된장소스를 만들어 준비해 주세요.

3

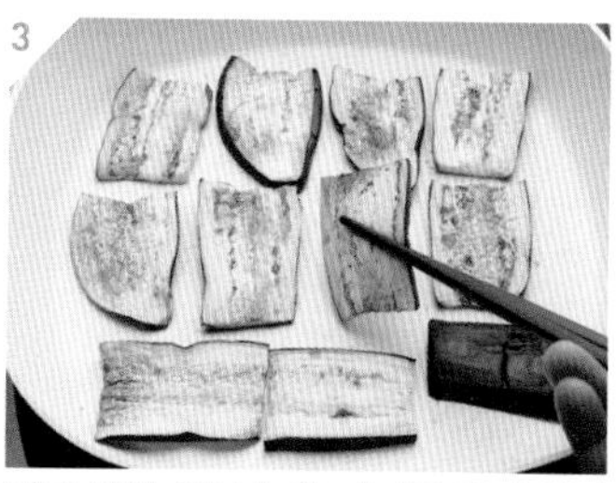

달군 팬에 썰어 놓은 가지를 올려 앞뒤로 노릇하게 구우세요.

4

불을 끈 다음 구운 가지에 만들어 놓은 된장소스를 얇게 펴 바르세요.

5

통깨를 뿌린 다음 접시에 가지런히 담아 주세요.

Adult Side-dish

감자멸치조림

조림용 감자가 아니라 쉽게 구할 수 있는 일반 감자를 이용한 감자조림이에요. 잔멸치와 청양고추를 넣어 깊은 멸치 향이 밴 칼칼한 밑반찬이 되었답니다.

재료 준비

① 진간장	7큰술(70g)	⑩ 감자	3개(150g짜리 3개)
② 굵은 고춧가루	2큰술(16g)	⑪ 대파	¼대(23g)
③ 들기름	2큰술(14g)		
④ 잔멸치	½컵(12g)		
⑤ 물	3컵(540g)		
⑥ 고추장	½큰술(10g)		
⑦ 간 마늘	½큰술(10g)		
⑧ 황설탕	⅓큰술(4g)		
⑨ 후춧가루	약간		

1

감자를 1cm 두께로 납작하게 썰어 주세요.

2

대파는 0.3cm 두께로 송송 썰어 주세요.

3

썰어 놓은 감자를 팬에 넣은 뒤 잔멸치와 물을 넣고 불을 켜세요.

4

굵은 고춧가루, 간 마늘, 황설탕, 진간장, 고추장, 들기름, 후춧가루를 넣고 섞으세요.

5

마지막으로 썰어 놓은 대파를 넣고 물이 반으로 줄어들 때까지 중간 불에서 졸이세요.

6

완성되면 우묵한 접시에 감자와 잔멸치를 골고루 담으세요.

TIP

일반 멸치는 머리, 내장을 제거한 뒤 잘게 잘라서 사용하세요.

Adult Side-dish

단호박크림파스타

흔한 크림파스타가 아니라 단호박을 넣어 달달한 맛과 향을 더한 단호박크림파스타. 누구나 집에서 쉽게 만들 수 있으며 색다른 부드러움이 반전 매력이에요. 주말에 특식으로 온 가족이 함께 먹는 단호박크림파스타를 만들어 보세요.

재료 준비

① **파스타면**	160g
② **단호박**	140g
③ **우유**	우유 2½컵(450g)
④ **밀가루**	½큰술(4g)
⑤ **버터**	50g
⑥ **꽃소금**	½큰술(5g)
⑦ **후춧가루**	약간

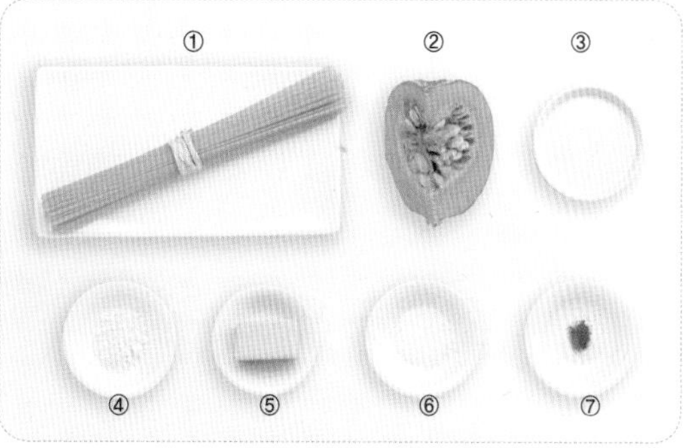

1

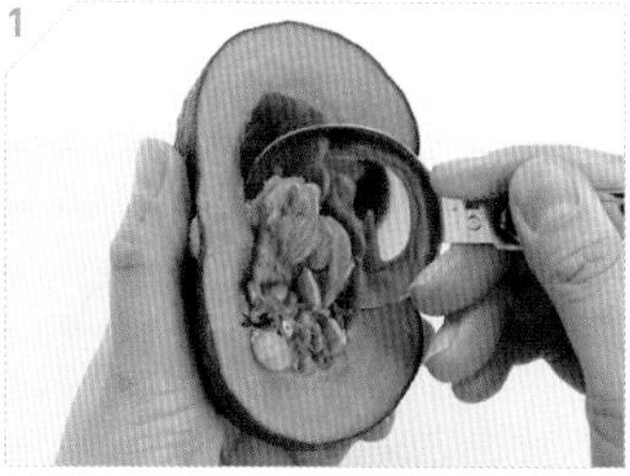

단호박은 반으로 잘라 속을 긁어내고 껍질을 벗기세요.

2

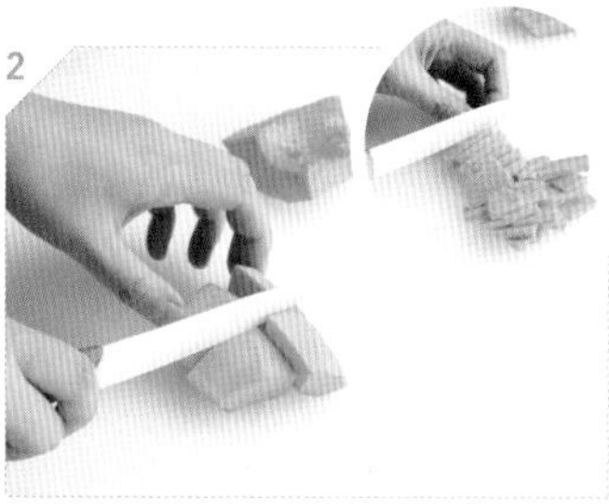

단호박 중 반은 폭 2cm 크기로 큼직하게 썰고, 나머지 반은 0.3cm 두께로 납작하게 썰어 주세요.

3

끓는 물에 파스타면과 큼직하게 썬 단호박을 넣고 저어 가며 끓이세요.

4

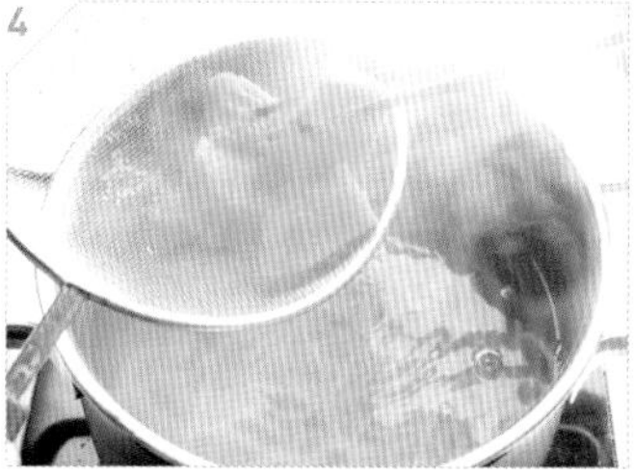

약 7분 뒤 큼직한 단호박을 건지세요

5

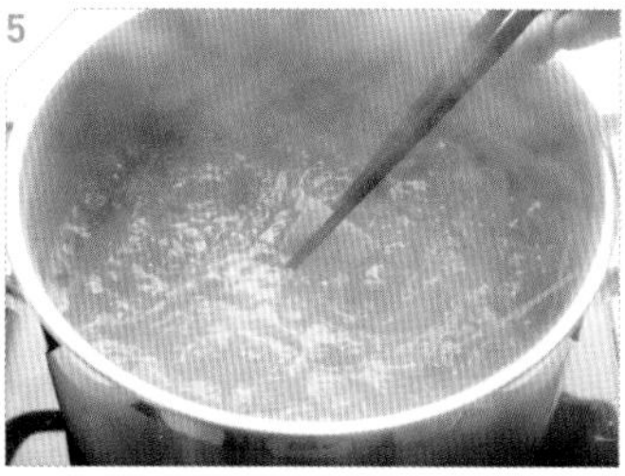

얇게 썬 단호박을 넣고 1분간 더 끓이세요.

6

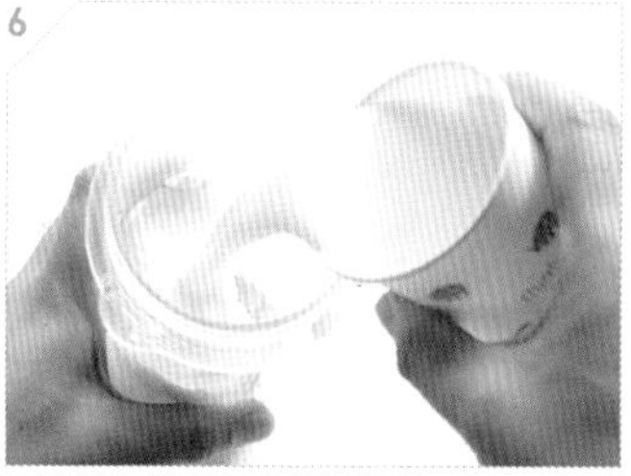

큼직한 단호박, 우유, 밀가루, 꽃소금, 버터를 믹서에 넣고 곱게 갈아 주세요.

7

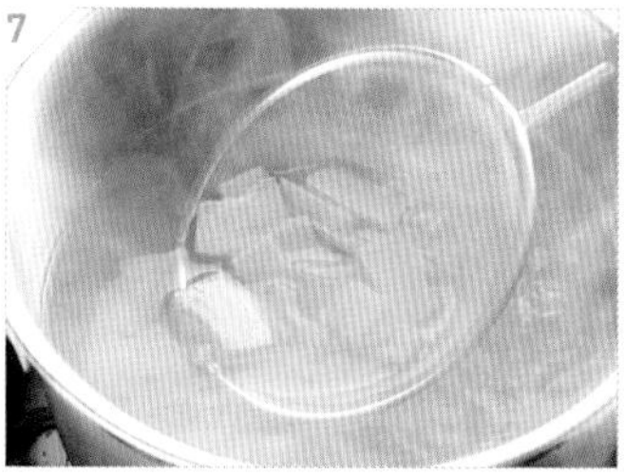

파스타면과 얇게 썬 단호박을 체에 밭쳐 물기를 빼세요.

8

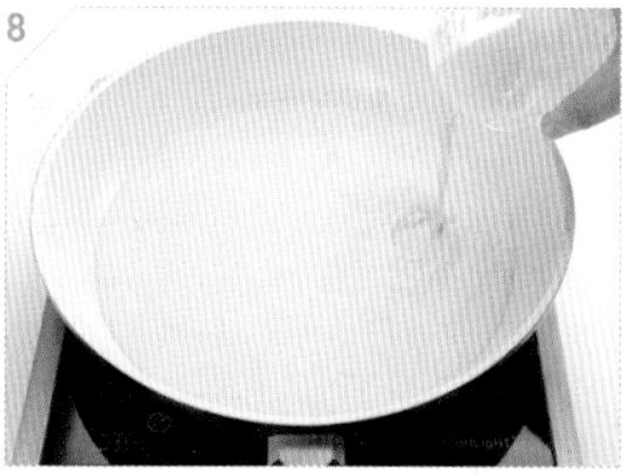

팬에 ⑥을 붓고 중간 불에서 저어 가며 끓이세요.

9

소스가 걸쭉해지면 ⑦을 팬에 넣고 저어 준 뒤 불을 끄세요. 완성한 단호박크림 파스타를 접시에 담고 후춧가루를 뿌리세요. 취향에 따라 파르메산 치즈 가루를 뿌려도 좋아요.

Adult Side-dish

애호박초간장무침

애호박을 고소한 들기름에 구워서 전을 만든 뒤 초간장 양념에 버무린 애호박초간장무침은 식탁에 올려놓는 순간 젓가락질이 바빠지는 별미 반찬이랍니다.

재료 준비

① 굵은 고춧가루	⅓큰술(3g)
② 식초	1큰술(8g)
③ 진간장	3큰술(30g)
④ 애호박	½개(165g)
⑤ 쪽파	2뿌리(14g)
⑥ 들기름	3큰술(21g)
⑦ 황설탕	¼큰술(3g)
⑧ 간 마늘	⅓큰술(7g)
⑨ 통깨	⅓큰술(2g)

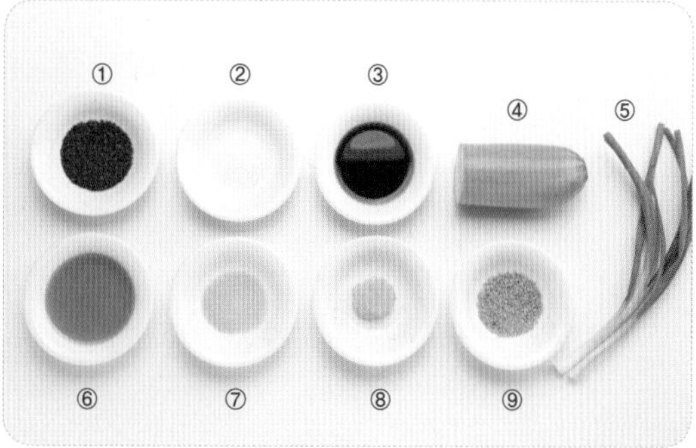

1
애호박을 0.5cm 두께로 썰어 주세요.

2
쪽파는 0.4cm 두께로 송송 썰어 주세요.

3
진간장, 식초, 간 마늘, 황설탕, 굵은 고춧가루, 통깨, 썰어 놓은 쪽파를 섞어서 초간장을 만드세요. 쪽파가 없으면 대파를 이용해도 괜찮아요.

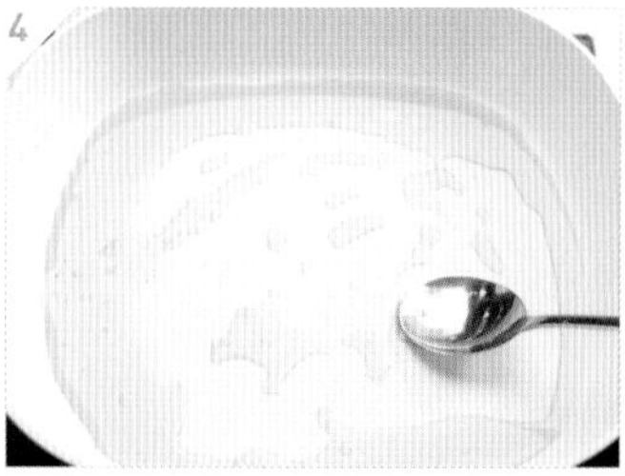
4
팬에 들기름을 두르고 불에 달구세요.

5
썰어 놓은 애호박을 올려 앞뒤로 노릇하게 구우세요.

6
만들어 놓은 초간장에 구운 애호박을 넣고 버무리세요. 구울 때 사용하고 남은 들기름도 같이 넣어 주세요. 완성한 애호박초간장무침을 접시에 지그재그로 담고 남은 초간장을 애호박 위에 부어서 마무리하세요.

Adult Side-dish

새우젓두부조림

두부와 새우젓이 환상의 조화를 이룬 새우젓두부조림. 어린 시절 어머니의 손맛처럼 구수하고 감칠맛 나는 새우젓두부조림 하나면 밥상이 행복해진답니다.

재료 준비

① **물**	2컵(360g)	⑩ **대파**	½대(45g)
② **황설탕**	⅓큰술(4g)	⑪ **청양고추**	2개(20g)
③ **들기름**	2큰술(14g)	⑫ **양파**	½개(125g)
④ **통깨**	약간		
⑤ **진간장**	2큰술(20g)		
⑥ **간 마늘**	1큰술(20g)		
⑦ **굵은 고춧가루**	2큰술(16g)		
⑧ **새우젓**	2큰술(24g)		
⑨ **두부**	1팩(290g)		

1

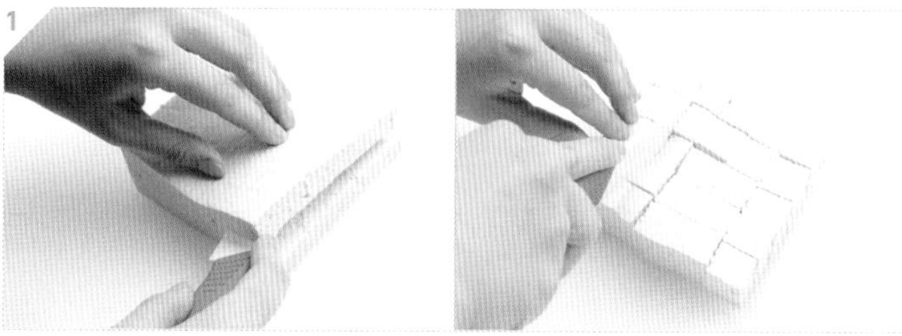

두부는 1.5cm 크기로 깍둑썰기하세요.

2

양파는 0.3cm 두께로 채 썰어 주세요.

1

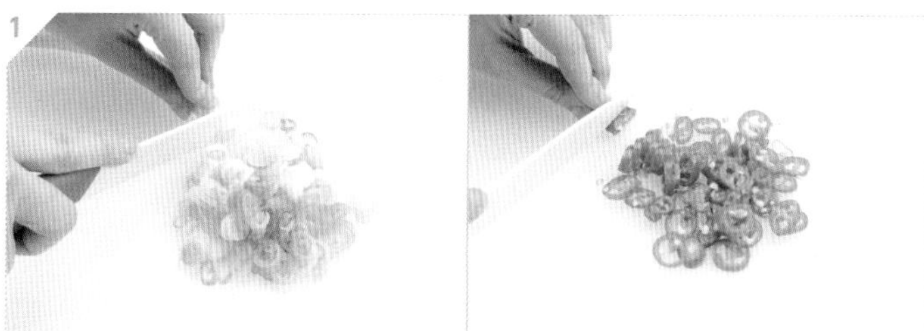

대파와 청양고추는 0.3cm 두께로 송송 썰어 주세요.

4

팬에 양파, 두부, 물, 새우젓을 넣고 불에 올리세요.

5

④에 간 마늘, 굵은 고춧가루, 들기름, 진간장, 황설탕을 넣고 송송 썬 대파와 청양고추를 넣어 섞어 준 뒤 6분 정도 더 끓이세요.

6

국물이 자작해지면 불을 끈 뒤 새우젓 두부조림을 그릇에 담고 통깨를 뿌려 주세요.

Adult Side-dish

렌틸콩매콤조림

영양가가 많은 슈퍼푸드로 이유식을 만들고 싶어서 렌틸콩을 구입했지만 같은 재료로 매일 만들 수 없으니 너무 많이 남더라고요. 그래서 생각한 온 가족을 위한 고단백 반찬 레시피! 렌틸콩에 매콤달콤한 양념장을 넣고 조리면 밑반찬으로 좋아요. 입맛 당기는 반찬이 없을 때 밥에 넣고 비비면 간단한 한 끼로 간편하게 먹을 수 있지요.

재료 준비

① **식용유**	2큰술(14g)	⑩ **간 마늘**	½큰술(10g)
② **된장**	½큰술(10g)	⑪ **굵은 고춧가루**	2큰술(16g)
③ **물**	2컵(360g)	⑫ **간 돼지고기**	1컵(160g)
④ **양파**	½개(125g)	⑬ **렌틸콩**	1컵(135g)
⑤ **풋고추**	2개(20g)		
⑥ **고추장**	⅓큰술(7g)		
⑦ **황설탕**	1큰술(12g)		
⑧ **진간장**	7큰술(70g)		
⑨ **케첩**	8큰술(160g)		

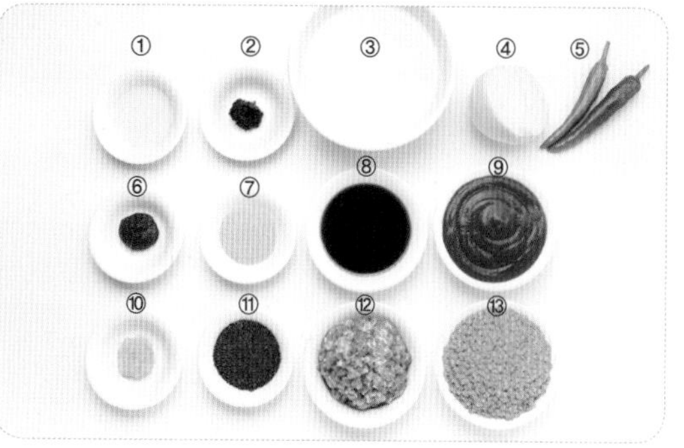

1

렌틸콩을 투명한 물이 나올 때까지 씻은 뒤 체에 밭쳐 물기를 빼세요.

2

양파는 0.5cm 두께로 다지고, 풋고추는 0.3cm 두께로 송송 썰어 놓으세요.

3

팬에 식용유를 두르고 간 돼지고기를 볶으세요.

4

다진 양파를 ③에 넣고 함께 볶으세요.

5

된장, 고추장, 케첩, 간 마늘, 굵은 고춧가루, 물, 황설탕, 진간장, 송송 썬 풋고추, 렌틸콩을 넣고 물기가 거의 없어질 때까지 저어 가며 중간 불로 끓이세요.

6

완성한 렌틸콩매콤조림을 그릇에 담아 내세요.

Adult Side-dish

렌틸콩마늘볶음

담백한 렌틸콩과 은은한 마늘 향이 잘 어울리는 렌틸콩마늘볶음은 그냥 먹어도 맛있는 다이어트 건강식이고, 바게트 빵에 올려 함께 먹으면 브런치로도 좋아요.

재료 준비

① **렌틸콩** 1컵(135g)
② **올리브유** 3큰술(21g)
③ **통마늘** 17개(65g)
④ **꽃소금** ½큰술(5g)

1

렌틸콩을 깨끗이 씻어서 살짝 데친 뒤 체에 밭쳐 물기를 빼세요.

2

통마늘을 굵게 다져서 팬에 올리브유를 두르고 노릇해지기 직전까지 볶으세요.

3

②에 물기를 뺀 렌틸콩을 넣고 함께 볶아 주세요.

4

꽃소금으로 간을 한 다음 마늘의 고소한 냄새가 올라올 때까지 볶으세요.

5

완성한 렌틸콩마늘볶음을 접시에 담아 내세요.

Adult Side-dish

렌틸콩카레

영양이 많은 렌틸콩은 볶아서든 삶아서든 다양하게 활용할 수 있는 매력이 있어요. 렌틸콩을 넣은 렌틸콩카레는 맛있는 한 끼 식사로 제격이지요.

재료 준비

① **렌틸콩**	1컵(135g)
② **물**	1L
③ **식용유**	8큰술(56g)
④ **간 돼지고기**	1컵(160g)
⑤ **양파**	1개(250g)
⑥ **고형 카레**	1팩(120g)

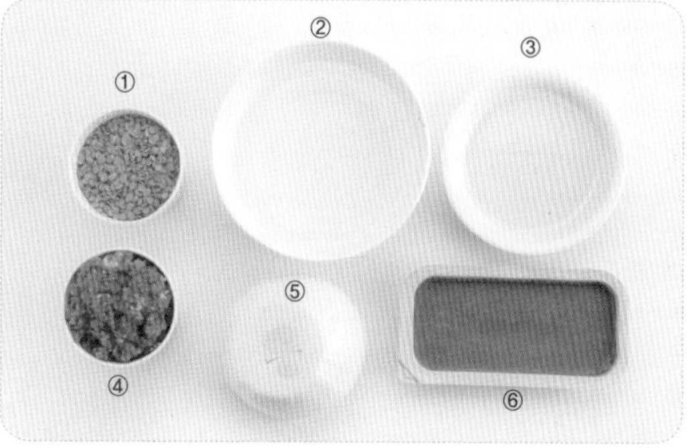

1

렌틸콩을 깨끗이 씻은 뒤 체에 밭쳐 물기를 빼세요.

2

양파는 가로세로 0.5cm 크기로 잘게 썰어 놓으세요.

3

냄비에 식용유를 두르고 간 돼지고기를 볶으세요.

4

돼지고기가 살짝 익으면 썰어놓은 양파를 넣고 투명해질 때까지 볶으세요.

5

물을 붓고 센 불에서 끓이세요.

6

한소끔 끓어오르면 씻어 놓은 렌틸콩을 넣고 약 5분간 더 끓이세요.

7

렌틸콩이 익으면 약불로 줄인 다음 고형 카레를 넣고 저어 가며 풀어 주세요.

8

완성한 렌틸콩카레를 밥과 함께 그릇에 담아내세요.

Adult Side-dish

땡초부추전

몸에도 좋고 향도 일품인 부추와 매콤한 청양고추, 감칠맛이 살아 있는 마른 새우로 전을 부쳐 보았어요. 조그맣게 부치면 반찬으로, 크게 부치면 남편 맥주 안주로 최고더라고요. 고소하고 매콤한 맛이, 입맛 없을 때 생각나는 별미예요.

재료 준비

① **부추**	80g
② **마른 새우**	⅓컵(10g)
③ **꽃소금**	¼큰술(3g)
④ **청양고추**	2개(20g)
⑤ **부침가루**	5큰술(35g)
⑥ **식용유**	4큰술(28g)
⑦ **물**	5큰술(40g)

1

부추는 4cm 길이로 썰고, 청양고추는 0.3cm 두께로 송송 썰어 놓으세요.

2

마른 새우는 굵직하게 다지세요.

3

볼에 썰어 놓은 부추, 청양고추, 굵게 다진 마른 새우, 부침 가루, 꽃소금을 넣고 젓가락을 이용해서 섞으세요.

4

물을 부어 반죽한 다음 채소에서 물이 생길 때까지 5분 정도 놓아 두세요.

5

팬에 식용유를 두르고 달궈지면 만들어 놓은 반죽을 원하는 크기만큼 떠서 올린 다음 얇게 펴세요.

6

전을 앞뒤로 노릇하게 부쳐서 접시에 담아내세요.

Adult Side-dish

비트생채

비트는 씹을수록 단맛이 나고 아삭한 식감이 그만이지요. 별다른 양념 없이도 고운 색과 맛을 낼 수 있는 초간단 반찬이에요. 비빔밥에 올리는 재료로도 좋아요.

재료 준비

① **비트**	300g
② **굵은 고춧가루**	2큰술(16g)
③ **간 마늘**	1큰술(20g)
④ **대파**	½대(45g)
⑤ **황설탕**	2큰술(24g)
⑥ **꽃소금**	1큰술(10g)
⑦ **식초**	2큰술(16g)

1

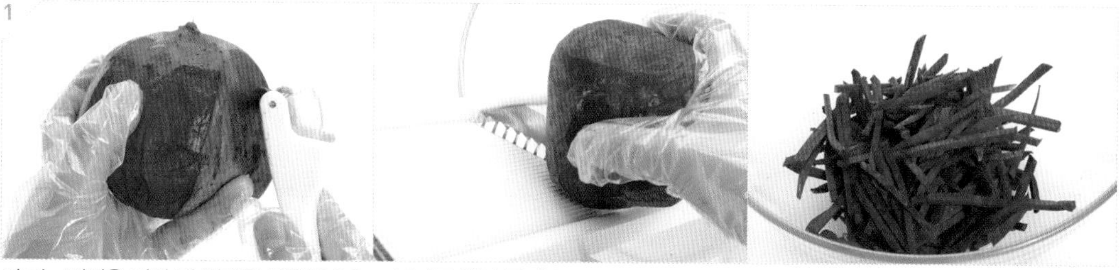

비트는 껍질을 벗긴 뒤 채칼을 이용해 0.3cm 두께로 썰어 주세요.

2

대파는 0.3cm 두께로 송송 썰어 주세요.

3

볼에 채 썬 비트, 굵은 고춧가루, 황설탕, 꽃소금, 간 마늘, 식초, 송송 썬 대파를 넣고 간이 배도록 버무리세요.

4

완성한 비트생채를 그릇에 담아내세요.

Adult Side-dish

버섯고기볶음

새송이버섯은 익히면 고기처럼 쫄깃하고 담백한 맛이 나는데 돼지고기와 함께 볶으면 감칠맛이 더해져요. 버섯고기볶음은 반찬으로도 좋고 밥 위에 얹어 덮밥처럼 먹어도 맛있어요.

재료 준비

① **채 썬 돼지고기** 1컵(150g)
② **대파** ½대(45g)
③ **청양고추** 1개(10g)
④ **물** 5큰술(40g)
⑤ **새송이버섯** 2개(170g)
⑥ **진간장** 3큰술(30g)
⑦ **굴소스** 1큰술(15g)
⑧ **식용유** 5큰술(35g)
⑨ **황설탕** ⅓큰술(4g)

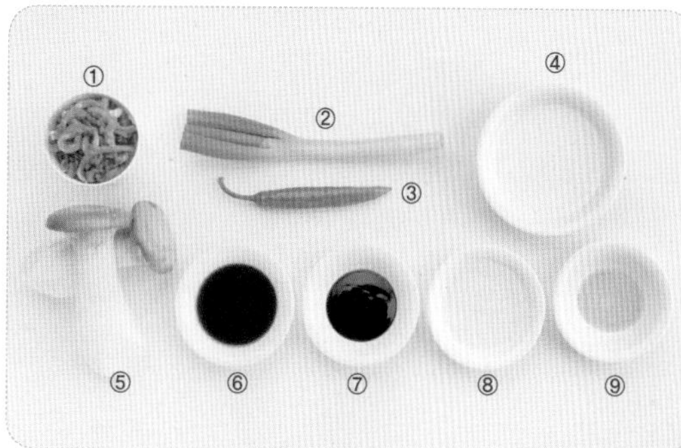

1

새송이버섯은 0.5cm 두께로 채 썰고, 대파는 0.3cm 두께로 송송 썰고, 청양고추는 5cm 길이에 0.3cm 두께로 어슷썰기하세요.

2

팬에 식용유를 두르고 송송 썬 대파를 볶아 주세요.

3

채 썬 돼지고기를 넣고 함께 볶으세요.

4

③에 진간장, 굴소스, 황설탕, 물을 넣고 볶으세요.

5

썰어 놓은 청양고추와 새송이버섯을 넣고 센 불에서 볶으세요.

6

버섯고기볶음을 그릇에 담아내세요.

Adult Side-dish

시금치깨소스무침

고소한 맛과 향이 일품인 깨소스는 나물을 맛있게 만드는 비법이에요. 깨소스는 어느 나물이든 잘 어울리지만 특히 시금치의 들큼한 맛과 만나면 색다른 맛이 나지요.

재료 준비

① **시금치** 8줄기(300g)
② **진간장** 4큰술(40g)
③ **통깨** 1큰술(5g)
④ **맛술** ½큰술(4g)
⑤ **두부** ¼모(73g)
⑥ **황설탕** 1큰술(12g)
⑦ **꽃소금** 1큰술(10g)

※ 깨소스(두부, 황설탕, 통깨, 맛술, 진간장)는 양이 넉넉하므로 다른 무침 요리나 샐러드, 다음 페이지 '부추깨소스무침(p.352)'에도 활용하세요.

1

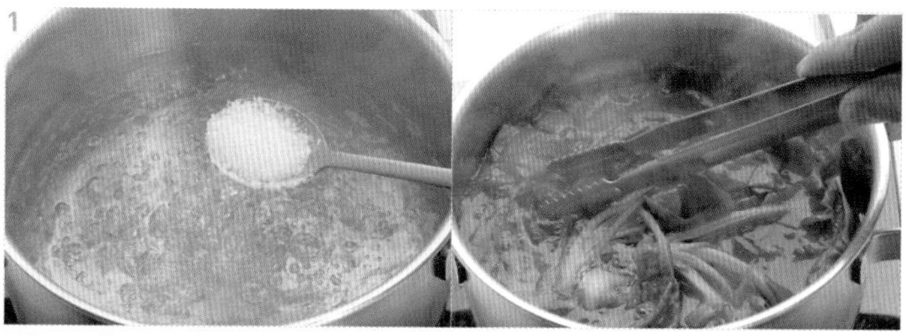

끓는 물에 꽃소금을 넣고 시금치를 살짝 데치세요.

2

데친 시금치를 체에 건져 찬물에 충분히 헹구세요.

3

물기를 꼭 짠 다음 뿌리 부분을 바짝 잘라 버리고 4cm 길이로 썰어 놓으세요.

4

믹서에 두부, 황설탕, 통깨, 맛술, 진간장을 넣고 곱게 갈아서 깨소스를 만드세요.

5

볼에 썰어 놓은 시금치를 넣고 깨소스를 부어 무친 다음 통깨를 뿌려서 마무리하세요.

6

완성한 시금치깨소스무침을 그릇에 담아내세요.

Adult Side-dish

부추깨소스무침

깨소스의 고소한 맛이 부추의 향과 어우러져 부추를 샐러드처럼 많이 먹을 수 있어요. 모양새가 정갈하고 정성이 엿보여서 품격 있는 자리에 올릴 수 있는 반찬이랍니다.

재료 준비

① **부추**	180g
② **가츠오부시**	½컵(3g)
③ **진간장**	4큰술(40g)
④ **통깨**	1큰술(5g)
⑤ **두부**	¼모(73g)
⑥ **황설탕**	1큰술(12g)
⑦ **맛술**	½큰술(4g)

※ 깨소스(두부, 황설탕, 통깨, 맛술, 진간장)는 양이 넉넉하므로 다른 무침 요리나 샐러드, 앞 페이지 '시금치깨소스무침(p.350)'에도 활용하세요.

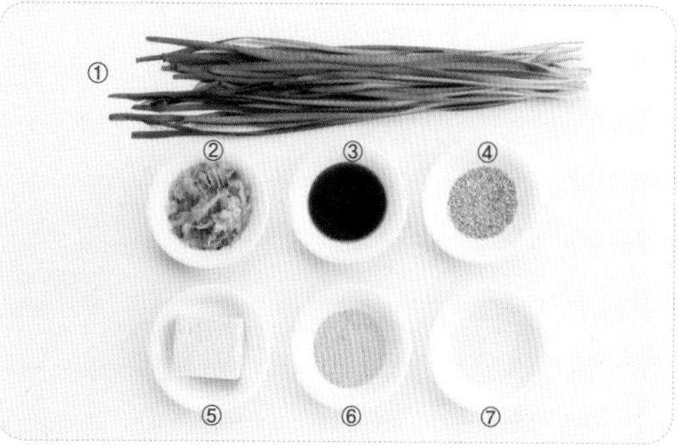

1

믹서에 두부, 황설탕, 통깨, 맛술, 진간장을 곱게 갈아서 깨소스를 만드세요.

2

깨끗이 씻은 부추를 끓는 물에 살짝 데치세요.

3

데친 부추를 체에 건져 찬물에 충분히 헹구세요.

4

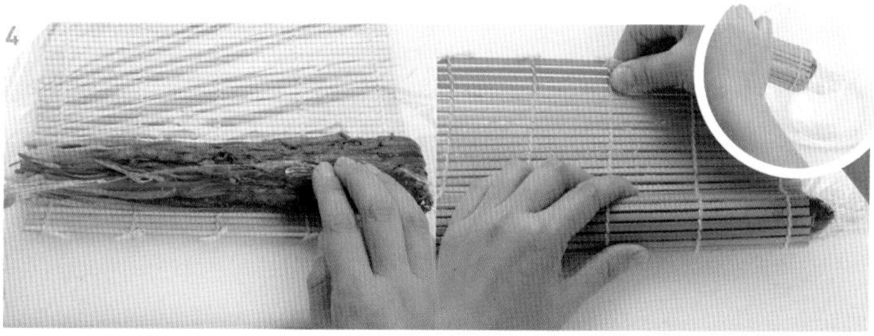

김발에 비닐랩을 깔고 데친 부추를 가지런히 말아서 물기를 짜세요.

5

물기를 짠 부추를 4cm 길이로 자르고 비닐랩을 벗기세요.

6

잘라 놓은 부추의 단면이 보이도록 접시에 담으세요.

7

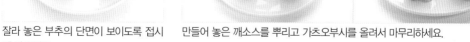

만들어 놓은 깨소스를 뿌리고 가츠오부시를 올려서 마무리하세요.

Adult Side-dish

아욱된장국

부드러운 아욱과 구수하고 시원한 마른 새우를 넣고 끓인 아욱된장국은 서로에게 없는 영양을 보충해 주는 궁합이 잘 맞는 국이에요. 맛과 영양을 고루 갖춘 건강식이죠.

재료 준비

① **아욱**	½단(250g)
② **대파**	1대(90g)
③ **마른 새우**	½컵(15g)
④ **된장**	4큰술(80g)
⑤ **간 마늘**	1큰술(20g)
⑥ **굵은 고춧가루**	⅓큰술(3g)
⑦ **쌀뜨물**	1.2L

1

아욱은 줄기의 껍질을 벗긴 뒤 흐르는 물에 씻으세요.

2

씻어 놓은 아욱을 가지런히 모아 반으로 자르세요.

3

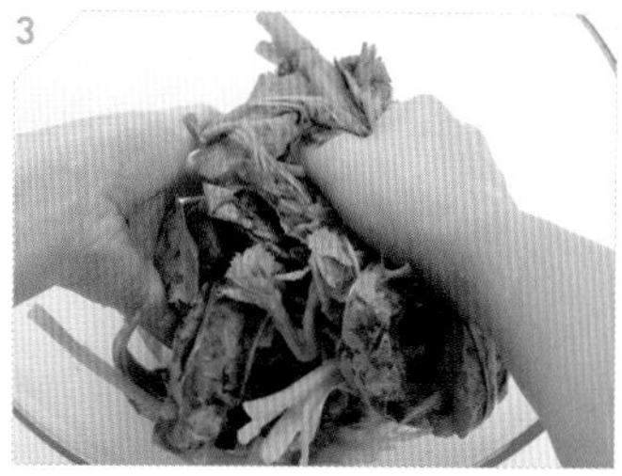

자른 아욱을 볼에 넣고 손으로 바락바락 문질러 치대세요.

4

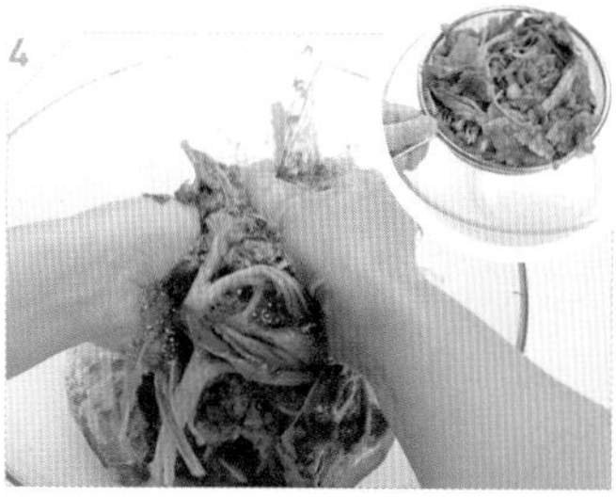

투명한 물이 나올 때까지 여러 번 헹군 뒤 체에 밭쳐 물기를 빼세요.

5

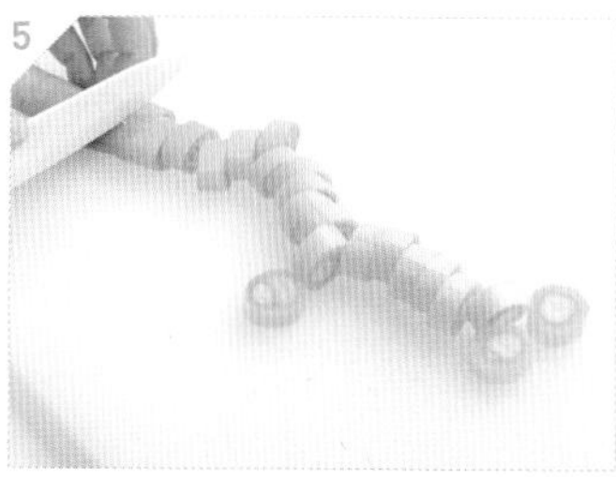

대파는 1cm 두께로 큼직하게 썰어 놓으세요.

6

냄비에 준비한 쌀뜨물을 붓고 불에 올린 다음 된장을 풀고 간 마늘, 마른 새우를 넣으세요.

7

손질한 아욱을 넣고 센 불에서 끓이세요.

8

끓기 시작하면 썰어 놓은 대파, 굵은 고춧가루를 넣으세요.

9

국물이 끓어오르면 1분 후 불을 끄고 아욱된장국을 그릇에 담아내세요.

Adult Side-dish

우엉잡채

당면 대신 우엉채로 잡채를 만들어 보았어요. 각종 채소와 돼지고기가 어우러져 맛이 풍부한 데다 우엉의 아삭한 식감이 별미예요.

재료 준비

① **우엉채** 200g
② **청피망** ½개(85g)
③ **진간장** 7큰술(70g)
④ **굴소스** 2큰술(30g)
⑤ **통깨** 약간
⑥ **참기름** 2큰술(14g)
⑦ **당근** ¼개(70g)
⑧ **양파** ½개(125g)
⑨ **대파** 1대(90g)
⑩ **채 썬 돼지고기** 1컵(150g)
⑪ **물** 5큰술(40g)
⑫ **황설탕** 1큰술(12g)
⑬ **간 마늘** ½큰술(10g)
⑭ **식용유** 5큰술(35g)

1

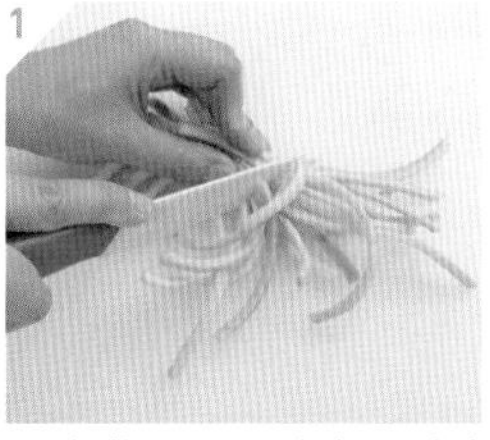

우엉채는 7cm 길이로 잘라 놓으세요.

2

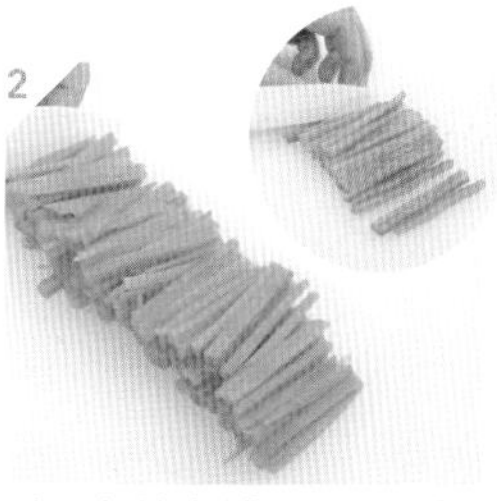

당근과 청피망은 6cm 길이에 0.3cm 두께로 채 썰어 놓으세요.

3

양파는 반으로 자른 다음 0.3cm 두께로 얇게 썰어 주세요.

4

대파는 준비한 양을 반으로 나눠 반은 4cm 길이, 0.3cm 두께로 어슷썰고 나머지 반은 0.3cm 두께로 송송 썰어 주세요.

5

팬에 식용유를 넣고 송송 썬 대파를 볶으세요.

6

채 썬 돼지고기를 넣고 함께 볶으세요.

7

굴소스, 진간장, 황설탕, 간 마늘을 넣고 끓이다가 썰어 놓은 우엉채와 물을 넣고 수분이 없어질 때까지 저어 가며 졸이세요.

8

썰어 놓은 당근, 양파를 넣고 양파의 숨이 살짝 죽을 때까지 볶으세요.

9

썰어 놓은 청피망, 어슷 썬 대파를 넣고 살짝 볶으세요.

10

참기름을 넣고 섞은 다음 불을 끄세요.

11

완성한 우엉잡채에 통깨를 뿌려 마무리한 후 그릇에 담아 내세요.

Adult Side-dish

돼지고기우엉 된장국

된장국에 돼지고기를 넣으면 국물 맛이 훨씬 진해져요. 거기에 우엉을 더하면 돼지고기의 잡내를 잡아 주면서 고급스런 향이 나는 일본풍 된장국으로 변신한답니다.

재료 준비

① **우엉채**	160g
② **표고버섯**	1개(25g)
③ **대파**	½대(45g)
④ **된장**	2큰술(40g)
⑤ **채 썬 돼지고기**	½컵(75g)
⑥ **당근**	¼개(70g)
⑦ **양파**	¼개(63g)
⑧ **간 마늘**	½큰술(10g)
⑨ **쌀뜨물**	1L

1

우엉은 3cm 길이로 길게 썰어 주세요.

2

당근은 1cm, 양파와 표고버섯은 가로세로 1.5cm 크기로 깍둑썰기해 놓으세요.

3

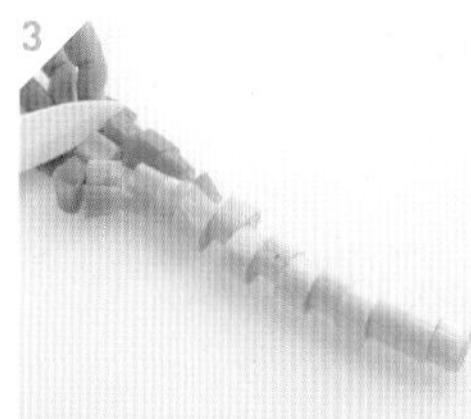

대파는 1cm 두께로 큼직하게 썰어 주세요.

4

냄비에 쌀뜨물을 붓고 채 썬 돼지고기를 넣은 다음 팔팔 끓이세요.

5

된장을 풀어 간을 맞추세요.

6

간 마늘과 썰어 놓은 우엉, 당근을 넣으세요.

7

한소끔 끓으면 양파를 넣어 주세요.

8

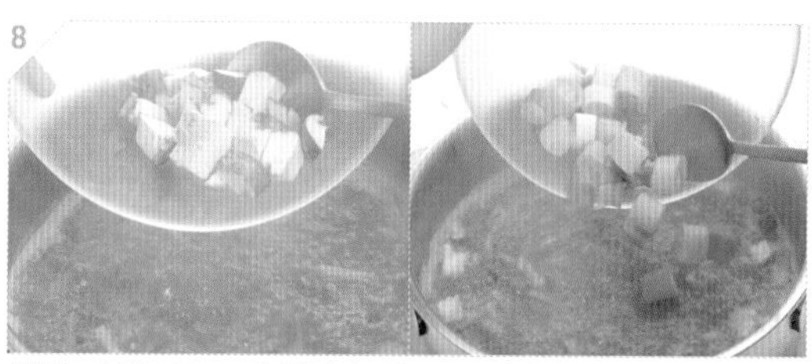

한번 더 끓어오르면 썰어 놓은 표고버섯과 대파를 넣고 다시 끓어오르면 1분 후 불을 끄세요.

9

완성한 돼지고기우엉된장국을 그릇에 담아내세요.

Adult Side-dish

양배추돼지고기 볶음

맛과 영양을 모두 갖춘 데다 맵지 않아서 아이들도 잘 먹어요. 만드는 방법은 간단하지만 상 위에 올리면 일품요리 같은 반찬이지요.

재료 준비

① **채 썬 돼지고기**	½컵(75g)
② **대파**	½대(45g)
③ **마른 홍고추**	1개(4g)
④ **굴소스**	1큰술(15g)
⑤ **양배추**	1/6개(450g)
⑥ **진간장**	6큰술(60g)
⑦ **식용유**	5큰술(35g)
⑧ **물**	3큰술(24g)

1

양배추는 0.4cm 두께로 채 썰어 주세요.

2

대파와 마른 홍고추는 0.3cm 두께로 송송 썰어 주세요.

3

팬에 식용유를 두른 뒤 송송 썬 대파와 마른 고추를 넣고 대파가 노릇해지기 직전까지 볶으세요.

4

채 썬 돼지고기를 넣고 함께 볶으세요.

5

돼지고기 색이 하얗게 변하면 진간장, 굴소스, 물을 넣고 물기가 반 정도 졸아들 때까지 볶으세요.

6

썰어 놓은 양배추를 넣고 볶다가 숨이 죽으면 불을 끄세요.

7

완성한 양배추돼지고기볶음을 접시에 담아내세요.

Adult Side-dish

오이달걀볶음

서로 어울릴 것 같지 않은 오이와 달걀. 하지만 오이의 아삭한 식감과 달걀의 부드러움이 의외로 잘 어울린답니다. 밑반찬으로도, 간단한 술안주로도 손색이 없어요.

재료 준비

① **청오이**	1개(250g)
② **대파**	½대(45g)
③ **청양고추**	2개(20g)
④ **꽃소금**	⅓큰술(4g)
⑤ **달걀**	3개
⑥ **식용유**	
달걀볶음용	8큰술(56g)
대파볶음용	3큰술(21g)

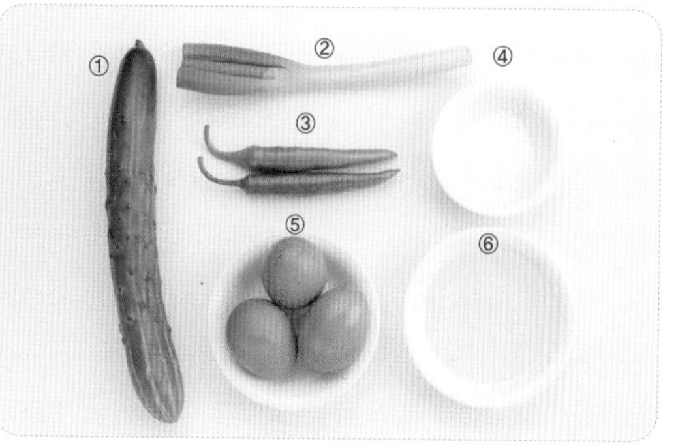

1 청오이는 길게 반으로 가른 다음 0.3cm 두께로 반달썰기를 해 주세요.

2 청양고추와 대파는 0.3cm 두께로 송송 썰어 주세요.

3 볼에 달걀을 깨서 풀어 주세요.

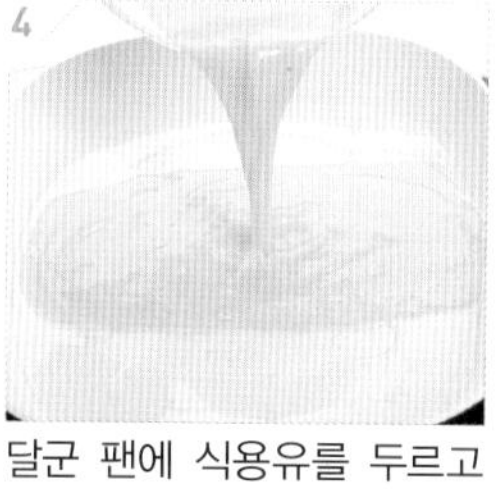

4 달군 팬에 식용유를 두르고 풀어놓은 달걀을 부으세요.

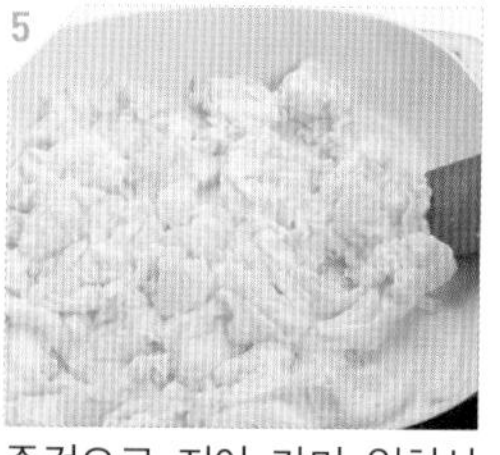

5 주걱으로 저어 가며 익혀서 접시에 담아 놓으세요.

6 다시 팬에 식용유, 송송 썬 대파를 넣고 대파가 노릇해지기 직전까지 볶으세요.

7 썰어 놓은 청오이, 청양고추를 넣고 볶다가 먼저 익혀 놓은 달걀을 넣고 함께 볶으세요.

8 꽃소금을 넣고 섞으면서 간을 맞추세요.

9 완성한 오이달걀볶음을 접시에 담아내세요.

Adult Side-dish

파프리카잡채

파프리카의 신선한 향과 고기의 고소한 맛이 어우러져 특별한 날에 잘 어울리는 일품요리지요. 특히 파프리카의 화려한 색은 보기만 해도 입맛이 돌아요.

재료 준비

재료	분량	재료	분량
① **노랑 파프리카**	½개(85g)	⑩ **황설탕**	½큰술(6g)
② **주황 파프리카**	½개(85g)	⑪ **식용유**	5큰술(35g)
③ **청피망**	½개(85g)	⑫ **물**	3큰술(24g)
④ **붉은 파프리카**	½개(85g)	⑬ **참기름**	1큰술(7g)
⑤ **대파**	1대(90g)		
⑥ **양파**	½개 (125g)		
⑦ **채 썬 돼지고기**	½컵(75g		
⑧ **진간장**	5큰술(50g)		
⑨ **굴소스**	1큰술(15g)		

1

준비한 피망과 파프리카를 8cm 길이, 0.3cm 두께로 얇게 채 썰어 주세요.

2

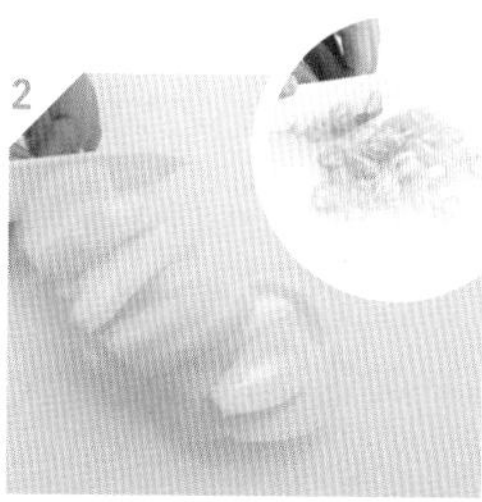

대파와 양파도 0.3cm 두께로 얇게 썰어 주세요.

3

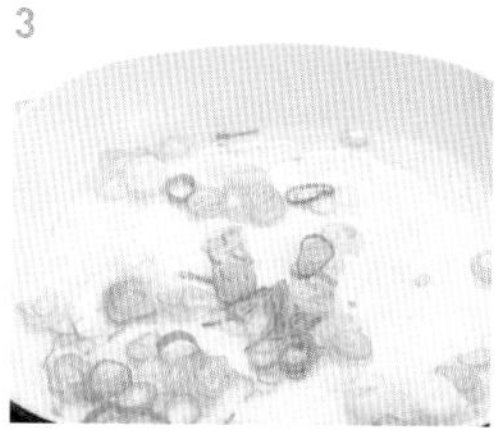

팬에 식용유를 두르고 송송 썬 대파를 볶으세요.

4

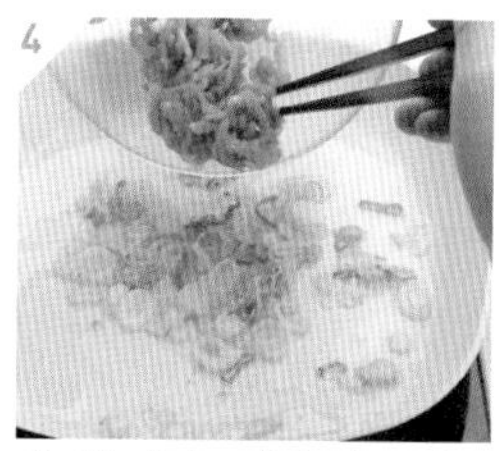

채 썬 돼지고기를 넣고 색이 하얗게 변할 때까지 함께 볶으세요.

5

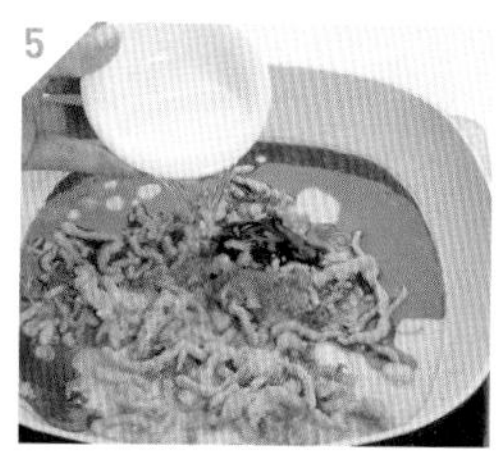

굴소스, 진간장, 황설탕, 물을 넣어서 볶은 다음 수분이 없어질 때까지 졸이세요.

6

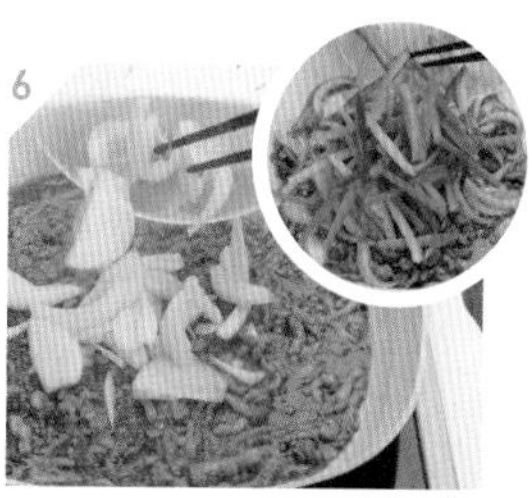

썰어 놓은 양파, 피망, 파프리카를 넣고 센 불에 함께 볶으세요.

7

참기름을 넣고 섞은 다음 불을 끄세요.

8

완성한 파프리카잡채를 접시에 담아내세요.

Adult Side-dish

표고버섯튀김무침

표고버섯튀김무침은 쫄깃한 식감과 고소한 맛에 손이 자꾸 가게 돼요. 반찬으로 먹기에도 좋지만 술안주로도 그만이랍니다.

재료 준비

① **표고버섯** 8개(200g)
② **대파** 1대(90g)
③ **마른 홍고추** 1개(4g)
④ **후춧가루** 약간
⑤ **식용유** 3큰술(21g)
⑥ **튀김 가루** 4큰술(28g)
⑦ **물** 3큰술(24g)
⑧ **꽃소금** ⅓큰술(3g)

1

가위로 표고버섯의 기둥을 잘라 내고 갓 부분만 5cm 길이로 자르세요.

2

마른 홍고추는 0.3cm 두께로 자르고 대파도 0.3cm 두께로 얇게 썰어 주세요.

3

잘라 놓은 표고버섯, 튀김 가루, 물을 넣어 섞어 가며 반죽옷을 입히세요.

4

냄비에 튀김용 식용유를 넉넉히 부어 170℃로 예열한 후 반죽옷을 입힌 표고버섯을 넣고 3분간 튀긴 다음 체에 밭쳐 기름을 빼세요.

5

팬에 식용유, 썰어 놓은 대파, 잘라 놓은 마른 홍고추를 넣고 수분이 날아갈 때가지 볶아 주세요.

6

⑤에 튀겨 놓은 표고버섯을 섞은 다음 꽃소금과 후춧가루로 간을 맞추세요.

7

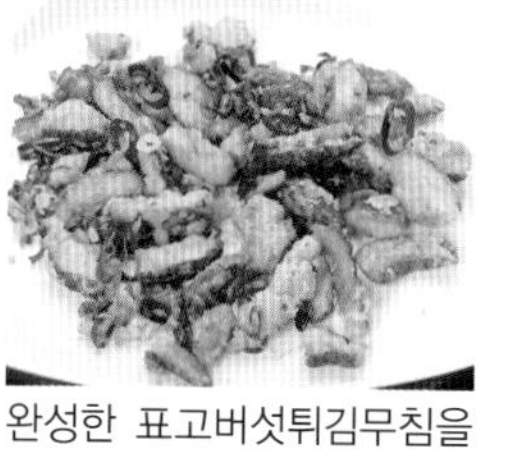

완성한 표고버섯튀김무침을 접시에 담아내세요.

EPILOGUE

이유식 책을 쓰기 시작하자마자 둘째 임신 사실을 알았다.
얼마 전 둘째 아이를 출산하고 1년간 준비해 온 책을 마무리하며
참 여러 가지 생각이 든다.

그중 하나는 연년생으로 아이를 낳다 보니 한창 엄마 품이 필요할 때
몸이 무겁다는 핑계로 많이 안아 주지 못해 미안한 용희에게
훗날 이 책이 예쁜 추억으로 남았으면 좋겠다는 마음이다.

그리고 이제 둘째의 이유식을 시작할 시기가 다가온다는 사실에
웃음이 나온다는 것이다.
곧 이 책을 펼치고 서현이 이유식을 만들다 보면
나의 부족함을 나에게 들킬 것만 같아 벌써 부끄럽다.

하지만 나의 레시피를 공유하고, 마트에 가서 재료를 고르고,
이유식을 만들고, 또 그걸 아이에게 먹여 주는 엄마들의 모습을 떠올리니
아름답고 감사해서 용기를 끌어 모아 책을 내놓으려 한다.
아이도 낳고 이유식도 했으니 앞으로도 내 아이를 키우면서
무엇이든 다 할 수 있다는 자신감이 생겼으면 좋겠다.

이 세상의 모든 엄마를 응원합니다!

끝나지 않은 우리의 이야기

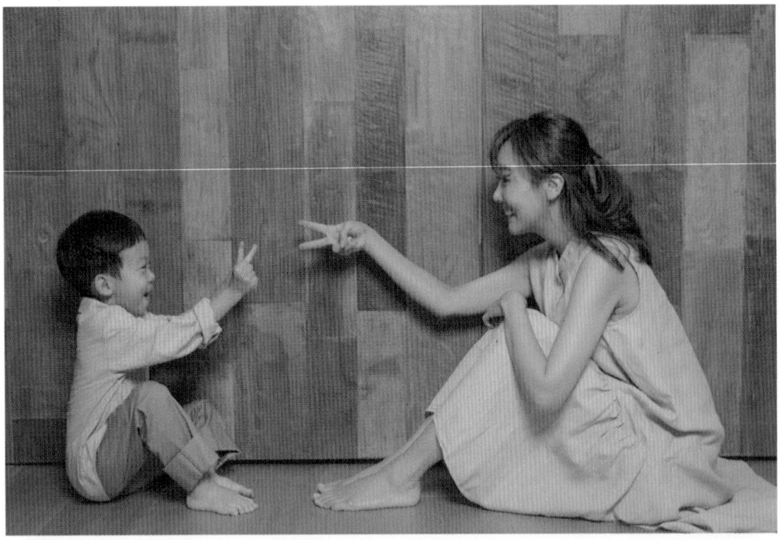

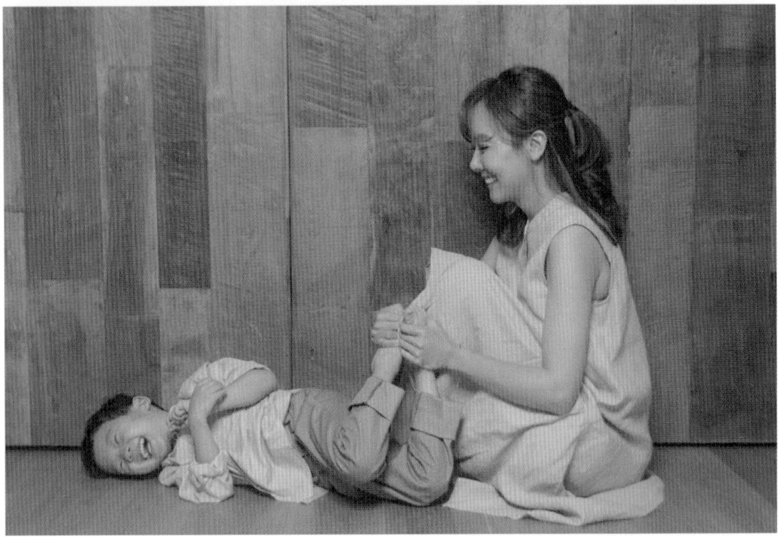

엄마가 좋아, 아빠가 좋아?

/

"음, 나는…. 아빠, 엄마, 할머니, 할아버지, 삼촌, 이모, 이모부, 선생님, 친구들…"
용희는 아빠가 원하는 답과는 달리 모두를 좋아하는 아이로 자라고 있다.
너무 일찍부터 이 질문을 시작한, 안 좋은 결과인 것 같기도 하다.

"여보, 어쩌지…? 학교 갈 때쯤 다시 물어보자."

아침에 내가 먼저 잠에서 깨면

옆에서 아직 자고 있는 용희의 동그란 볼을 가만히 만져보다가
손으로 살짝 꼬집어 냠냠 먹는 척을 한다.
가끔 "아, 오늘은 왜 이리 볼 살이 조금이지… 내 아침밥인데 먹을 게 별로 없네…" 하면,
눈을 감고 있던 용희가 살그머니 볼에 바람을 불어넣는다.

아침뿐 아니라 하루 종일 배부른 하루.

좋아하는 아이스크림을 못 먹는 것보다도

동생에게 뽀뽀를 못하는 것이 더 아쉬워서 감기에 걸리면 슬퍼진다는 첫째 오빠.
마트에 가서도 서현이 과자를 꼭 챙기고
"세은이는 아직 이가 없어서 이거 못먹어"라고 말하는 것을 보면
첫째로 태어나면 자동으로 책임감 같은 것도 장착해서 나오나 싶기도 하다.

동생이 일찍 태어나서 사랑을 독차지 한 시간이 많지 않았기에
가끔씩 용희만 야외로 데리고 나가 둘만의 데이트도 하고
둘만의 비밀 약속도 하고 집으로 돌아오곤 한다.
그런 날엔 영락없는 다섯 살 장난꾸러기가 되는 용희를 보면서
집에 돌아오는 길에 나 홀로 많은 반성을 하게 된다.
사실은 나도 모르게 첫째라는 압박과 부담을 주고 있는 것은 아닐까…
부족함이 너무 많은 엄마지만 이렇게 잘 지내주고 있어서 고마워.

용희야, 사랑해!

아이가 셋

게다가 결혼 5년차라고 하면 많은 분들이 놀라곤 한다.
사실 나도 침대에서 뒹굴뒹굴하며 놀고 있는 세 아이를 보면 가끔
'이 아이들이 정말 다 내가 낳은 아이들인가!' 신기하고 감격스러울 때가 있다.
혼자 낭만에 빠져있다가도,
한 아이가 발로 다른 아이를 밀어서 울음보가 터지면
내 목소리는 커지기 시작한다.
"말 안 들으면 뱃속으로 다시 넣어버릴거야" 엄포를 놓지만
그러기엔 이제 너무 커버려서 생각만 해도 내 배가 아프다.

첫째와 둘째, 연년생 아이들을 키우며 힘들 때도 있었지만
어느새 훌쩍 자라서 둘이 조잘조잘 소꿉놀이를 하고 있는 모습을 보면 참 기특하다.
가끔 엄마가 할 역할은 없다고 말하면 서운 할 때가 있을 정도다.
그럴 때는 토라진 척하며 얼른 셋째를 챙기러 간다.
아직은 아무 것도 모르는 듯 방긋방긋 웃는 막둥이.
엄마바라기 해줄 때 많이많이 놀아줘야지.

첫째 때는

뭐든 긴장이 되어 다 어렵기만하고 정말이지 실수투성이였다.
둘째는 이것을 또다시 시작해야 한다는 사실에 이유 없이 힘들었던 것 같다.
셋째를 키우면서는 이 모든 것들이 금방 지나갈 것이라는 사실을 알기에,
이제야 하루하루에 여유가 생기고 아쉽기까지 하다.
그렇다고 해서, 후회 없이 키울 수 있게
시간을 되돌릴 수 있는 기회가 주어진다면?

오우… 난 노쌩유!

너희의 천진난만한 웃음소리를 들으면 엄마는 이 순간이 벌써 그리워진단다.
천천히 자라라 우리 꼬맹이들···
엄마는 오늘도 숨을 크게 쉬어 본다.